AutoCAD 实用教程

（第 6 版）

郑阿奇　主编

徐文胜　编著

电子工业出版社
Publishing House of Electronics Industry
北京·BEIJING

内 容 简 介

本书包含实用教程、上机操作指导、模拟测试题等部分，主要介绍 AutoCAD 2022 中文版操作环境，绘图流程，基本绘图命令，基本编辑命令，图案填充和渐变色，文字，块及外部参照，尺寸、公差及注释，显示控制，参数化及其他辅助功能，输出等。实用教程一般包括菜单、按钮和命令的操作方法和操作实例，每章最后的习题主要针对基本概念和方法；上机操作指导通过综合实例先引导操作，然后提出问题，给出练习题由读者自己完成。本书各部分内容既相互联系又相对独立，并依据教学特点精心安排，方便读者根据自己的需求进行选择。

本书配有教学课件、实验实例文件和 4 个网络文档，需要者可到华信教育资源网免费下载。另外，还配有实验教学视频（AutoCAD 2020 版），扫描二维码播放。

本书可作为大学本科、高职高专有关课程的教材，也适合广大 AutoCAD 用户自学和参考。

图书在版编目（CIP）数据

AutoCAD 实用教程 / 郑阿奇主编. —6 版. —北京：电子工业出版社，2022.12

ISBN 978-7-121-44651-1

Ⅰ. ①A…　Ⅱ. ①郑…　Ⅲ. ①AutoCAD 软件－教材　Ⅳ. ①TP391.72

中国版本图书馆 CIP 数据核字（2022）第 236245 号

责任编辑：白　楠　　特约编辑：王　纲

印　　刷：三河市华成印务有限公司

装　　订：三河市华成印务有限公司

出版发行：电子工业出版社

　　　　　北京市海淀区万寿路 173 信箱　邮编　100036

开　　本：787×1 092　1/16　印张：22.75　字数：778 千字

版　　次：2000 年 9 月第 1 版

　　　　　2022 年 12 月第 6 版

印　　次：2025 年 2 月第 6 次印刷

定　　价：68.00 元

前　言

2000 年，我们根据教学需要推出了《AutoCAD 实用教程》，受到了广大读者的推崇，在市场上一直热销。之后，我们根据 AutoCAD 版本升级和教学需要，修订出版了第 2 版、第 3 版、第 4 版、第 5 版。在此我们对大家的信任表示由衷的感谢！

《AutoCAD 实用教程》在众多的 AutoCAD 教材中得到了高校教师、学生和广大读者的广泛认同，原因在于我们的教学服务理念和教材编写思路较好地契合了 AutoCAD 教学需要。

本书以 AutoCAD 2022 中文版为平台，继承了前面各版的成功编写经验，结合近两年的教学实践编写而成。本书主要包括实用教程和上机操作指导两部分。实用教程先介绍界面，然后通过一个简单实例一步一步引导，从而使读者初步熟悉用 AutoCAD 绘图的总体思路，从第 3 章开始分门别类地进行详细介绍。每一个知识点一般均包括菜单、按钮和命令的操作方法和操作实例。上机操作指导通过综合实例（实物图形）一步一步地培养读者的综合应用能力。

为了方便读者阅读，本书采用了一些符号及不同的字体表示不同的含义。

（1）符号"↵"表示回车。

（2）在【例】和实验部分中，开头的宋体字描述部分表示系统提示信息，随后紧跟的**加粗体字为用户动作**，与之有一定间隔的楷体字为注释。例如：

指定下一点或 [闭合(C)/放弃(U)]：↵　　　　　　　*结束直线绘制*

其中，"指定下一点或 [闭合(C)/放弃(U)]："为系统提示信息；"↵"为用户动作，即回车；*"结束直线绘制"*为注释。

（3）鼠标动作和一般的 Windows 规范相同。例如"右击"为单击鼠标右键，"双击"为快速连击鼠标左键两次，"单击"为将鼠标指针移动到目标对象上按鼠标左键并松开。

（4）文字按钮一般均加上底纹和边框或由引号（""）引入，如"选择文件"对话框中的 打开 按钮。图片按钮一般直接采用该图片，如"选择文件"对话框中的上一层目录按钮 ⬆ 。

（5）菜单格式采用"→"符号指向下一级子菜单，如"绘图→直线"指单击下拉菜单"绘图"，在弹出的菜单项中选择"直线"。

（6）通过键盘输入命令和参数时，大小写功能相同。

（7）功能键一般由"【】"标识。例如【Esc】键，指键盘上的"Esc"按键。

本书不仅适用于教学，也非常适合 AutoCAD 2022 用户自学和参考。只要阅读本书，结合上机操作指导进行练习，就能在较短的时间内基本掌握 AutoCAD 2022 及其应用技术。

本书由徐文胜（南京师范大学）编著，全书由郑阿奇（南京师范大学）统编、定稿。

本书配有教学课件、实验实例文件和 4 个网络文档，需要者可以从出版社华信教育资源网免费下载。本书实验部分可参考视频教学（AutoCAD 2020 版），通过扫描书上二维码播放。

由于编者水平有限，不妥之处在所难免，敬请广大师生、读者批评指正。

意见与建议邮箱：easybooks@163.com。

编　者

视频目录

（基于 AutoCAD 2020 版）

实　验	视 频 内 容	时　长	二　维　码
实验 1	熟悉操作环境	00:07:49	
实验 2	绘制平面图形——卡圈	00:10:26	
实验 3	绘制平面图形——扳手	00:17:49	
实验 4	绘制平面图形——垫片	00:20:07	
实验 5	绘制平面图形——太极	00:23:13	
实验 6	绘制组合体三视图	00:19:44	
实验 7	绘制零件图——齿轮	00:38:31	
实验 8	绘制建筑图	00:27:46	
实验 9	尺寸样式设定及标注	00:16:56	
实验 10	绘制零件图——套筒 1	00:28:00	
实验 10	绘制零件图——套筒 2	00:39:11	

目　录

第2部分 上机操作指导

第3部分 网络文档

第1部分 实用教程

第1章 AutoCAD 2022 中文版操作环境

1.1 概述

AutoCAD 2022 中文版是 Autodesk 公司推出的最新版本 CAD 设计软件包。由于其人性化的设计界面、操作方式和强大的设计能力，可最大限度地满足用户的需要，因而在各行各业有着广泛的应用。

AutoCAD 2022 中文版具有轻松的设计环境、更加透明的用户界面，使得用户可以将更多的精力集中在设计对象和设计过程上而非软件本身。

AutoCAD 2022 中文版提供了三种操作界面，第一种是草图与注释，是基于较早期经典界面的二维绘图界面；第二种是三维基础，显示三维建模的基础工具；第三种是使人耳目一新的三维建模界面，显示三维建模特有的工具，方便三维立体模型的构建。AutoCAD 2022 中文版继承了并行开发设计特性，提供了任何时间、任何地点与任何人沟通的便利渠道，可共享设计成果。

本章将对 AutoCAD 2022 中文版新的特性进行简单的介绍，同时重点介绍 AutoCAD 2022 中文版的用户界面、按键定义、输入方式、对象捕捉方式、文件操作命令，以及有关环境的设置等基础知识，为以后的学习奠定必要的基础。

1.2 AutoCAD 2022 中文版新特性

AutoCAD 2022 中文版的二维平面设计部分仍然是同类软件中的佼佼者。经过多年的开发和优化，AutoCAD 2022 中文版在很多方面有所增强。下面简要说明 AutoCAD 2022 中文版的新特性。

① 我的见解：显示在"开始"选项卡上，根据用户使用 AutoCAD 的情况，有针对性地提供有用信息和可行的见解。

② 改进了与 AutoCAD Docs 的连接，响应更快。

③ 跟踪：提供了一个安全空间，用于在 AutoCAD Web 和移动应用程序中协作更改图形，而不必担心改变现有图形。跟踪如同一张覆盖在图形上的虚拟图纸，方便协作者直接在上面添加反馈。

④ 计数：可以快速、准确地统计图形中的对象实例，并可以将包含统计数据的表格插入图形中。

⑤ 浮动图形窗口：可以将某个图形文件选项卡拖离 AutoCAD 窗口，从而创建一个浮动窗口。

⑥ 三维图形技术预览：包含为 AutoCAD 开发的全新跨平台三维图形预览技术，充分利用功能强大的 GPU 和多核 CPU 提供流畅的导航体验。

⑦ "开始"选项卡经过重新设计，保持了一致性。

⑧ 安装程序：AutoCAD 2022 中文版提供了更快、更可靠的安装体验。

1.3 启动 AutoCAD 2022 中文版

启动 AutoCAD 2022 中文版，可以双击桌面上的 AutoCAD 2022 中文版图标或在"开始→程序→Autodesk→AutoCAD 2022 Simplified Chinese→AutoCAD 2022 Simplified Chinese"菜单中单击相应的图标，还可以通过"我的电脑"打开相应的文件夹，找到 AutoCAD 2022 中文版安装目录，双击 ACAD.EXE 程序。

启动 AutoCAD 2022 中文版后，即进入如图 1.1 所示的界面。新建或打开图形后，进入图 1.2 所示的界面。

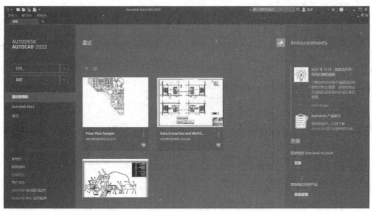

图 1.1 AutoCAD 2022 启动后的界面

工作空间可以在进入绘图或建模界面后在状态栏中切换，如图 1.3 和图 1.4 所示。

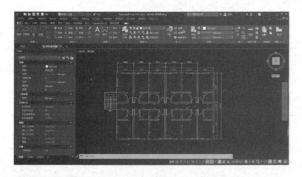 

图 1.2 AutoCAD 草图与注释工作空间　　　　图 1.3 在应用程序状态栏中切换工作空间

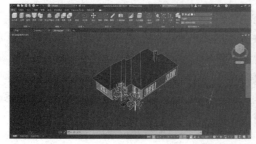 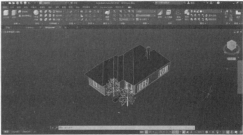

图 1.4 三维基础和三维建模工作空间

1.4 界面介绍

AutoCAD 2022 中文版的绘图界面是主要的工作界面，是熟练使用 AutoCAD 2022 中文版所必须熟悉的。AutoCAD 2022 中文版包括二维绘图界面和三维建模界面，可以通过选择工作空间进行切换，如图 1.3 所示。

该界面包含以下几个部分。

1. 菜单浏览器

位于左上角的是菜单浏览器，菜单浏览器显示一个垂直的菜单项列表，它用来代替以往水平显示在窗口顶部的菜单。可以通过选择一个菜单项来调用相应的命令以访问不同的文档。

2. 功能区控制面板

用户可以单击对应的功能区选项卡，显示对应功能的按钮和图标面板。当光标悬停在对应的按钮上时，将弹出该按钮的功能提示。如果继续停留，将弹出如图 1.5 所示的帮助信息。

按住【Alt】键，将在对应的按钮或选项卡上显示对应的快捷键，如图 1.6 所示。此时按下对应的快捷键，将会显示对应的选项卡，同时继续显示对应按钮的快捷键，如图 1.7 所示。这也提供了键盘访问命令的一种方式。

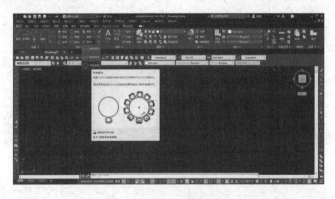

图 1.5 按钮使用帮助信息

图 1.6 快捷键 1

图 1.7 快捷键 2

3. 菜单

AutoCAD 2022 中文版不但包含了系统必备的菜单项，而且绝大部分命令都可以在菜单中找到。如果要显示菜单，可在图 1.8 所示的位置勾选"显示菜单栏"。

图 1.8 "显示菜单栏"

菜单命令一般通过单击菜单项执行，也可以按住【Alt】键并输入菜单中带下画线的字母来执行，还可以按方向键在菜单项中进行选择，按【Enter】键执行。菜单形式如图 1.9 所示。

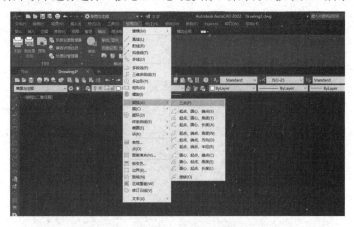

图 1.9 菜单形式

在菜单中，向右的小三角形▶表示该菜单项有下一级子菜单，即级联菜单；省略号···表示执行该命令后，会弹出一个对话框。

菜单项后有快捷键的，表示该命令可以通过快捷键直接执行。例如按【Ctrl+P】组合键，执行打印命令。

4. 绘图区

界面中间较大一片空白区域为绘图区，图形即绘制在该区域。绘图区其实是无限大的，可以通过视图中的相关命令进行缩放、平移等。

绘图区左下角显示的是 UCS 图标。UCS 图标可以显示在左下角或原点，也可以被隐藏。不同的图标表示了不同的空间或观测点。

5. 显示控制区

在绘图区右侧是显示控制区，包括 UCS 控制、全导航控制、平移、缩放、动态观察、showmotion 等按钮。单击其中的小箭头，可以弹出更多的控制菜单供选择。

6. 命令行和文本窗口

命令行中包含所下达的历史命令和命令提示信息，输入及反馈信息都在其中。其默认显示的行数可以设定。命令行可以被移动及改变大小。

通过剪切、复制和粘贴功能将历史命令粘贴在命令行中，可重复执行以前的命令。

按【F2】键可以控制是否显示独立的文本窗口。该窗口同样可以被移到其他位置并改变形状和大小。

7. 状态行

状态行如图 1.10 和图 1.11 所示，其左边显示了光标的当前信息。当光标在绘图区时显示其坐标，当光标在工具栏或菜单上时显示功能及命令。状态行右侧显示各种辅助绘图状态，包括 推断约束 、捕捉模式 、栅格 、正交模式 、极轴追踪 、二维对象捕捉 、三维对象捕捉 、对象捕捉追踪 、DUCS 、DYN 、线宽 、透明度 、快捷特性 、选择循环 、图纸 模型 等。这些按钮用于精确绘图中对对象上特定点的捕捉、定距离捕捉、捕捉某设定角度上的点、显示线宽及在模型空间和图纸空间之间转换等。由于以上辅助绘图功能使用得非常频繁，所以设定成随时可以观察和改变的状态。

图 1.10　图标显示状态行

单击图 1.10 右侧的菜单，可以弹出图 1.11 所示的列表，勾选需要在状态行显示的内容即可。

图 1.11　文字显示状态行

① 坐标 ：用于提示当前光标所在位置。表示光标位置的坐标显示状态有 4 种：相对、绝对、地理、特定，通过在状态栏单击光标位置和右击并选择快捷菜单的方式进行修改。

● 相对：显示相对于最近指定的点的坐标。此选项仅在要指定多个点、距离或角度时可用。

● 绝对：显示相对于当前 UCS 的坐标。

● 地理：显示相对于指定图形的地理坐标系的坐标。此选项仅在图形文件包含地理位置数据时可用。

● 特定：仅在指定点时更新坐标。

辅助绘图按钮的状态可以单击或右击后选择"开/关"实现切换，也可以使用快捷键改变开关状态。下面先列出部分按钮的作用。

② 推断约束 ：可以在创建和编辑几何对象时自动应用几何约束。右击该按钮并选择"设置"，弹出如图 1.12～图 1.14 所示的对话框，包括三个选项卡。

图 1.12　几何约束

图 1.13　标注约束

③ 捕捉模式：处于打开状态时，光标只能在 X 轴、Y 轴或极轴方向移动固定距离的整数倍，该距离可以通过"工具→草图设置"菜单打开"草图设置"对话框进行设定，如图 1.15 所示。如果绘图的尺寸大部分是设定值的整数倍，且容易分辨，可以设定该按钮为开，保证精确绘图。按钮按下时为开，弹起时为关。如果单击该按钮，在状态行中的命令行上会显示"<捕捉 开>"或"<捕捉 关>"的提示信息。

图 1.14　自动约束　　　　　　　　　　图 1.15　"捕捉和栅格"选项卡

④ 栅格：栅格主要和捕捉配合使用。当用户打开栅格时，如果栅格不是很密，在屏幕上会出现很多间隔均匀的小点，其间隔可以在"草图设置"对话框中进行设定。一般将该间隔和捕捉的间隔设定成相同，绘图时光标点会捕捉显示出来的小点。按钮按下时为开，弹起时为关。如果单击该按钮，在状态行中的命令行上会显示"<栅格 开>"或"<栅格 关>"的提示信息。

⑤ 正交模式：用于控制用户所绘制的线或移动时的位置保持水平或垂直的方向。当捕捉模式打开时，如果捕捉到对象上的指定点，则正交模式暂时失效。按钮按下时为开，弹起时为关。如果单击该按钮，在状态行中的命令行上会显示"<正交 开>"或"<正交 关>"的提示信息。

⑥ 极轴追踪：在用户绘图的过程中，系统将根据用户的设定显示一条跟踪线，在跟踪线上可以移动光标进行精确绘图。系统的默认极轴为 0°、90°、180°、270°，用户可以通过"草图设置"对话框中的"极轴追踪"选项卡修改或增加极轴的角度或数量，如图 1.16 所示。状态栏中按钮按下时为开，弹起时为关。如果单击该按钮，在状态行中的命令行上会显示"<极轴 开>"或"<极轴 关>"的提示信息。如果打开极轴追踪绘图，当光标移到极轴附近时，系统将显示极轴，并显示光标当前的方位，如图 1.17 所示。

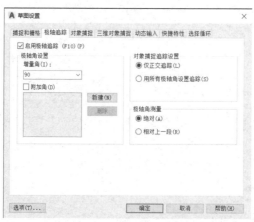

图 1.16　"极轴追踪"选项卡

⑦ 二维对象捕捉：通过二维对象捕捉可以精确地取得直线的端点、中点、垂足，圆或圆弧的圆心、切点、象限点等，这是精确绘图所必需的。按钮按下时为开，弹起时为关。如果单击该按钮，在状态行中的命令行上会显示"<对象捕捉 开>"或"<对象捕捉 关>"的提示信息。在绘图过程中，如果设定了相应的对象捕捉模式并启用二维对象捕捉，提示输入点后，当光标移到对象上时，会显示系统自动捕捉的点。如果同时设定了多种捕捉功能，系统将首先显示离光标最近的捕捉点，此时移动光标到其他位置，系统将显示其他捕捉的点。不同的提示形状表示不同的捕捉点，详见"草图设置"对话框中的"对象捕捉"选项卡。如图 1.18 所示，虽然光标在圆周上，但由于圆心捕捉功能打开了，所以绘制直线的终点在圆心上。其具体的设定和含义会在本章后面详细介绍。

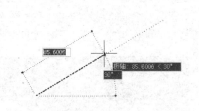

图 1.17　极轴追踪定位

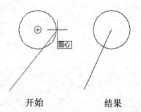

开始　　　　结果

图 1.18　二维对象捕捉功能

⑧ 三维对象捕捉：三维对象的捕捉设置。使用执行对象捕捉设置（也称对象捕捉），可以在对象的精确位置指定捕捉点，如三维对象顶点、边中点、面中心、节点、垂足等。选择多个选项后，将应用选定的捕捉模式，以返回距离靶框中心最近的点。按【Tab】键可以在这些选项之间循环。

⑨ 对象捕捉追踪：该开关处于打开状态时，用户可以捕捉对象上的关键点，然后沿正交方向或极轴方向拖动光标，系统将显示光标当前位置与捕捉点之间的关系。找到符合要求的点时，直接单击拾取。图 1.19 显示了捕捉圆心向下（270°）50.8983 单位的点。按钮按下时为开，弹起时为关。如果单击该按钮，在状态行中的命令行上会显示"<对象捕捉追踪 开>"或"<对象捕捉追踪 关>"的提示信息。

图 1.19　对象捕捉追踪定位

⑩ DUCS：允许或禁止动态 UCS。使用动态 UCS 功能，可以在创建对象时使 UCS 的 XY 平面自动与实体模型上的平面临时对齐。可以通过【F6】键、【Ctrl+D】组合键进行切换。

⑪ DYN：动态输入按钮。启用时，可以在光标附近的文本框中输入数据。如图 1.20 所示，其中图 1.20（a）为输入距离，图 1.20（b）为输入距离和角度，或者输入距离后按【Tab】键显示一个锁定图标需要输入的角度。如果输入值后按【Enter】键，则后面的输入要求将被忽略，且该值被视为直接距离。

⑫ 线宽：用户可在画图时直接为所画的对象指定线宽或在图层中设定线宽。线宽显示按钮可以在状态栏单击或右击后选择"开/关"及通过"线宽设置"对话框来控制。按钮按下时为开，弹起时为关。如果单击该按钮，在状态行中的命令行上会显示"<线宽 开>"或"<线宽 关>"的提示信息。如果某对象被设定了线宽，当该按钮打开时，一般在屏幕上显示其线宽，如图 1.21 所示。

⑬ 透明度：用于控制透明度设置是否启用。

⑭ 快捷特性：对于显示在"特性"选项板中的特性，"快捷特性"选项板显示可自定义的子集，也可以自定义对象类型，这些对象在选定后或双击时显示在"快捷特性"选项板中。

可用特性与"特性"选项板中的特性及用于鼠标悬停工具提示的特性相同。

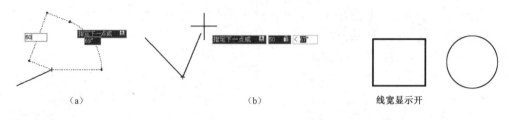

（a）　　　　　　　　　（b）　　　　　　　线宽显示开

图 1.20　动态输入　　　　　　　　　　　图 1.21　显示线宽

⑮ 选择循环：允许选择重叠的对象。可以配置"选择循环"列表框的显示设置。

⑯ 图纸/模型：用于在模型空间和图纸空间之间切换。一般情况下，模型空间用于图形的绘制，图纸空间用于图纸布局，方便输出控制。系统处于模型空间和图纸空间时显示的坐标系图标不同。要进入模型或图纸空间，直接在图纸/模型按钮上单击即可。模型空间如图 1.22 所示，图纸空间如图 1.23 所示。

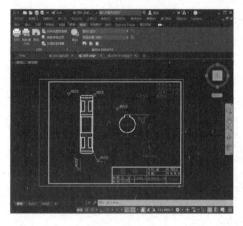
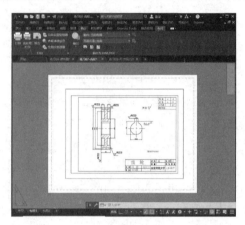

图 1.22　模型空间　　　　　　　　　　　图 1.23　图纸空间

以上各按钮的控制方法如下。

● 在状态行对应的按钮上单击。

● 通过功能键（表 1.1）控制（除图纸/模型外）。

● 在状态行对应的按钮上右击，在弹出的快捷菜单中选择。

● 在状态行对应的按钮上右击，选择"设置"，进入"草图设置"对话框进行设定。

● 通过菜单"工具→草图设置"进入"草图设置"对话框进行设定。

● 执行命令"DSETTINGS"，进入"草图设置"对话框进行设定。

● 设置对应的参数可改变状态。

● 在绘图区按住【Shift】键并右击，在弹出的快捷菜单中选择"对象捕捉设置"，弹出"草图设置"对话框，进行设置。

其中，"对象捕捉"控制方法还有以下 3 种。

● 在绘图区按住【Shift】键并右击，弹出"对象捕捉"快捷菜单，从中选取。

● 打开"对象捕捉"工具栏，选择对象捕捉方式。

● 在提示输入坐标时，输入对象捕捉方式的全称或前 3 个字母。

⑰ 注释比例：注释比例是与模型空间、布局视口和模型视图一起保存的设置。将注释性对象添加到图形中时，它们将支持当前的注释比例，根据该比例设置进行缩放，并自动以正确的大小显示在模型空间中。

在图形中创建注释性对象后，它支持一个注释比例，即创建该对象时的注释比例。用户可以更新注释性对象，以支持其他注释比例。

⑱ 切换工作空间：使用"自定义用户界面"（CUI）编辑器创建工作空间、更改工作空间的特性，以及在所有工作空间中显示某个工具栏。

⑲ 锁定用户界面：单击该按钮，弹出快捷菜单，如图 1.24 所示，用于设置各对象位置的锁定或解锁。

⑳ 图形性能：控制是否使用硬件进行加速，包括图形的显示和打印。

图 1.24　设定用户界面锁定方式

㉑ 隔离对象：用于控制选择对象是否隐藏或隔离。右击该按钮，可选择快捷菜单中的相应命令。

㉒ 全屏显示：控制是否全屏显示。

1.5　AutoCAD 2022 中文版基本操作

1.5.1　按键定义

在 AutoCAD 2022 中文版中定义了不少功能键和热键。通过这些功能键或热键，可以快速实现指定功能。熟悉功能键和热键，可以简化不少操作。AutoCAD 2022 中文版中预定义的常用功能键的作用见表 1.1。

表 1.1　常用功能键的作用

功 能 键	作 用
F1、Shift+F1	联机帮助（HELP）
F2	文本窗口按钮（TEXTSCR）
F3、Ctrl+F	对象捕捉按钮（OSNAP）
F4、Ctrl+T	三维对象捕捉开关
F5、Ctrl+E	等轴测平面右/左/上转换按钮（ISOPLANE）
F6、Ctrl+D	DUCS 按钮
F7、Ctrl+G	栅格显示按钮（GRID）
F8、Ctrl+L	正交模式按钮（ORTHO）
F9、Ctrl+B	捕捉模式按钮（SNAP）
F10、Ctrl+U	极轴按钮
F11、Ctrl+W	对象捕捉追踪按钮
F12	动态输入按钮
Ctrl+0	切换"清除屏幕"
Ctrl+1	切换"特性"选项板
Ctrl+2	切换设计中心
Ctrl+3	切换"工具"选项板
Ctrl+4	切换"图纸集管理器"
Ctrl+5	切换"信息"选项板

功　能　键	作　用
Ctrl+6	切换"数据库连接管理器"
Ctrl+7	切换"标记集管理器"
Ctrl+8	切换"快速计算器"选项板
Ctrl+9	切换命令窗口
Ctrl+A	选择图形中的对象
Ctrl+Shift+A	切换组
Ctrl+F4	关闭 AutoCAD
Ctrl+C	将对象复制到剪贴板中
Ctrl+Shift+C	使用基点将对象复制到剪贴板中
Ctrl+H	切换 PICKSTYLE
Ctrl+I	切换 COORDS（状态栏坐标显示方式）
Ctrl+J、Ctrl+M	重复上一条命令
Ctrl+N	创建新图形
Ctrl+O	打开现有图形
Ctrl+P	打印当前图形
Ctrl+R	在布局视口之间循环
Ctrl+S	保存当前图形
Ctrl+Shift+S	弹出"另存为"对话框
Ctrl+V	粘贴剪贴板中的数据
Ctrl+Shift+V	将剪贴板中的数据粘贴为块
Ctrl+X	将对象剪切到剪贴板中
Ctrl+Y	取消前面的"放弃"动作
Ctrl+Z	撤销上一个操作
Ctrl+[、Ctrl+\	取消当前命令
Ctrl+Page Up	移至当前选项卡左边的下一个布局选项卡
Ctrl+Page Down	移至当前选项卡右边的下一个布局选项卡
Ctrl+	选择实体时可以循环选取，选择打开文件时可以间隔选取
Shift+	选择文件时可以连续选取
Alt+	执行菜单
空格、Enter	重复执行上一条命令，在输入文字时空格键不同于【Enter】键
Esc	中断命令执行

1.5.2　命令输入方式

　　交互绘图必须输入必要的指令和参数。常用的命令输入方式包括：单击功能区控制面板按钮，输入命令缩写或命令，通过菜单、工具栏输入，通过选项板按钮输入等。下面介绍最常用的输入方式。

1.　通过按钮输入命令

单击功能区面板按钮、选项板按钮，可以输入该按钮对应的命令。这是最常用的输入命令的方式。也可以打开对应的工具栏，单击其上按钮输入命令。

2.　通过右击输入命令

在不同的区域右击，弹出不同的快捷菜单。在绘图区右击，弹出的快捷菜单如图 1.25 所示。按住【Shift】键右击，可打开"对象捕捉"快捷菜单，如图 1.26 所示。

图 1.25　右击弹出的快捷菜单

图 1.26　"对象捕捉"快捷菜单

3.　通过键盘输入命令

所有的命令均可以通过键盘输入（不分大小写）。对一些不常用的命令，在打开的面板、工具栏或菜单中找不到，可以通过键盘直接输入命令。对命令提示中必须输入的参数，也可以通过键盘输入。

部分命令通过键盘输入时可以采用缩写，此时只需输入很少的字母即可执行该命令。例如"Circle"命令的缩写为"C"（不分大小写）。用户可以自定义命令缩写。

在大多数情况下，直接输入命令会打开相应的对话框。如果不想使用对话框，可以在命令前加上"-"，如"-Layer"，此时不打开"图层特性管理器"对话框，而是显示命令行提示信息，同样可以对图层特性进行设定。

4.　通过菜单输入命令

在主菜单中单击菜单项，再单击对应的命令。如果有下一级子菜单，则光标移动到菜单项后略作停顿，自动弹出下一级子菜单，移动光标到对应的命令上单击即可。

也可右击，弹出快捷菜单，移动光标到对应的菜单项上单击即可。

还可以通过快捷键输入菜单命令，按【Alt】键和菜单中带下画线的字母对应的键，或按方向键选择菜单项和命令，再按【Enter】键。

1.5.3　透明命令

能够在其他命令执行过程中执行的命令称为透明命令。透明命令一般用于环境的设置或辅助绘图。

输入透明命令应该在普通命令前加一个撇号（'），执行透明命令后会出现">>"提示符。透明命令执行完成后，继续执行原命令。

不是所有的命令都可以透明执行，只有那些不选择对象、不创建新对象、不导致重生成及结束绘图任务的命令才可以透明执行。

【例 1.1】　在画线过程中透明执行平移命令输入下一点。

命令：_line	
指定第 1 点：单击一点	
指定下一点或 [放弃(U)]：单击"视图→平移→实时"	透明执行平移命令
'_pan	
>>按【Esc】键或【Enter】键退出，或右击显示快捷菜单。	
按【Esc】键	结束平移命令
正在恢复执行 LINE 命令	
指定下一点或 [放弃(U)]：单击另一点	继续直线命令
指定下一点或 [闭合(C)/放弃(U)]：↵	结束直线绘制

1.5.4　命令的重复、撤销、重做

在绘图的过程中经常要重复、撤销或重做命令。AutoCAD 提供了多种方式实现上述功能。

1. 命令的重复

命令重复执行有以下方法。

① 在出现命令提示时按【Enter】键或空格键可以重复执行上一条命令。

② 在绘图区右击并选择"重复 XXX 命令"来执行上一条命令。

③ 在命令提示区或文本窗口中右击，在弹出的快捷菜单中选择"近期使用的命令"，可选择最近执行的 6 条命令之一重复执行。

④ 在命令行中输入"MULTIPLE"，在下一个提示后输入要执行的命令，将会重复执行该命令直到按【Esc】键为止。

2. 命令的撤销

正在执行的命令可以用以下方法撤销。

① 用户可以按【Esc】键中断正在执行的命令，如取消对话框，撤销一些命令的执行，个别命令除外。但在某些命令中，并不取消该命令已经执行完成的部分。例如执行画线命令已经绘制了连续的几条线，再按【Esc】键，此时中断画线命令，不再继续，但已经绘制好的线条并不消失。

② 连续按两次【Esc】键可以终止绝大多数命令的执行，回到"命令："提示状态。编程时，往往要使用^C^C 两次。连续按两次【Esc】键也可以取消夹点编辑方式显示的夹点。

③ 采用 U、UNDO 及其组合，可以撤销前面执行的命令直到存盘时或开始绘图时的状态，同样可以撤销指定的若干条命令或回到做好的标记处。

④ 撤销命令可通过键盘输入 U（不带参数选项）或 UNDO（可带有不同的参数选项）命令或选择"编辑→撤销"菜单命令，或者通过单击快速访问工具栏中的 ⬅ 或按【Ctrl+Z】组合键来完成。如果单击快速访问工具栏撤销按钮后面向下的箭头，会弹出之前执行过的命令，用户可以选择撤销到之前的某个命令处。

3. 命令的重做

已被撤销的命令还可以重做。要重做撤销的最后一条命令，可以输入 REDO 或通过"编辑→重做"来执行，不过，重做命令仅限最近的一条命令，无法重做之前被撤销的命令。如果是刚用 U 命令撤销的命令，可以按【Ctrl+Y】组合键重做。用户可以单击快速访问工具栏中的重做按钮 ➡ 执行重做，单击其后的箭头，可以重做到指定的位置。

1.5.5 坐标形式

坐标分为直角坐标和极坐标两种,又各自分为绝对坐标和相对坐标两种形式。通过键盘可以精确输入坐标。输入坐标时,一般显示在命令行中。如果动态输入按钮打开,可以在图形上的动态输入文本框中输入数值,通过按【Tab】键在字段之间切换。

1. 直角坐标

直角坐标有以下两种。

① 绝对直角坐标:输入点的 (X, Y, Z) 坐标,在二维图形中,Z 坐标可以省略。如"10,20"表示点的坐标为(10,20,0)。

② 相对直角坐标:输入相对坐标,必须在前面加上"@"符号,如"@10,20"表示该点相对于当前点,沿 X 方向移动 10,沿 Y 方向移动 20。

2. 极坐标

极坐标有以下两种。

① 绝对极坐标:给定距离和角度,在距离和角度中间加上"<"符号,且规定 X 轴正向为 0°,Y 轴正向为 90°。如"20<30"表示距原点为 20,方向为 30°的点。

② 相对极坐标:在距离前加"@"符号,如"@20<30"表示输入的点距上一点的距离为 20,和上一点的连线与 X 轴成 30°角。

通过鼠标指定坐标,在对应的坐标点上单击即可。如图 1.27 所示为 4 种坐标图例。

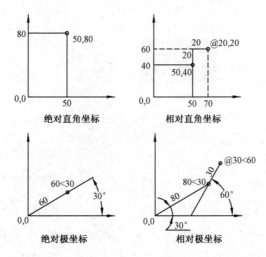

图 1.27 4 种坐标图例

> **注意:**
> 当状态行极轴追踪按钮打开时,随着十字光标的移动,在状态行左侧会相应地显示追踪的极点坐标。如果动态输入按钮 DYN 打开,则绘制的图形上会动态显示大小和方位等信息。

1.6 文件操作命令

文件操作包括新建、打开、保存、赋名存盘等。

1.6.1　新建文件

开始绘制一幅新图，首先应该新建文件。执行"开始绘制"命令，或在编辑图形时执行下面的命令创建新图形。

命令：NEW

　　　　QNEW

快速访问工具栏：

菜单浏览器：/新建/图形

执行"新建文件"命令，弹出如图 1.28 所示的"选择样板"对话框。用户选择合适的样板文件，单击打开按钮进入绘图界面。

1.6.2　打开文件

要对已有的文件进行编辑或浏览，首先应打开文件。

命令：OPEN

快速访问工具栏：

菜单浏览器：/打开/图形

执行"打开"命令后弹出如图 1.29 所示的"选择文件"对话框。

在该对话框中可以同时打开多个文件。按【Ctrl】键依次单击多个文件或按【Shift】键连续选中多个文件，单击打开按钮即可，如图 1.29 所示。

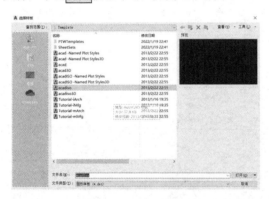
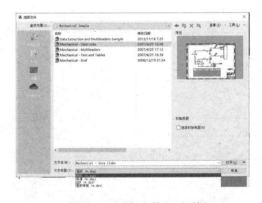

图 1.28　"选择样板"对话框　　　　　图 1.29　"选择文件"对话框

以只读方式打开文件。单击打开按钮右侧的向下小箭头，选择"以只读方式打开"后，打开的文件不可被更改。可打开的文件类型包括".dwg"".dws"".dxf"和".dwt"。

1.6.3　保存文件

对文件进行了有效的编辑后，应及时保存已经编辑的文件。

命令：SAVE

快速访问工具栏：

菜单浏览器：/保存

如果所编辑的图形文件已经取过名字，则不进行任何提示，系统直接将图形以当前文件名存盘；如果未取名，则将"Drawing"加上序号作为预设的文件名，该序号由系统自动检测，在现有的最大序号上加 1，并且弹出相应的对话框，让用户确认文件名后保存。

1.6.4　赋名存盘

如果要对编辑的文件另取名称保存，应采用赋名存盘。

命令：SaveAs

快速访问工具栏：

菜单浏览器：📁/另存为

执行该命令后，弹出如图 1.30 所示的"图形另存为"对话框。

图 1.30　"图形另存为"对话框

在"文件名"文本框中输入图形文件名，单击保存按钮，即可将编辑的图形以该名称保存。

如果想改变文件存放的位置，可以单击"保存于"下拉列表框右侧的向下小箭头，弹出目录后单击即可。如果希望以其他格式（.dxf、.dwt、.dws 等）存盘，可在"文件类型"中选取。

1.6.5　输出数据

编辑的文件可以转换成其他格式文件供其他软件读取。AutoCAD 2022 中文版提供了多种输出格式。

命令：EXPORT

菜单浏览器：📁/输出

用户选择需要的格式后，会弹出对应的设置对话框，供用户设置不同文件的格式参数。如图 1.31 所示为可以输出的几种格式。

1.7　帮助信息

按【F1】键、在命令行中输入"HELP"或"？"、单击标题栏右侧的问号均可以获得 AutoCAD 2022 中文版帮助信息。系统会打开帮助窗口供用户查询，如图 1.32 所示。

可以在帮助目录中按照目录查找或在帮助索引中通过关键词查找相关信息，也可以浏览相关视频。

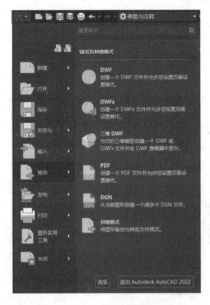

图 1.31　输出格式

图 1.32　帮助窗口

1.8　绘图环境设置

在正确安装 AutoCAD 2022 中文版之后，即可运行并进行图形绘制了。但用户往往会发现，很多地方并不符合自己的期望。例如，希望绘图时的精度为 2 位小数，显示出来的却是 4 位小数；希望不仅能捕捉预定角度的极轴，而且能捕捉 20°的极轴；希望屏幕背景为白色，默认颜色却是黑色；希望能够自动捕捉直线的端点、终点、垂足等。这些都和图形绘制的环境有关。

设置合适的绘图环境，不仅可以简化大量的调整、修改工作，而且有利于统一格式，便于图形的管理和使用。下面介绍图形环境设置方面的知识。

1.8.1　图形界限

图形界限是绘图的范围，相当于手工绘图时图纸的大小。设定合适的绘图界限，有利于确定图形的大小、比例及图形之间的距离，有利于检查图形是否超出"图框"。

命令：LIMITS

命令及提示如下。

命令：'_limits
重新设置模型空间界限：
指定左下角点或 [开(ON)/关(OFF)] <0.0000,0.0000>：
指定右上角点 <XXX,XXX>：

参数如下。

① 指定左下角点：定义图形界限的左下角点。

② 指定右上角点：定义图形界限的右上角点。

③ 开（ON）：打开图形界限检查。如果打开了图形界限检查，系统将不接收设定的图形界限之外的点输入。但针对具体的情况检查的方式不同。例如对直线，有任何一点在界限之外，均无法绘制该

直线。对圆、文字而言，只要圆心、起点在界限范围之内即可，甚至对于单行文字，只要定义的文字起点在界限之内，实际输入的文字就不受限制。对于编辑命令，拾取图形对象的点不受限制，除非拾取点同时作为输入点，否则，界限之外的点无效。

④ 关（OFF）：关闭图形界限检查。

【例 1.2】　设置绘图界限为宽 420、高 297，并通过栅格显示该界限。

```
命令：'_limits
重新设置模型空间界限：
指定左下角点或 [开(ON)/关(OFF)] <0.0000,0.0000>：↵
指定右上角点 <420.0000,297.0000>：↵
一般立即执行 ZOOM A 命令使整个界限显示在屏幕上。
命令：zoom
指定窗口角点，输入比例因子 (nX 或 nXP)，或
[全部(A)/中心点(C)/动态(D)/范围(E)/上一个(P)/比例(S)/窗口(W)] <实时>：a↵
正在重生成模型。
命令：按【F7】键 <栅格 开>                                    显示界限
```

结果如图 1.33 所示。

图 1.33　绘图界限

1.8.2　单位

任何图形都有大小、精度及采用的单位。屏幕上显示的只是屏幕单位，但屏幕单位应对应一个真实的单位。不同的单位其显示格式是不同的。同样可以设定或选择角度类型、精度和方向。如果通过向导进行了快速设置或高级设置，则应该选择了单位及精度等。下面介绍如何通过命令进行设定或修改。

命令：UNITS

执行该命令后，弹出如图 1.34 所示的"图形单位"对话框。

该对话框中包含长度、角度、插入时的缩放单位和输出样例等 5 个选项区，另外有 4 个按钮。

1. 长度

该选项区用于设定长度的类型及精度。

① 类型：通过下拉列表框可以选择长度单位类型。

② 精度：通过下拉列表框可以选择长度精度。

2. 角度

该选项区用于设定角度类型和精度。

① 类型：通过下拉列表框可以选择角度单位类型。

图 1.34　"图形单位"对话框

② 精度：通过下拉列表框可以选择角度精度。

③ 顺时针：控制角度方向的正、负。选中该复选框时，顺时针为正，否则，逆时针为正。默认逆时针为正。

3. 插入时的缩放单位

当插入一个块时，控制其单位如何换算。可以通过下拉列表框选择一种单位。

图 1.35 "方向控制"对话框

4. 输出样例

输出样例显示设置后的长度和角度单位格式。

5. 方向按钮

它用于设定角度方向。单击该按钮后，弹出如图 1.35 所示的"方向控制"对话框。

在该对话框中可以设定基准角度方向，默认 0° 为东方向。如果要设定除东、南、西、北 4 个方向外的方向作为 0° 方向，可以单击"其他"单选按钮，此时下面的拾取/输入角度项有效，用户可以单击拾取按钮，进入绘图界面单击某方向作为 0° 方向或直接输入角度作为 0° 方向。

1.8.3　捕捉和栅格

捕捉和栅格提供了一种精确绘图工具。通过捕捉可以将屏幕上的拾取点锁定在特定的位置上，而这些位置隐含了间隔捕捉点。栅格是可以在屏幕上显示出来的具有指定间距的线，这些线只是在绘图时提供一种参考作用，其本身不是图形的组成部分，也不会被输出。栅格设定太密时，在屏幕上显示不出来。可以设定捕捉点，即栅格交点。

命令：DSETTINGS

同样可以在状态栏中右击栅格按钮或捕捉按钮，选择快捷菜单中的"设置"来进行设置。

执行该命令后，弹出如图 1.36 所示的"草图设置"对话框。其中第一个选项卡即"捕捉和栅格"选项卡。

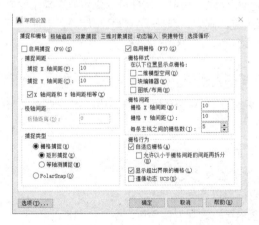

图 1.36 "草图设置"对话框（"捕捉和栅格"选项卡）

该选项卡中包含以下几个选项区：启用捕捉、启用栅格、捕捉间距、栅格样式、极轴间距、栅格间距、捕捉类型和栅格行为。

1. 启用捕捉

选中该复选框用于打开捕捉功能。

2. 启用栅格

选中该复选框用于打开栅格显示。

3. 捕捉间距

① 捕捉 X 轴间距：设定捕捉在 X 方向上的间距。

② 捕捉 Y 轴间距：设定捕捉在 Y 方向上的间距。

③ X 轴间距和 Y 轴间距相等：约束两个方向捕捉的间距相等。

4. 栅格样式

设置显示栅格的位置，包括二维模型空间、块编辑器和图纸/布局。

5. 极轴间距

设定在极轴捕捉模式下的极轴间距。

6. 栅格间距

① 栅格 X 轴间距：设定栅格在 X 方向上的间距。

② 栅格 Y 轴间距：设定栅格在 Y 方向上的间距。

③ 每条主线之间的栅格数：设置主线之间的栅格数。

7. 捕捉类型

① 栅格捕捉：设定成栅格捕捉，分为矩形捕捉和等轴测捕捉。

矩形捕捉——X 和 Y 成 90° 的捕捉方式。

等轴测捕捉——设定成正等轴测捕捉方式。

如图 1.37 所示为矩形捕捉和等轴测捕捉模式下的屏幕示例。

矩形捕捉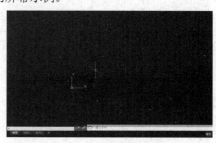
等轴测捕捉

图 1.37　矩形捕捉和等轴测捕捉模式下的屏幕示例

在等轴测捕捉模式下，可以按【F5】键或【Ctrl+D】组合键在 3 个轴测平面之间切换。也可以单击状态栏按钮，在弹出的菜单中切换。

② PolarSnap：设定成极轴捕捉模式，单击该项后，极轴间距有效，而捕捉间距无效。

8. 栅格行为

① 自适应栅格：可以设置成允许以小于栅格间距的距离再拆分。

② 显示超出界限的栅格：可以设置是否显示超出界限部分的栅格。一般不显示，则有栅格的部分为界限内的范围。

③ 遵循动态 UCS：设置栅格是否跟随动态 UCS。

9. 选项按钮

单击该按钮，将弹出"选项"对话框。有关"选项"对话框的操作将在 1.8.5 节中介绍。

1.8.4 极轴追踪

利用极轴追踪可以在设定的极轴角度上根据提示精确移动光标。极轴追踪提供了一种拾取特殊角度的点的方法。

命令：DSETTINGS

在状态栏极轴上右击，选择"设置"命令。

图 1.38 "极轴追踪"选项卡

"草图设置"对话框中的"极轴追踪"选项卡如图 1.38 所示。

该选项卡中包含"启用极轴追踪"复选框，以及极轴角设置、对象捕捉追踪设置和极轴角测量 3 个选项区。

1. 启用极轴追踪

该复选框用于控制在绘图时是否使用极轴追踪。

2. 极轴角设置

① 增量角：设置角度增量大小。默认为 90°，即捕捉 90° 的整数倍角度：0°、90°、180°、270°。用户可以通过下拉列表框选择其他的预设角度，也可以输入新的角度。绘图时，当光标移到设定的角度及其整数倍角度附近时，自动被"吸"过去并显示极轴和当前方位。

② 附加角：该复选框设定是否启用附加角。附加角和增量角不同，在极轴追踪中会捕捉增量角及其整数倍角度，并且会捕捉附加角设定的角度，但不一定捕捉附加角的整数倍角度。例如设定了增量角为 45°，附加角为 30°，则自动捕捉的角度为 0°、45°、90°、135°、180°、225°、270°、315° 及 30°，不会捕捉 60°、120°、240°、300°。

③ 新建：新增一个附加角。

④ 删除：删除一个选定的附加角。

3. 对象捕捉追踪设置

① 仅正交追踪：仅仅在对象捕捉追踪时采用正交方式。

② 用所有极轴角设置追踪：在对象捕捉追踪时采用所有极轴角。

4. 极轴角测量

① 绝对：设置极轴角为绝对角度，在极轴显示时有明确的提示。

② 相对上一段：设置极轴角为相对于上一段的角度，在极轴显示时有明确的提示。

> 👀 注意：
>
> 在绘图过程中，如果希望光标在指定的方向上，可以临时输入"<XX"来设定。例如在执行 LINE 命令的过程中，输入第 2 点前输入"<17"并按【Enter】键，则在单击第 2 点时光标指引线会被限制在 17° 和 197° 的方向上。该方法可以用在已知第 1 点而需要确定另一点以便得到长度或方向时。该方法称为"角度替代"。

【例 1.3】　绘制一对角线长 300，对角线角度为 39° 的矩形。

命令：**rectang**↵	下达矩形命令
指定第 1 个角点或 [倒角(C)/标高(E)/圆角(F)/厚度(T)/宽度(W)]：**100,100** ↵	输入第 1 个角点坐标
指定另一个角点或 [面积(A)/尺寸(D)/旋转(R)]：**<39**↵	输入替代角度
角度替代：**39**	
指定另一个角点或 [面积(A)/尺寸(D)/旋转(R)]：**300**↵	输入对角线长度

1.8.5　对象捕捉

绘制的图形各组成元素之间一般不是孤立的，而是相互关联的。例如一个图形中有一个矩形和一个圆，该圆和矩形之间的相对位置必须确定。如果圆心在矩形的左上角顶点上，在绘制圆时，必须以矩形的该顶点为圆心来绘制，应采用捕捉矩形顶点方式来精确定点。以此类推，几乎在所有的图形中，都会频繁涉及对象捕捉。

1. 对象捕捉模式

不同的对象可以设置不同的捕捉模式。

命令：DSETTINGS

在状态栏中右击对象捕捉按钮，选择快捷菜单中的"设置"。"草图设置"对话框中的"对象捕捉"选项卡如图 1.39 所示。

"对象捕捉"选项卡中包含了"启用对象捕捉"和"启用对象捕捉追踪"两个复选框及对象捕捉模式选项区。

1）启用对象捕捉

该复选框控制是否启用对象捕捉。

2）启用对象捕捉追踪

该复选框控制是否启用对象捕捉追踪。如图 1.40 所示，捕捉该正六边形的中心。可以打开对象捕捉追踪，然后在输入点的提示下，首先将光标移到直线 *A* 上，出现中点提示后，再将光标移到端点 *B* 上，出现端点提示后，向左移到中心位置附近，出现如图 1.40 所示的提示后单击，该点即中心点。

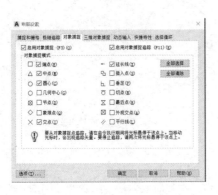

图 1.39　"对象捕捉"选项卡

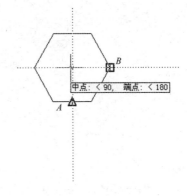

图 1.40　对象捕捉追踪

3）对象捕捉模式

① 端点（ENDpoint）：捕捉直线、圆弧、多段线、填充直线、填充多边形等的端点，拾取点靠近哪个端点，即捕捉该端点，如图 1.41 所示。

② 中点（MIDpoint）：捕捉直线、圆弧、多段线的中点。对于参照线，"中点"将捕捉指定的第 1 点。当选择样条曲线或椭圆弧时，"中点"将捕捉对象起点和端点之间的中点，如图 1.42 所示。

图 1.41 捕捉端点   图 1.42 捕捉中点

③ 圆心（CENter）：捕捉圆、圆弧或椭圆弧的圆心，拾取时只需要拾取圆、圆弧、椭圆弧，如图 1.43 所示。

④ 节点（NODe）：捕捉点对象及尺寸的定义点。块中包含的点可以用作快速捕捉点，如图 1.44（a）所示。

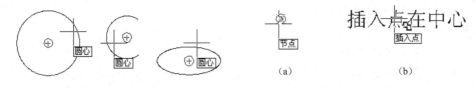

图 1.43 捕捉圆心   图 1.44 捕捉节点和插入点

⑤ 插入点（INSertion）：捕捉块、文字、属性、形、属性定义等插入点。如果选择块中的属性，将捕捉属性的插入点而不是块的插入点。因此，如果一个块完全由属性组成，只有当其插入点与某个属性的插入点一致时才能捕捉到其插入点，如图 1.44（b）所示。

⑥ 象限点（QUAdrant）：捕捉圆弧、圆或椭圆的最近的象限点（0°、90°、180°、270°点）。圆和圆弧的象限点的捕捉位置取决于当前用户坐标系（UCS）方向。要显示象限点捕捉，圆或圆弧的法线方向必须与当前用户坐标系的 Z 轴方向一致。如果圆弧、圆或椭圆是旋转块的一部分，那么象限点也随着块旋转，如图 1.45 所示。

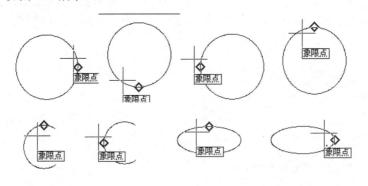

图 1.45 捕捉象限点

⑦ 交点（INTersection）：捕捉两个图形元素的交点，这些对象包括圆弧、圆、椭圆、椭圆弧、直线、多线、多段线、射线、样条曲线或参照线。"交点"可以捕捉面域或曲线的边，但不能捕捉三维实体的边或角点。块中直线的交点同样可以捕捉，如果块以一致的比例进行缩放，可以捕捉块中圆弧或圆的交点，如图 1.46 所示。

⑧ 延长线（EXTension）：可以使用延长线对象捕捉延长直线和圆弧。与"交点"或"外观交点"一起"延长"，可以获得延长交点。使用延长线时，光标在直线或圆弧端点上暂停后将显示小加号（+），表示直线或圆弧已经选定，可以用于延长。沿着延长路径移动光标将显示一个临时延长路径。如果"交

点”或"外观交点"处于"开"状态，就可以找出直线或圆弧与其他对象的交点，如图 1.47 所示。

图 1.46　捕捉交点　　　　　　　　图 1.47　捕捉延长交点

⑨ 垂足（PERpendicular）：可以捕捉到与圆弧、圆、参照、椭圆、椭圆弧、直线、多线、多段线、射线、实体或样条曲线正交的点，也可以捕捉到对象的外观延伸垂足，最后结果是垂足未必在所选对象上。当用垂足指定第 1 点时，将提示指定对象上的一点。当用垂足指定第 2 点时，将捕捉刚刚指定的点以创建对象或对象外观延长的一条垂线。对于样条曲线，垂足将捕捉指定点的法向矢量所通过的点。法向矢量将捕捉样条曲线上的切点。如果指定点在样条曲线上，则捕捉该点。在某些情况下，垂足对象捕捉点不太明显，甚至可能没有垂足对象捕捉点存在。如果需要多个点以创建垂直关系，将显示一个递延的垂足自动捕捉标记和工具栏提示，并且提示输入第 2 点。如图 1.48 所示，绘制一条直线同时垂直于直线和圆，在输入点的提示下，采用垂足捕捉。

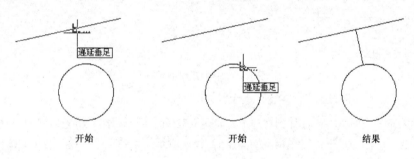

图 1.48　垂足捕捉

⑩ 外观交点（APParent Intersection）：和交点的设定类似。捕捉空间中两个对象的视图交点，注意在屏幕上看上去"相交"，如果第 3 个坐标不同，则这两个对象并不真正相交。采用交点模式无法捕捉该交点。如果要捕捉该点，应该设定成外观交点。

⑪ 切点（TANgent）：捕捉与圆、圆弧、椭圆相切的点。如采用 TTT、TTR 方式绘制圆时，必须和已知的直线或圆、圆弧相切。如绘制一直线和圆相切，则该直线的上一个端点和切点之间的连线应保证和圆相切。对于块中的圆弧和圆，如果块以一致的比例进行缩放并且对象的厚度方向与当前 UCS 平行，就可以使用切点捕捉。对于样条曲线和椭圆，指定的另一个点必须与捕捉点处于同一平面。如果切点对象捕捉需要多个点建立相切的关系，则显示一个递延的自动捕捉切点标记和工具栏提示，并提示输入第 2 点。要绘制与两个或三个对象相切的圆，可以使用递延的切点创建两点或三点圆。如图 1.49 所示，绘制一直线垂直于直线，并和圆相切，捕捉切点。

⑫ 最近点（NEArest）：捕捉该对象上和拾取点最接近的点，如图 1.50 所示。

⑬ 平行线（PARallel）：绘制直线段时应用平行线捕捉。要想应用单点对象捕捉，先要指定直线的起点，选择平行线对象捕捉（或将平行线对象捕捉设置为执行对象捕捉），然后移动光标到要与之平行的对象上，随后将显示小的平行线符号，表示此对象已经选定。再移动光标，在接近与选定对象平行时自动跳到平行的位置。该平行对齐路径以对象和命令的起点为基点。可以与交点或外观交点对象

捕捉一起使用平行线捕捉，从而找出平行线与其他对象的交点。

图 1.49　捕捉切点　　　　　　　　　　　图 1.50　捕捉最近点

⑭ 几何中心（GCEnter）：捕捉多段线、二维样条曲线的几何中心，如图 1.51 所示。

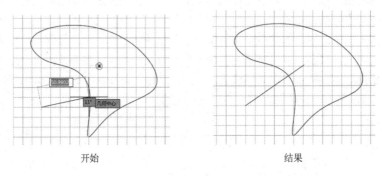

开始　　　　　　　　　　　　　　　　结果

图 1.51　捕捉几何中心

【例 1.4】　从圆上一点开始，绘制直线的平行线。

在提示输入下一点时，将光标移到直线上，如图 1.52（a）所示。然后将光标移到与直线平行的方向附近，此时会自动出现"平行"提示，如图 1.52（b）所示。绘制该平行线，结果如图 1.52（c）所示。

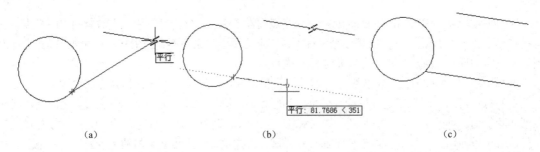

（a）　　　　　　　　　　　　（b）　　　　　　　　　　　　（c）

图 1.52　例 1.4 图

【例 1.5】　如图 1.53 所示，绘制一半径为 25 的圆，其圆心位于正六边形正右方相距 50 的位置。

命令：**circle**
指定圆的圆心或 [三点(3P)/两点(2P)/相切、相切、半径(T)]：单击"捕捉自"按钮 _from
基点：单击 *A* 点，随即将光标移到 *A* 点正右方（或在下面提示中输入"@50<0"）
<偏移>：**50**↵
指定圆的半径或 [直径(D)]：**25**↵

2. 设置对象捕捉的方法

设置对象捕捉有以下几种方法。

① 按钮：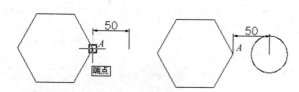

② 快捷菜单：在绘图区，按住【Shift】键右击，如图 1.54 所示。

③ 键盘输入包含前 3 个字母的词：如在提示输入点时输入 "MID"，此时会用中点捕捉模式覆盖其他对象捕捉模式，也可以用 "END，PER，QUA" "QUI，END" 的形式输入多个对象捕捉模式。

④ 通过 "对象捕捉" 选项卡来设置。

图 1.53　例 1.5 图　　　　　　　　　　图 1.54　对象捕捉快捷菜单

3. 对象捕捉参数和极轴追踪参数设置

在图形比较密集时，即使采用对象捕捉，也可能由于图线较多而出现误选现象，为此应该设置合适的靶框。同样，用户也可以设置是否在自动捕捉时提示标记或在极轴追踪时是否显示追踪向量等。设置捕捉参数可以满足用户的不同需求。

命令：OPTIONS

快捷菜单：在命令行或文本窗口中按住【Shift】键右击，在快捷菜单中选择 "选项"，执行 "选项" 命令后，弹出如图 1.55 所示的 "选项" 对话框，其中的 "绘图" 选项卡可以设置对象捕捉参数和极轴追踪参数。

该选项卡中包含自动捕捉设置、自动捕捉标记大小、对象捕捉选项、AutoTrack 设置、对齐点获取和靶框大小 6 个选项区和 3 个设置按钮。

1）自动捕捉设置

① 标记：设置是否显示自动捕捉标记，不同捕捉点的标记不同。

② 磁吸：设置是否将光标自动锁定在最近的捕捉点上。

③ 显示自动捕捉工具提示：设置是否显示捕捉点类型提示。

④ 显示自动捕捉靶框：设置是否显示自动捕捉靶框。

⑤ 颜色：设置自动捕捉标记颜色。单击该按钮后弹出 "图像窗口颜色" 对话框。

2）自动捕捉标记大小

在该区域通过滑块设置自动捕捉标记大小。向右移动增大，向左移动减小。

3）对象捕捉选项

① 忽略图案填充对象：指定在打开对象捕捉时，忽略填充图案。

② 使用当前标高替换 Z 值：指定对象捕捉时忽略对象捕捉位置的 Z 值，并使用当前 UCS 设置的标高 Z 值。

③ 对动态 UCS 忽略 Z 轴负向的对象捕捉：指定使用动态 UCS 期间对象捕捉时，忽略具有负 Z

值的几何体。

4）AutoTrack 设置

① 显示极轴追踪矢量：设置是否显示极轴追踪矢量。

② 显示全屏追踪矢量：设置是否显示全屏追踪矢量，该矢量显示的是一条参照线。

③ 显示自动追踪工具提示：设置是否显示自动追踪工具提示。

5）对齐点获取

① 自动：对齐点自动获取。

② 按 Shift 键获取：对齐点必须通过按【Shift】键才能获取。

6）靶框大小

可通过滑块设置靶框的大小。

7）设计工具提示设置

设置绘图工具栏提示的颜色、大小和透明度，单击后弹出如图 1.56 所示的"工具提示外观"对话框。

图 1.55 "选项"对话框

图 1.56 "工具提示外观"对话框

8）光线轮廓设置

指定光线轮廓的外观，如图 1.57 所示。

9）相机轮廓设置

指定相机轮廓外观，如图 1.58 所示。

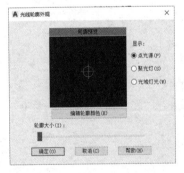

图 1.57 "光线轮廓外观"对话框

图 1.58 "相机轮廓外观"对话框

1.8.6　颜色

颜色的合理使用，可以充分体现设计效果，而且有利于图形的管理。如在选择对象时，可以通过过滤选中某种颜色的图线。

　　设定图线的颜色有两种思路：直接指定颜色和设定颜色为"随层"或"随块"。直接指定颜色有一定的缺陷，使用图层来管理更方便，建议用户在图层中管理颜色。

　　命令：COLOR

　　　　　COLOUR

　　按钮：在"常用→对象特性"选项板中单击下拉框中的颜色或单击"选择颜色"按钮，弹出如图 1.59～图 1.61 所示的"选择颜色"对话框。

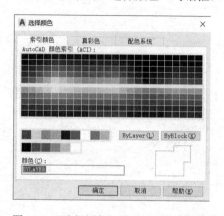

图 1.59　"选择颜色"对话框（索引颜色）

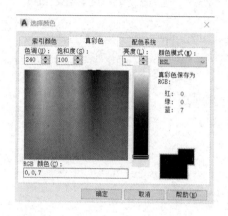

图 1.60　"选择颜色"对话框（真彩色）

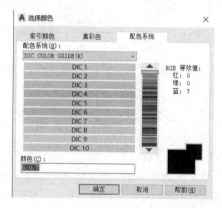

图 1.61　"选择颜色"对话框（配色系统）

　　选择颜色不仅可以直接在对应的颜色小方块上单击或双击，也可以在颜色文本框中输入英文单词或颜色的编号，在随后的小方块中会显示相应的颜色。另外可以设定成"随层"（ByLayer）或"随块"（ByBlock）。如果在绘图时直接设定了颜色，不论该图线在什么层上，都具有设定的颜色。如果设定成"随层"或"随块"，则图线的颜色随层的颜色而变或随插入块中图线的相关属性而变。

1.8.7　线型

　　线型是图样表达的关键要素之一，不同的线型表示不同的含义。如在机械图中，粗实线表示可见轮廓线，虚线表示不可见轮廓线，点画线表示中心线、轴线、对称线等。不同的元素应该采用不同的图线来绘制。

　　有些绘图机上可以设置不同的线型，一方面，通过硬件设置比较麻烦，而且不灵活；另一方面，在屏幕上也需要直观显示出不同的线型。所以目前对线型的控制基本上都由软件来完成。

常用线型是预先设计好存储在线型库中的，使用时加载即可。

命令：LTYPE

　　　LINETYPE

按钮：在"常用→对象特性"选项板下拉列表中直接指定加载或默认加载的线型，也可以选择"其他"而弹出如图 1.62 所示的"线型管理器"对话框。

该对话框中的列表显示了目前已加载的线型，包括线型名称、外观和说明。另外还有线型过滤器选项区，加载、删除、当前及显示细节按钮等。详细信息是否显示可通过显示细节、隐藏细节按钮来控制。

① 线型过滤器：用于按条件过滤线型。

● 下拉列表框：过滤出列表显示的线型。

● 反转过滤器：按照过滤条件反向过滤线型。

② 加载按钮：加载或重载指定的线型，弹出如图 1.63 所示的"加载或重载线型"对话框。

图 1.62　"线型管理器"对话框

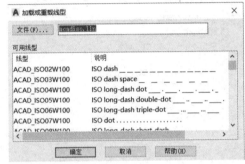

图 1.63　"加载或重载线型"对话框

在该对话框中可以选择线型文件及该文件中包含的某种线型。

③ 删除按钮：删除指定的线型，该线型必须不被任何图线依赖，即图样中没有使用该线型。实线（CONTINUOUS）线型不可被删除。

④ 当前按钮：将指定的线型设置成当前线型。

⑤ 显示细节 / 隐藏细节按钮：控制是否显示或隐藏选中的线型细节。如果当前没有显示细节，则为显示细节按钮，否则为隐藏细节按钮。

⑥ 详细信息：包括选中线型的名称、线型、全局比例因子、当前对象缩放比例等。

1.8.8　线宽

不同的图线有不同的宽度要求，并且代表了不同的含义，如在一般的建筑图中，就有 4 种线宽。

命令：LINEWEIGHT

　　　LWEIGHT

在状态栏右击线宽并单击"设置"按钮。

在"常用→对象特性"工具栏中单击线宽下拉列表选择"线宽设置"，执行该命令后弹出"线宽设置"对话框，如图 1.64 所示。

该对话框中包括以下内容。

① 线宽：选择不同的线宽。

② 列出单位：选择线宽单位为毫米或英寸。

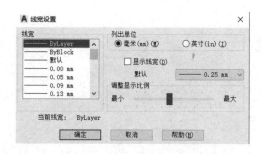

图 1.64　"线宽设置"对话框

③ 显示线宽：控制是否显示线宽。

④ 默认：设定默认线宽的大小。

⑤ 调整显示比例：调整线宽显示比例。

⑥ 当前线宽：提示当前线宽设定值。

1.8.9　图层

层是一种逻辑概念。例如，设计一幢大楼，包含楼房的结构、水暖布置、电气布置等，它们有各自的设计图，最终又是合在一起的。从逻辑意义上讲，结构图、水暖图、电气图都处于不同的层面上。又如，在机械图中，粗实线、细实线、点画线、虚线等不同线型表示了不同的含义，也可以在不同的层上。对于尺寸、文字、辅助线等，都可以放置在不同的层上。

在 AutoCAD 中，每层都可以视为一张透明的"纸"，可以在不同的"纸"上绘图。不同的层叠加在一起形成最后的图形。

层有一些特殊的性质。例如，可以设定该层是否显示、是否允许编辑、是否输出等。如果要改变粗实线的颜色，可以将其他图层关闭，仅仅打开粗实线层，一次选定所有的图线进行修改。这样做显然比在大量的图线中将粗实线挑选出来轻松得多。在图层中可以设定每层的颜色、线型、线宽。只要图线的相关特性设定成"随层"，图线就将具有所属层的特性。可见用图层来管理图形是十分有效的。

1. 图层的设置

要使用图层，应该首先设置图层。

命令：LAYER

按钮：单击"常用→图层"选项卡，选择"图层特性"按钮。

执行命令后，弹出如图 1.65 所示的"图层特性管理器"对话框。该对话框中包含了"新建特性过滤器""新建组过滤器""图层状态管理器""新建图层""在所有视口中都被冻结的新图层视口""删除图层""置为当前""刷新""设置"等按钮。中间列表显示了图层的名称、开/关、冻结/解冻、锁定/解锁、颜色、线型、线宽、打印样式、打印等信息。

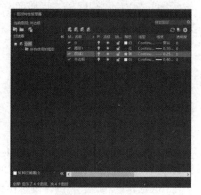

图 1.65　"图层特性管理器"对话框

① 新建特性过滤器：单击"新建特性过滤器"按钮后，弹出如图 1.66 所示的"图层过滤器特性"对话框。

在该对话框中，可以根据过滤器的定义来选择筛选结果。图中筛选了颜色为红色的图层。

② 新建组过滤器：组过滤器可以将图层进行分组管理。在某一时刻，只有一个组是活动的。不同组中的图层名称可以相同，不会相互冲突。

③ 图层状态管理器：保存、恢复和管理命名图层状态显示。

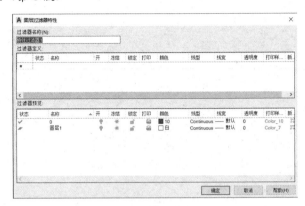

图 1.66 "图层过滤器特性"对话框

④ 反转过滤器：列出不满足过滤器条件的图层。

⑤ 新建图层：新建一图层。新建的图层自动增加在当前光标所在的图层下面，并且新建的图层自动继承该图层的特性，如颜色、线型等。图层的默认名可以选择后修改成具有一定意义的名称。在命令行中如果同时建立多个图层，用","分隔图层名即可。

⑥ 在所有视口中都被冻结的新图层视口：创建新图层，然后在所有现有布局视口中将其冻结。

⑦ 删除图层：删除指定的图层。该图层上必须无实体。0 层不可删除。

⑧ 置为当前：指定所选图层为当前图层。

⑨ 列表显示区：在列表显示区中可以修改图层的名称。通过单击对应按钮可以控制图层的开/关、冻结/解冻、锁定/解锁。单击颜色、线型、线宽后，将自动弹出相应的"颜色选择"对话框、"线型管理"对话框、"线宽设置"对话框。用户可以按住【Shift】键或【Ctrl】键一次选择多个图层进行修改。关闭图层和冻结图层都可以使该图层上的图线隐藏，不被输出和编辑，它们的区别在于冻结图层后，图形在重生成（REGEN）时不被计算，而关闭图层时，图形在重生成中要被计算。

2. 对象特性的管理

对象的特性既可以通过图层进行管理，也可以单独设置各个特性。对图层的管理熟练与否直接影响绘图的效率。"图层"工具栏用来管理图层。"图层特性管理器"已经在前面介绍过了，下面介绍利用"图层"选项卡中其他按钮和"特性"选项卡快速管理对象特性的方法。

1）应用的过滤器

如图 1.67 所示，单击"图层"选项卡中的下拉按钮。

① 打开/关闭：控制某图层的打开/关闭状态。如图 1.67 所示，单击下拉按钮，在希望改变的开关💡上单击，其状态相应发生变化。在其他地方单击，使设置生效。如果关闭当前图层，会出现提示对话框。

② 在所有视窗中冻结/解冻：控制某图层的解冻/冻结状态。如图 1.67 所示，单击下拉按钮，在希望改变的开关☀上单击，其状态相应发生变化。在其他地方单击，使设置生效。当前图层无法冻结。

③ 锁定/解锁图层🔒：设置锁定图层或将锁定图层解锁。图层一旦被锁定，则不可以对该图层上的对象进行编辑，但可以添加图形对象。

④ 如图 1.68 所示，其中的部分功能介绍如下。

● 关🔲：关闭选择对象所在图层。

● 隔离🔲：隔离选择对象所在图层，即将选择对象所在图层保留，其他图层隔离。

● 冻结🔲：冻结选择对象所在图层。

图 1.67　"图层"选项卡下拉按钮

图 1.68　"图层"选项卡

- 锁定 ：锁定选择对象所在图层。
- 打开所有图层 ：打开所有图层。
- 取消隔离 ：显示所有图层。
- 解冻所有图层 ：取消所有图层的冻结，全部解冻。
- 解锁图层 ：将选择对象所在图层解锁。
- 置为当前 ：将对象的图层置为当前图层。选择一个对象后，单击该按钮，即将当前图层设置为该对象所在图层。
- 匹配图层 ：将选定对象的图层更改为与目标图层相匹配。
- 颜色：提示该图层的颜色，单击颜色块后弹出"选择颜色"对话框，可重新设置图层颜色。
- 图层名称：显示当前的图层名称。单击下拉按钮后，选择某图层，该图层变为当前图层。

2）"特性"选项卡

"特性"选项卡如图 1.69 所示。

① 颜色控制：设置当前采用的颜色。可以在显示的颜色上选取，如选择"其他"则弹出"选择颜色"对话框。

② 线宽设置：设置当前线宽。可以通过下拉列表选择线宽。

③ 线型控制：设置当前采用的线型。可以在显示的已加载的线型上选取，如选择"其他"，则弹出"线型管理器"对话框。

④ 打印样式控制：设置新对象的默认打印样式并编辑现有对象的打印样式。

图 1.69　"特性"选项卡

⑤ 透明度：设置选定对象的透明度。如果未指定具体对象，则提供的透明度为当前的透明度。

⑥ 列表：以列表形式显示对象的属性数据。

1.8.10　其他选项设置

除了前面介绍的设置，还有一些设置和绘图密切相关，如"显示""打开/保存"等。下面介绍"选项"对话框中其他几种和用户密切相关的设置。

1. "显示"选项卡

"显示"选项卡可以设定显示器上的显示状态，如图 1.70 所示。

"显示"选项卡中包含了 6 个选项区：窗口元素、显示精度、布局元素、显示性能、十字光标大小和淡入度控制。

1）窗口元素

① 在图形窗口中显示滚动条：在绘图区的右侧和下方显示滚动条，可以通过滚动条来显示不同部分。

② 在工具栏中使用大按钮：设置是否以 32×32 的格式显示大按钮。

图 1.70 "显示"选项卡

③ 将功能区图标调整为标准大小：如果功能区图标不标准，可调整为 16×16 或 32×32 的标准大小。

④ 显示工具提示：设置是否显示工具提示及如何显示等。

⑤ 颜色：设置屏幕上各个区域的颜色。如要更换背景色等，可在此操作。

⑥ 字体：设置屏幕上各个区域的字体。

2）显示精度

显示精度是指圆弧和圆的平滑度，相当于 VIEWRES 命令设定值。数值越大，显示越平滑。

3）布局元素

布局元素包括设置是否显示布局和模型选项卡、打印区域、图纸背景及其阴影等。布局和模型选项卡如果显示，则会在绘图区下方显示。显示了该选项卡后，可以直接选择进入不同的空间。

4）显示性能

① 使用光栅和 OLE 平移和缩放：设置是否使用光栅和 OLE 进行平移和缩放。

② 仅亮显光栅图像边框：设置是否显示光栅图像或仅显示其边框。

③ 应用实体填充：相当于 FILL 命令。

④ 仅显示文字边框：相当于 QTEXT 命令。

⑤ 绘制实体和曲面的真实轮廓：控制三维实体的轮廓边在二维或三维边框显示中的表现形式。

5）十字光标大小

设置十字光标相对屏幕的大小。默认为 5，当设定成 100 时将看不到光标的端点。

6）淡入度控制

淡入度控制用于控制外部参照、在位编辑和注释性表示的淡入度。

2. "打开和保存"选项卡

在"打开和保存"选项卡中可进行打开和保存的一些设置，如图 1.71 所示。

"打开和保存"选项卡包含了 5 个选项区：文件保存、外部参照、文件安全措施、文件打开和 ObjectARX 应用程序。

1）文件保存

① 另存为：设置保存的格式。

② 保持注释性对象的视觉逼真度：设置保存图形时是否保存对象的视觉逼真度。

③ 保持图形尺寸兼容性：设置保存和打开图形时最大对象的大小限制。

图 1.71　"打开和保存"选项卡

④ 增量保存百分比：设置潜在图形浪费空间的百分比。当该部分空间用完时，会自动执行一次全部保存。该值为 0，则每次均执行全部保存。设置数值小于 20 时，会明显影响速度。默认值为 50。

2）文件安全措施

① 自动保存：设置是否允许自动保存。设置了自动保存，将按指定的时间间隔自动执行存盘操作，避免由于意外造成过大的损失。

② 保存间隔分钟数：设置自动保存间隔分钟数。

③ 每次保存时均创建备份副本：保存时同时创建备份文件。备份文件和图形文件一样，只是扩展名为".bak"。如果图形文件受到破坏，可以通过更改文件名打开备份文件。

3）文件打开

① 设置列出最近使用文件的数目。

② 设置是否在标题栏中显示完整的路径。

4）外部参照

进行加载外部参照的设置。

5）ObjectARX 应用程序

进行 ObjectARX 应用程序的加载及代理图形的设置。

3.　"系统"选项卡

"系统"选项卡可以设置是否允许长符号名、是否在用户输入内容出错时进行声音提示、是否在图形文件中保存链接索引、图形性能、当前系统定点设备等，如图 1.72 所示。

4.　样板图

样板图是十分重要的减少不必要重复劳动的工具之一。用户可以将各种常用的设置，如图层（包括颜色、线型、线宽）、文字样式、图形界限、单位、尺寸标注样式、输出布局等作为样板保存。在进入新的图形绘制时，如采用样板，则样板图中的设置全部可以使用，不用重新设置。

样板图不仅极大地减轻了绘图中重复的工作，使用户将精力集中在设计过程本身，而且统一了图纸的格式，使图形的管理更加规范。

要输出样板图，在"另存为"对话框中选择".dwt"文件类型即可。通常情况下，样板图存放于 TEMPLATE 子目录下。

图 1.72 "系统"选项卡

习　　题

（1）简述 AutoCAD 2022 中文版界面。

（2）命令输入方式有哪些？

（3）坐标输入方式有哪些？各自的使用场合如何？

（4）工具栏有哪些显示方式？如何调整？

（5）菜单操作方式有哪些？

（6）在不同区域单击，可以实现哪些功能？

（7）是否所有图形文件都可以局部打开？局部打开文件的条件是什么？

（8）如果不希望打开的文件被修改，打开文件时如何设置？

（9）设置图形界限有什么作用？

（10）设置颜色、线型、线宽的方法有几种？一般情况下应该如何管理图线的这些特性？

（11）如何设定文件的自动保存间隔为 15min？

（12）执行对象捕捉的方式有哪些？如何临时覆盖已经设定的对象捕捉模式？

（13）图层中包含哪些特性设置？冻结和关闭图层的区别是什么？如果希望某图线显示而又不希望该线条无意中被修改，应如何操作？

（14）样板图有什么作用？如何合理使用样板图？

（15）栅格和捕捉如何设置和调整？在绘图中如何利用栅格和捕捉辅助绘图？

（16）如何利用符号库进行快速绘图？

（17）如何快速实现只显示粗实线而屏蔽其他图线？

第2章 绘图流程

由于图形千差万别，每个人绘图的方式也不可能一样，所以绘图时具体的操作顺序和手法也不尽相同。但不论是哪个专业的图形，要达到高效绘制，绘图的总体流程都是差不多的。本章以典型示例介绍绘图的基本流程，使读者大致了解用 AutoCAD 2022 中文版绘图的总体思路和过程。

2.1 绘图具体流程

AutoCAD 2022 中文版绘图一般按照以下顺序进行。

① 环境设定：包括图限、单位、捕捉间隔、对象捕捉方式、尺寸样式、文字样式和图层（含颜色、线型、线宽）等的设定。对于单张图纸，文字和尺寸样式的设定可以在使用时进行设定。对于整套图纸，应当全部设定完成后保存为模板，以后绘制新图时套用该模板。

② 绘制图形：一般先绘制辅助线（单独放置在一个图层中），用来确定尺寸基准的位置。选择好图层后，绘制该图层的线条。应充分利用计算机的优点，完成重复的劳动，充分发挥每条编辑命令和辅助绘图命令的优势，对同样的操作尽可能一次完成。采用必要的捕捉、追踪等功能进行精确绘图。

③ 标注尺寸：标注图样中必须有的尺寸。具体应根据图形的种类和要求来标注。

④ 绘制剖面线：绘制填充图案。为方便边界的确定，必要时应关闭中心线层。

⑤ 保存图形、输出图形：将图形保存起来备用，需要时在布局中设置好后输出成硬拷贝。

2.2 绘图示例

本节使用默认环境设置，绘制如图 2.1 所示的图形。其中绝大多数操作所完成的功能也可以由其他方法来完成，这些内容将分别在后续章节中系统地介绍。

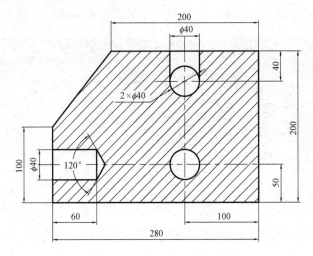

图 2.1　绘图流程示例图

2.2.1   启动 AutoCAD 2022 中文版

在桌面上直接双击"AutoCAD 2022 Simplified Chinese"图标，启动 AutoCAD 2022 中文版，关闭"启动"对话框或"选择样板文件"对话框，进入绘图界面。

2.2.2   基本环境设置

1. 图层设置

图 2.1 中包含了 3 种不同的线型，为了便于图线的管理，分别为剖面线、中心线、粗实线设定 3 个不同的图层，并把它们分别定义为 hatch（剖面线层）、center（中心线层）和 solid（粗实线层）。由于尺寸暂时不标，所以先不设置尺寸层，需要标注时再设置。

单击图层按钮 后，会弹出"图层特性管理器"对话框，开始时只有 0 层，其他层为设定后的结果。增加图层，设置颜色、线型和线宽，图层设置见表 2.1。

表 2.1   图层设置表

层 名	颜 色	线 型	线 宽
0	黑色	Continuous	默认
solid	黑色	Continuous	0.3mm
center	红色（red）	Center	默认
hatch	青色（cyan）	Continuous	默认

2. 正交、捕捉模式及对象捕捉设置

由于要绘制水平、垂直线，捕捉直线的端点、中点、交点，显示线宽等，所以绘图前要先进行辅助绘图的方式设置。

步骤如下。

① 打开捕捉开关。

② 打开正交开关。

③ 打开线宽开关。

④ 右击状态行中的 对象捕捉 按钮，弹出如图 2.2 所示的"对象捕捉"设置菜单。

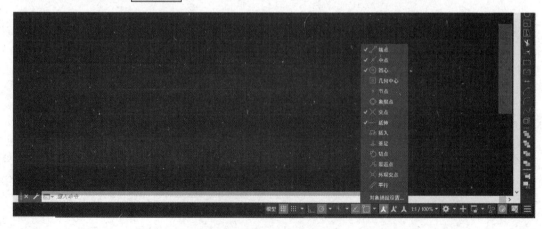

图 2.2   "对象捕捉"设置菜单

如图 2.3 所示，设定对象捕捉模式为：端点、中点、圆心、交点和垂足，并选中"启用对象捕捉"复选框。最后单击确定按钮退出"草图设置"对话框。

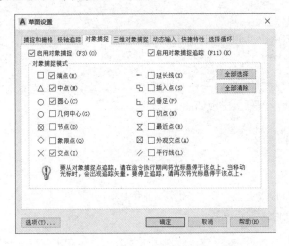

图 2.3　设定对象捕捉模式

3. 栅格显示设置

绘图过程中可以通过显示栅格来观测绘图的位置，按【F7】键可在显示和关闭之间切换。栅格仅和显示有关，而和图形无关，对绘制的图形没有任何影响。下面示例中是否显示栅格不影响绘制过程。

2.2.3　绘制外围轮廓线

1. 选择图层

首先选择图层用于绘制外围轮廓线。单击"图层"面板中的图层列表框，弹出图层列表，选择 solid 图层，如图 2.4 所示。

此时图层 solid 变成当前图层，随后绘制的图形对象具有 solid 图层的特性，线宽为 0.3，颜色为黑色，线型为实线。

2. 绘制直线

绘制的外围轮廓线如图 2.5 所示，为便于描述，加上了端点标记符（实际图形中没有）。

图 2.4　选择 solid 图层

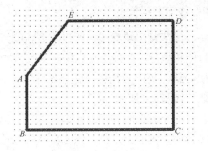

图 2.5　绘制的外围轮廓线

绘制轮廓线的方法很多，如先绘制两条相互垂直的直线，再通过复制、偏移、镜像、延伸、修剪、打断等编辑命令同样可以绘制出如图 2.5 所示的轮廓线。但对于有尺寸的直线，通过键盘绘制比较方便。这里采用键盘输入绝对坐标的方式绘制。

按【F12】键关闭动态输入，单击"绘图"面板中的"直线"按钮。

命令：_line
指定第 1 点：**80,160**↵　　　　　　　　　　　定义起点 A
指定下一点或 [放弃(U)]：**80,60**↵　　　　　　　绘制直线 AB
指定下一点或 [放弃(U)]：**360,60**↵　　　　　　绘制直线 BC
指定下一点或 [闭合(C)/放弃(U)]：**360,260**↵　　绘制直线 CD
指定下一点或 [闭合(C)/放弃(U)]：**160,260**↵　　绘制直线 DE
指定下一点或 [闭合(C)/放弃(U)]：**c**↵　　　　　绘制直线 EA，封闭轮廓线并退出直线命令

正确完成以上操作后，屏幕上出现如图 2.5 所示的图形。

2.2.4　绘制图形中心线

1. 选择图层

水平中心线应位于中心线层上。在"图层"面板中单击图层列表框，从中选择 center 图层。此时相关的特性分别改成：红色，细点画线。

2. 绘制水平中心线

命令：_line
指定第 1 点：在左侧垂直线 A 上中点附近，提示为"中点"时选择　　该中心线起点位于直线 A 上中点处
指定下一点或 [放弃(U)]：移动光标到 D 点选择　　　　　　　　　确定中心线终点的位置
指定下一点或 [放弃(U)]：↵　　　　　　　　　　　　　　　　　结束直线命令

绘制水平中心线，如图 2.6 和图 2.7 所示。可以按空格键、【Esc】键或右击并选择"确认"，退出直线绘制。

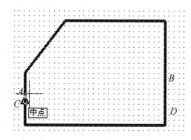

图 2.6　绘制水平中心线，选择第 1 点

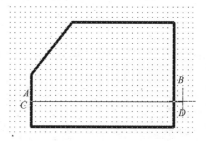

图 2.7　绘制中心线的终点

3. 中心线向左延长

由于中心线应超出轮廓线，所以需要将刚绘制好的中心线适当向左侧延长。延长的方法主要有夹点编辑、拉伸和拉长。此处用夹点编辑来实现中心线的延长。

选择中心线，该中心线将高亮显示（看上去像虚线），同时在直线的两端和中点各出现一个蓝色实心小方框，如图 2.8 所示。

图中出现的小方框即夹点。通过夹点，可以方便地改变直线的长度、位置等。

此时选择最左侧的小方框，该方框变为红色，移动光标时，原位置和光标之间有拉伸线提示。在如图 2.9 所示的位置单击，将右端点移到 C 点处。

连续按两次【Esc】键，退出夹点编辑。命令行中出现两次"**取消**"。同时出现在直线上的 3 个夹点消失，中心线恢复正常显示，但端点已向左延伸。

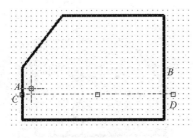

图 2.8　显示夹点

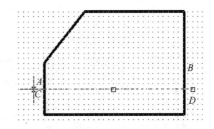

图 2.9　夹点拉伸直线

用同样的方法绘制垂直中心线，如图 2.10 所示。

4. 绘制上方水平中心线

由于在图形上已经有了类似的水平中心线，因此可以通过偏移、复制等命令来产生上方的水平中心线，当然也可以再绘制一条水平中心线。此处通过偏移命令来绘制上方的水平中心线。

单击"修改"面板中的"偏移"按钮。

命令：_offset	下达偏移命令
当前设置：删除源=否　图层=源　OFFSETGAPTYPE=0	
指定偏移距离或 [通过(T)/删除(E)/图层(L)] <通过>：**110↵**	输入偏移距离
选择要偏移的对象，或 [退出(E)/放弃(U)] <退出>：**选择如图 2.10 所示的直线 A**	
指定要偏移的那一侧上的点，或 [退出(E)/多个(M)/放弃(U)] <退出>：**单击 B 点**	确定偏移方向
选择要偏移的对象，或 [退出(E)/放弃(U)] <退出>：↵	结束偏移命令

结果如图 2.11 所示。

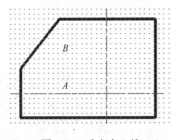

图 2.10　垂直中心线

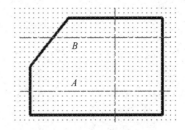

图 2.11　偏移后的结果

2.2.5　绘制圆

1. 选择图层

圆为粗实线，应处于 solid 图层上。首先将当前图层改为 solid。单击"图层"面板中的图层列表框，选择 solid 层。当前图层改为 solid，线型为粗实线，颜色为黑色。

2. 绘制圆

单击"绘图"面板中的"圆"按钮。

命令：_circle
指定圆的圆心或 [三点(3P)/两点(2P)/切点、切点、半径(T)]：**移动光标到如图 2.12 所示的 A 点位置，稍加停顿，出现"交点"提示后单击**
指定圆的半径或 [直径(D)]：**20↵**

结果如图 2.13 所示。

用同样的方法，以上方两中心线的交点 B 为圆心绘制第 2 个圆。

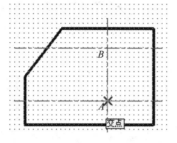

图 2.12　通过交点确定圆心

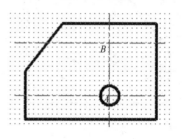

图 2.13　绘制圆

2.2.6　绘制上方两条垂直线

绘制与上方圆相切的两条直线 AB、CD，如图 2.14 所示。

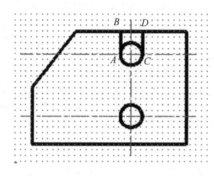

图 2.14　绘制与圆相切的两条直线

① 单击"绘图"面板中的"直线"按钮。

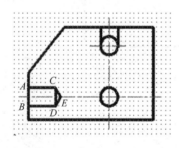

图 2.15　左侧圆孔投影直线

② 移动光标到如图 2.14 所示的 A 点，稍加停顿，出现"交点"提示后单击。

③ 移动光标到最上面的水平轮廓线上 B 点的附近，在提示"垂足"时单击，绘制出直线 AB。

④ 按【Enter】键结束直线绘制命令。

用同样的方法绘制直线 CD。绘制结果如图 2.14 所示。直线 CD 也可以通过对直线 AB 的复制、偏移等方法绘制。

上述操作结束后，将上面一条水平中心线向内收缩到 A 点和 C 点两侧。

2.2.7　绘制左侧圆孔投影直线

左侧圆孔投影产生的直线如图 2.15 所示。

绘制如图 2.15 所示的直线 AC、BD、CD、DE、CE 的方法较多。可以直接绘制，也可以通过复制等命令产生该位置的直线，再编辑修改成符合要求的特性。这里采用偏移后修改的方法绘制。

1．偏移复制上下两条水平直线

由于圆孔的投影直线在中心线两侧，距离已知，所以采用偏移命令来复制。

单击"修改"面板中的"偏移"按钮。

命令：_offset　　　　　　　　　　　　　　　　　　　　　　下达 offset 偏移命令
当前设置：删除源=否　图层=源　OFFSETGAPTYPE=0
指定偏移距离或 [通过(T)/删除(E)/图层(L)] <110.0000>：**20↵**　　　　　输入偏移距离
选择要偏移的对象，或 [退出(E)/放弃(U)] <退出>：**选择下面的一条水平中心线**
指定要偏移的那一侧上的点，或 [退出(E)/多个(M)/放弃(U)] <退出>：**在被选中心线的上方任意位置单击**
选择要偏移的对象，或 [退出(E)/放弃(U)] <退出>：**再次选择原水平中心线**
指定要偏移的那一侧上的点，或 [退出(E)/多个(M)/放弃(U)] <退出>：**在被选中心线的下方任意位置单击**
选择要偏移的对象，或 [退出(E)/放弃(U)] <退出>：↵　　　　　　　**按【Enter】键退出偏移命令**

操作结果如图 2.16 所示。

2. 偏移复制垂直线

同样，用偏移方法复制垂直线 *EF*，偏移距离为 60，偏移对象为 *AB*。其结果如图 2.17 所示。

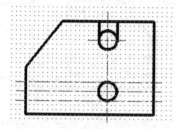　　　　　　　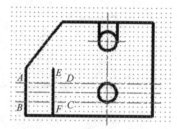

图 2.16　偏移复制两条水平线　　　　　　　图 2.17　偏移复制垂直线

3. 修剪图形

偏移复制的水平线和垂直线都偏长，需要将长出的部分剪掉，如图 2.18 所示。
单击"修改"面板中的"修剪"按钮。

命令：_trim
当前设置：投影=UCS 边=无
选择剪切边…
选择对象或 <全部选择>：**选择 1 点**
指定对角点：**选择 2 点**
找到 5 个
选择对象：↵
选择要修剪的对象，或按住【Shift】键选择要延伸的对象，或
[栏选(F)/窗交(C)/投影(P)/边(E)/删除(R)/放弃(U)]：**依次选择 *A、B、C、D、E、F* 点表示的超出部分图线**
选择要修剪的对象，或按住【Shift】键选择要延伸的对象，或
[栏选(F)/窗交(C)/投影(P)/边(E)/删除(R)/放弃(U)]：↵

结果如图 2.19 所示。

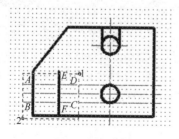　　　　　　　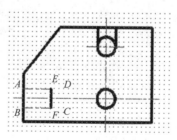

图 2.18　选择剪切边　　　　　　　　　　图 2.19　剪切结果

4. 修改偏移复制的线条为粗实线

由于该孔的轮廓线应该是粗实线，因此必须将点画线改成粗实线。将偏移复制的两条水平点画线移到 solid 图层上，这两条线将具有 solid 图层的特性，可以采用 CHANGE 命令、PROPERTIES 命令、MATCHPROP 命令，以及先选择对象再选择目标图层的方法。

分别单击这两条点画线，在图中出现夹点，如图 2.20 所示。同时，"图层"面板中的当前图层自动变成了这两条线所在的图层 center。单击"图层"面板的图层列表框，选中 solid 图层。

在绘图区任意位置单击，这两条点画线迅速变成粗实线。连续按两次【Esc】键退出夹点编辑。修改线型完成，结果如图 2.21 所示。

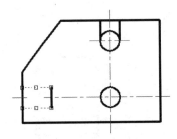

图 2.20　修改点画线的图层

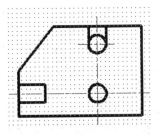

图 2.21　修改后的结果

5. 绘制 120° 锥角

先绘制如图 2.22 所示的 60° 斜线 DE。

命令：_line	
指定第一点：单击 D 点	定义起点 **D**
指定下一点或 [放弃(U)]：@40<60↵	绘制直线 **DE**
指定下一点或 [闭合(C)/放弃(U)]：↵	按【Enter】键，退出直线命令

再绘制如图 2.22 所示的 300° 斜线 EB。

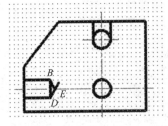

图 2.22　绘制 60° 斜线 DE 和 300° 斜线 EB

在 B 点和 E 点之间绘制一条直线。再次下达直线命令。

命令：_line	
指定第 1 点：单击 **E** 点	定义起点 **E**
指定下一点或 [放弃(U)]：单击 **B** 点	绘制直线 **BE**
指定下一点或 [闭合(C)/放弃(U)]：↵	按【Enter】键，退出直线命令

结果如图 2.22 所示。

最后修剪超出的部分。

由于绘制的直线 DE 超长，所以应该将超出部分剪去。

选择"修改"面板中的"修剪"命令。

```
命令：_trim                                              下达修剪命令
当前设置：投影=UCS  边=无
选择剪切边…
选择对象或 <全部选择>：选择直线 BE
找到 1 个
选择对象：按空格键                                      按空格键结束剪切边的选择
选择要修剪的对象，或按住【Shift】键选择要延伸的对象，或
[栏选(F)/窗交(C)/投影(P)/边(E)/删除(R)/放弃(U)]：选择 E 点以上超出图线
选择要修剪的对象，或按住【Shift】键选择要延伸的对象，或
[栏选(F)/窗交(C)/投影(P)/边(E)/删除(R)/放弃(U)]：↵              按【Enter】键结束修剪命令
```

2.2.8　绘制剖面线

1. 关闭 center 图层并修改当前图层为 hatch 图层

剖面线绘制在 hatch 图层上，由于绘制剖面线时要选择边界，为了消除中心线的影响，在下达剖面图案填充命令前，先将 center 图层关闭，并将当前图层改为 hatch。

如图 2.23 所示，单击"图层"面板中的图层列表框，单击 center 图层最前面的💡按钮，关闭该图层，黄色的💡变成蓝黑色💡，此时即关闭 center 图层，该图层上的图线不显示。同时向下移动光标，在 hatch 图层上单击，将当前图层改为 hatch。

结果如图 2.24 所示。

图 2.23　关闭 center 图层，设置 hatch 为当前图层

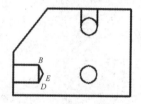

图 2.24　图层管理结果

2. 绘制剖面线

单击"绘图"面板中的"图案填充"按钮，弹出如图 2.25 所示的"图案填充创建"选项卡。

图 2.25　"图案填充创建"选项卡

首先要设置填充图案类型、比例等参数。如图 2.25 所示，选择"ANSI31"，将比例改成 3。

设定好以上参数后，在图形中需要绘制剖面线的范围内任意位置单击，系统自动找出一封闭边界，并高亮显示，同时填充剖面线，如图 2.26 所示。

如果图 2.26 所示的剖面线绘制结果正确，则单击"关闭图案填充创建"按钮。如果发现有不对的地方，可以单击剖面线后进行修改。

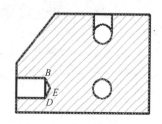

图 2.26　预览图案填充

3. 打开 center 图层

接着打开被关闭的 center 图层，单击"图层"面板中的图层列表框，单击蓝黑色的 💡 按钮，使之变成黄色的 💡，即打开 center 图层。

2.2.9　标注示例尺寸

完整的图样应该包括尺寸。本示例尺寸标注略，具体尺寸标注方式参见尺寸标注部分。

2.2.10　保存绘图文件

为了防止由于断电、死机等意外事件而造成图形丢失，应该养成编辑一段时间就保存的习惯。可以通过设置，指定时间间隔，由计算机自动存盘。具体设置方法参见第 1 章中环境设置部分。绘图结束，也应保存文件后再退出。单击"标准"面板中的"保存"按钮，弹出如图 2.27 所示的"图形另存为"对话框。

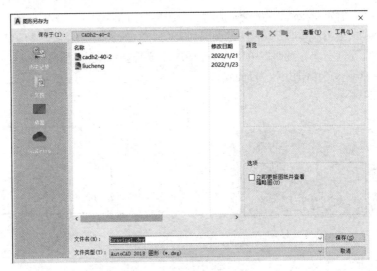

图 2.27　"图形另存为"对话框

在"文件名"文本框中输入绘图文件名，如"liucheng"，然后单击保存按钮。系统将该图形以输入的名称保存。如果前面进行过存盘操作，则不出现该对话框，系统自动执行保存操作。

2.2.11　输出

最终的图形可以通过打印机或绘图机等设备输出。输出的格式可以通过图纸空间进行布局，也可以在模型空间中直接输出。

单击"输出"面板中的打印按钮，弹出"打印—模型"对话框。在"打印—模型"对话框中，首先要选择"打印机/绘图仪"，然后单击预览按钮可以模拟输出的结果。预览图形与页面设置有关。如果在 Windows 中打印机或绘图机已安装设定好并处于等待状态，单击确定按钮则直接在输出设备上输出。输出成功一般会在右下角出现输出成功的提示信息。详细的打印输出操作参见输出章节。

2.3　绘图一般原则

绘图的一般原则有以下几点。

① 先设定图限→单位→图层，再进入图线绘制。

② 尽量采用 1∶1 的比例绘制，最后在布局中控制输出比例。

③ 注意命令提示信息，避免误操作。

④ 采用捕捉、对象捕捉等精确绘图工具和手段辅助绘图。

⑤ 图框不要和图形绘制在一起，应分层放置。在布局时采用插入或向导来使用图框。

⑥ 常用的设置（如图层、文字样式、标注样式等）应保存成模板，新建图形时直接利用模板生成初始绘图环境。也可以通过"CAD 标准"来统一。

习　　题

（1）一般的绘图流程是什么？

（2）绘制图线前的准备工作有哪些？

（3）绘图时为何要注意命令提示信息？

（4）模板包含哪些内容？其作用是什么？

（5）为何要按照 1∶1 的比例绘图？按照 1∶1 绘图在 A4 图纸中放不下应如何处理？

第3章 基本绘图命令

平面图形都是由点、直线、圆、圆弧及稍复杂一些的曲线（如椭圆、样条曲线等）组成的。本章介绍直线、矩形、正多边形、圆、椭圆、样条曲线、点等绘图命令。

3.1 直线 LINE

直线是最常见的图素之一。

命令：LINE

功能区：默认→绘图→直线

命令及提示：

```
命令：_line
指定第一点：
指定下一点或 [放弃(U)]：
指定下一点或 [放弃(U)]：
指定下一点或 [闭合(C)/放弃(U)]：
```

参数如下。

① 指定第一点：定义直线的第一点。如果以按【Enter】键响应，则为连续绘制方式。该段直线的第一点为上一段直线或圆弧的终点。

② 指定下一点：定义直线的下一个端点。

③ 放弃（U）：放弃刚绘制的一段直线。

④ 闭合（C）：使其首尾相连，形成封闭多边形。

【例3.1】 绘制直线练习。

① 利用键盘输入坐标，绘制如图 3.1 所示的图形。利用键盘输入坐标可以精确绘图。首先要按【F12】键将动态输入关闭。

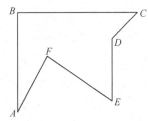

图 3.1 键盘输入绘制直线

```
命令：_line
指定第一点：120,80↵                          定义 A 点绝对坐标
指定下一点或 [放弃(U)]：120,240↵              输入 B 点绝对坐标，绘制 AB
指定下一点或 [放弃(U)]：@200<0↵               输入 C 点相对 B 点极坐标，距离为 200，角度为 0°
指定下一点或 [闭合(C)/放弃(U)]：@-60<45↵       输入 D 点相对 C 点极坐标，距离为 60，角度为 45° 反
                                             方向，即 225° 方向
指定下一点或 [闭合(C)/放弃(U)]：@0,-100↵       输入 E 点相对 D 点直角坐标，X 方向为 0，Y 方向距离为
                                             100，方向为负，即向下
指定下一点或 [闭合(C)/放弃(U)]：210<45↵        输入 F 点的绝对极坐标，距离原点 210，方向为 45°
指定下一点或 [闭合(C)/放弃(U)]：u↵            取消刚画好的 FE 段，重新接着 E 点绘制下一条直线
指定下一点或 [闭合(C)/放弃(U)]：240<45↵        输入 F 点绝对极坐标，距离原点 240，方向为 45°
指定下一点或 [闭合(C)/放弃(U)]：c↵            输入闭合参数，将连续线段的首尾相连
```

结果如图 3.1 所示。

👀 注意：

动态输入打开时，默认是相对坐标格式。如果要采用绝对坐标输入，应将动态输入关闭。

② 利用正交模式绘制如图 3.2 所示的图形。正交模式一般用来绘制水平或垂直的直线。在需要大量绘制水平线和垂直线的图形中，采用这种模式能保证绘图的精度。

首先按【F8】键使正交模式处于打开状态，然后执行如下命令。

> 命令：_line
> 指定第一点：单击 *A* 点
> 指定下一点或 [放弃(U)]：移动光标，在显示的 "橡皮线" 到 *B* 点时单击绘制 *AB* 段
> 指定下一点或 [放弃(U)]：移动到 *C* 点，单击　　　绘制 *BC* 段
> 指定下一点或 [闭合(C)/放弃(U)]：移到 *D* 点，单击　　绘制 *CD* 段
> 指定下一点或 [闭合(C)/放弃(U)]：c↵　　　　　绘制 *DA* 段

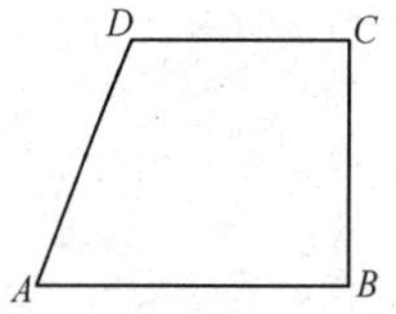

结果如图 3.2 所示。

图 3.2　正交模式绘制直线

> 👀**注意：**
>
> 在正交模式下利用鼠标直接绘图时，移动光标在 *X* 方向和 *Y* 方向的增量哪个大，系统会认为用户想绘制该方向的直线，同时显示该方向的橡皮线。

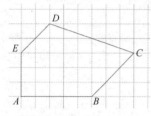

图 3.3　捕捉和栅格绘图

③ 利用栅格和捕捉精确绘制如图 3.3 所示的图形。利用栅格和捕捉绘制直线，可以使单击选择的两点距离为捕捉间隔的整数倍。栅格的显示不是必需的，但显示栅格有助于观察绘制时的相对位置。

单击 栅格 和 捕捉 按钮打开栅格和捕捉模式。当打开捕捉模式后，光标移到可以捕捉的点附近时，会被吸过去，不用费力即可准确找点。

> 命令：_line
> 指定第一点：单击 *A* 点　　　　　　　　　　定义起点
> 指定下一点或 [放弃(U)]：单击 *B* 点　　　　　绘制直线 *AB*
> 指定下一点或 [放弃(U)]：单击 *C* 点　　　　　绘制直线 *BC*
> 指定下一点或 [闭合(C)/放弃(U)]：单击 *D* 点　　绘制直线 *CD*
> 指定下一点或 [闭合(C)/放弃(U)]：单击 *E* 点　　绘制直线 *DE*
> 指定下一点或 [闭合(C)/放弃(U)]：c↵　　　　输入闭合参数，绘制直线 *EA*

结果如图 3.3 所示。以上直线的所有端点都在栅格点上。

> 👀**注意：**
>
> 如果设定的栅格密度过大，系统将不在屏幕上显示栅格。虽然默认情况下，捕捉的间隔和栅格的密度一致，但栅格的密度也可以和捕捉的间隔不一致。

④ 利用对象捕捉绘制如图 3.4 所示的图形，其中 *D* 点为 *AB* 的中点。

设置对象捕捉模式为"中点"，并使对象捕捉模式处于打开状态。

> 命令：_line
> 指定第一点：单击 *A* 点
> 指定下一点或 [放弃(U)]：单击 *B* 点
> 指定下一点或 [放弃(U)]：单击 *C* 点
> 指定下一点或 [闭合(C)/放弃(U)]：移动光标到水平线中点附近，在出现提示 "中点" 时按下
> 指定下一点或 [闭合(C)/放弃(U)]：↵　按【Enter】键结束直线绘制

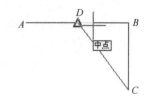

图 3.4　对象捕捉绘制直线

结果如图 3.4 所示。

⑤ 利用极轴追踪绘制直线。极轴追踪可以自动捕捉预先设定好的极轴角度，默认为 90° 的倍数。

当极轴追踪打开后，光标移动到设定的角度附近时，会自动捕捉极轴角度，同时显示相对极坐标。此时单击即可输入提示点的坐标。

极轴捕捉开关可以通过【F10】键切换或在状态栏中控制，也可以通过"草图设置"对话框设置。首先打开"草图设置"对话框，在"极轴追踪"选项卡中增设角度30°。

命令：_line
指定第一点：选择水平线的左端点
指定下一点或 [放弃(U)]：选择水平线的右端点
指定下一点或 [放弃(U)]：如图3.5所示，移动鼠标到30°角附近，出现极轴提示后按下
指定下一点或 [闭合(C)/放弃(U)]：↵　　　　　　　　　按【Enter】键结束直线绘制

在如图3.5所示位置单击相当于输入坐标@79<30。

👀注意：
绘制正等轴测图时，除了利用等轴测捕捉方式，也可以设定30°的极轴追踪模式；绘制斜二轴测图时，可以设定45°的极轴追踪模式，配合对象捕捉中的平行线捕捉方式，方便绘制 Y 方向和 X 方向的直线。极轴追踪和正交为互锁关系，不可以同时打开。打开正交的同时关闭极轴追踪，反之亦然。但极轴追踪中包含了水平和垂直两个方向。

⑥ 利用对象追踪绘制直线。利用对象追踪可以找到处于现有图形相对位置的点，如图3.6所示。

在图3.6中，欲绘制的斜线终点，是与矩形左侧垂足的相对关系为@44<0的点（捕捉模式中必须同时打开中点模式）。

图3.5　极轴追踪绘制直线　　　　　　　　　图3.6　对象追踪绘制直线

👀注意：
① 绘图时可以将以上各种方法综合使用。
② 绘制直线时，如果在要求指定第一点时按【Enter】键或空格键响应，则系统会以前一直线或圆弧的终点作为新的线段的起点来绘制直线。

3.2　射线 RAY

射线是一条有起点、通过另一点或某方向无限延伸的直线，一般用作辅助线。

命令：RAY

功能区：默认→绘图→射线

在默认的"绘图"面板中没有与此命令相对应的按钮，可以在面板自定义对话框的"绘图"中找到。命令及提示如下。

命令：_ray
指定起点：
指定通过点：

参数如下。

① 指定起点：输入射线起点。

② 指定通过点：输入射线通过点。连续绘制射线则只需指定通过点，起点不变。按【Enter】键或空格键退出射线绘制。

如图 3.5 所示的辅助线（虚线）其实为射线。

3.3 构造线 XLINE

构造线（参照线）是指通过某两点或通过一点并确定方向无限延长的直线。构造线一般用作辅助线。如图 3.6 所示的虚线即构造线。

命令：XLINE

功能区：默认→绘图→构造线

命令及提示如下。

```
命令：_xline
指定点或 [水平(H)/垂直(V)/角度(A)/二等分(B)/偏移(O)]:
```

参数如下。

① 水平（H）：绘制水平构造线，随后指定的点为通过点。

② 垂直（V）：绘制垂直构造线，随后指定的点为通过点。

③ 角度（A）：指定构造线角度，随后指定的点为通过点。

④ 偏移（O）：复制现有的构造线，指定偏移通过点。

⑤ 二等分（B）：以构造线绘制指定角的平分线。

【例 3.2】 绘制角 *BAC* 的平分线。

```
命令：_xline
指定点或 [水平(H)/垂直(V)/角度(A)/二等分(B)/偏移(O)]: b↵      绘制二等分构造线
指定角的顶点：单击顶点 A
指定角的起点：单击 B 点
指定角的端点：单击 C 点
指定角的端点：↵              可以继续输入其他点，此时 A、B 点不变。否则按【Enter】键结束
```

结果如图 3.7 所示。

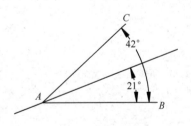

图 3.7 绘制角平分线

3.4 多线

多线是一种由多条平行线组成的线型，如建筑平面图上用来表示墙的双线就可以用多线绘制。

3.4.1 绘制多线 MLINE

绘制多线和绘制直线基本类似。多线命令不在默认的绘图选项板里，可以通过菜单或命令行输入。

命令：MLINE

命令及提示如下。

> 命令：_mline
> 指定起点或 [对正(J)/比例(S)/样式(ST)]：

参数如下。

① 对正（J）：设置基准对正位置，包括以下 3 种。

● 上（T）——以多线的外侧线为基准绘制多线。

● 无（Z）——以多线的中心线为基准，即 0 偏差位置绘制多线。

● 下（B）——以多线的内侧线为基准绘制多线。

② 比例（S）：设定多线的比例，即两条线之间的距离。

③ 样式（ST）：输入采用的多线样式名，默认为 STANDARD。

④ 放弃（U）：取消最后绘制的一段多线。

【例 3.3】　沿 ABCD 路径绘制如图 3.8 所示的多线。

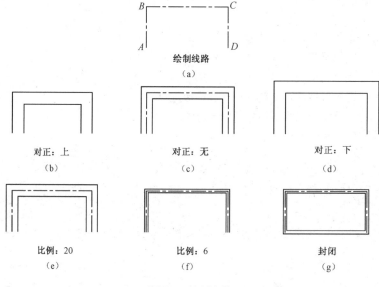

图 3.8　绘制多线

> 命令：_mline
> 当前设置：对正 = 上，比例 = 1.00，样式 = STANDARD　　显示当前绘制多线的模式
> 指定起点或 [对正(J)/比例(S)/样式(ST)]：s↵　　设定比例
> 输入多线比例 <1.00>：20↵　　输入比例 20
> 当前设置：对正 = 上，比例 = 20.00，样式 = STANDARD　　显示当前设置值
> 指定起点或 [对正(J)/比例(S)/样式(ST)]：单击 A 点
> 指定下一点：单击 B 点
> 指定下一点或 [放弃(U)]：单击 C 点
> 指定下一点或 [闭合(C)/放弃(U)]：单击 D 点
> 指定下一点或 [闭合(C)/放弃(U)]：↵　　结束多线绘制，结果如图 3.8（b）所示

分别进行如下设置，并绘制多线。

> 当前设置：对正 = 无，比例 = 20.00，样式 = STANDARD　　结果如图 3.8（c）和图 3.8（e）所示
> 当前设置：对正 = 下，比例 = 20.00，样式 = STANDARD　　结果如图 3.8（d）所示
> 当前设置：对正 = 无，比例 = 6.00，样式 = STANDARD　　结果如图 3.8（f）所示
> 命令：_mline
> 当前设置：对正 = 无，比例 = 6.00，样式 = STANDARD

指定起点或 [对正(J)/比例(S)/样式(ST)]：单击 **A** 点
指定下一点：单击 **B** 点
指定下一点或 [放弃(U)]：单击 **C** 点
指定下一点或 [闭合(C)/放弃(U)]：单击 **D** 点
指定下一点或 [闭合(C)/放弃(U)]：c↵　　封闭多线并结束多线绘制，结果如图3.8（g）所示

3.4.2　多线样式设置 MLSTYLE

多线本身有一些特性，如控制元素的数目和每个元素的特性、背景色和每条多线的端点是否封口，可以通过"多线样式"对话框进行设定。设定多线样式的方法如下。

命令：MLSTYLE

菜单：格式→多线样式

输入多线样式命令后，弹出如图3.9所示的"多线样式"对话框。其中图示为当前多线的形式。

"多线样式"对话框中各项含义如下。

① "当前多线样式"：显示当前多线样式的名称，该样式将在后续创建的多线中用到。

② "样式"：显示已加载到图形中的多线样式列表。多线样式列表中可以包含外部参照的多线样式。

③ "说明"：显示选定多线样式的说明。

④ "预览"：显示选定多线样式的名称和图像。

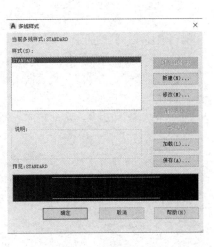

图3.9　"多线样式"对话框

⑤ 置为当前：选择一种多线样式设置为当前样式，用于后续创建的多线。从"样式"列表框中选择一个名称，然后单击置为当前按钮。不能将外部参照中的多线样式设置为当前样式。

⑥ 新建：显示"创建新的多线样式"对话框，如图3.10所示。输入"新样式名"后，单击继续按钮，弹出如图 3.11

图3.10　"创建新的多线样式"对话框

所示的"新建多线样式"对话框。

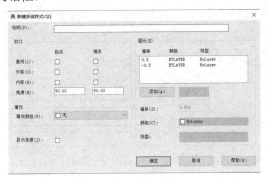

图3.11　"新建多线样式"对话框

在该对话框中，各选项的含义如下。

- "说明"——一段有关新建的多线样式的说明。
- "封口"——用不同的形状来控制封口。可分别控制起点和终点是否封口。"角度"用于设定封口的角度。

● "填充"——设定填充颜色，可以在颜色表中选择。

● "显示连接"——控制每条多线线段顶点处连接显示与否。

● "图元"——包括如下内容。

列表——显示组成多线元素的特性，包括偏移、颜色和线型。

添加——添加线条（如添加 1 条，则变成 3 条线的多线）。

删除——删除选定的组成元素。

⑦ 修改：显示"修改多线样式"对话框，其中可以修改选定的多线样式。不能编辑图形中正在使用的任何多线样式的元素和多线特性。要编辑现有多线样式，必须在使用该样式绘制任何多线之前进行。

⑧ 重命名：更改多线样式名称。不能重命名 STANDARD 多线样式。

⑨ 删除：从"样式"列表框中删除选定的多线样式。不能删除 STANDARD 多线样式、当前多线样式或正在使用的多线样式。此操作并不会删除 MLN 文件中的样式。

⑩ 加载：可以从多线线型库中调出多线。单击该按钮后弹出如图 3.12 所示的"加载多线样式"对话框，可以从中选择线型库。

⑪ 保存：打开"保存多线样式"对话框，可以保存自定义的多线。将多线样式保存或复制到多线库文件中。默认文件名是 acad.mln。

【例 3.4】 设置如图 3.13 所示的多线样式。

图 3.12 "加载多线样式"对话框

图 3.13 多线样式示例

执行多线样式设定命令，弹出如图 3.9 所示的"多线样式"对话框。单击修改按钮，弹出如图 3.14 所示的"修改多线样式"对话框。

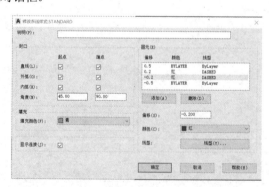

图 3.14 "修改多线样式"对话框

① 添加两条线。在"修改多线样式"对话框中单击添加按钮，在"偏移"文本框中输入 0.2，即增加一条直线，在"颜色"下拉列表框中选择红色。单击线型按钮，弹出如图 3.15 所示的"选择线型"对话框；单击加载按钮，弹出"加载或重载线型"对话框，选择"DASHED"。重复一次，再增加-0.2 偏移线。颜色设置成红色，线型改成 "DASHED"。依次单击确定按钮返回"修改多线样式"对话框。

② 改变多线特性。图例中的多线具有一些特性，在"修改多线样式"对话框中进行设定。单击确定按钮，退回"多线样式"对话框，如图 3.16 所示为完成修改后的多线样式。

图 3.15 "选择线型"对话框

图 3.16 完成修改后的多线样式

经以上设定后绘制的多线如图 3.13 所示。

> 👀 **注意:**
> ① 如果 FILLMODE 变量处于 OFF 状态，则不显示填充色。
> ② 如果要改变多线的某些特性，必须删除用该多线样式绘制的多线。
> ③ 多线的终端和连接处经常需要编辑，一般采用 MLEDIT 命令，具体方法在第 4 章中介绍。

3.5 多段线 PLINE

多段线是由一系列具有宽度性质的直线或圆弧组成的单一实体。

命令：PLINE

功能区：默认→绘图→多段线

命令及提示如下。

```
命令：_pline
指定起点：
当前线宽为 0.0000
指定下一个点或 [圆弧(A)/半宽(H)/长度(L)/放弃(U)/宽度(W)]:
指定下一点或 [圆弧(A)/闭合(C)/半宽(H)/长度(L)/放弃(U)/宽度(W)]: a↵
指定圆弧的端点或
[角度(A)/圆心(CE)/闭合(CL)/方向(D)/半宽(H)/直线(L)/半径(R)/第二点(S)/放弃(U)/宽度(W)]:
```

参数如下。

① 圆弧：绘制圆弧多段线，同时提示转换为绘制圆弧的系列参数。

● 端点——输入绘制圆弧的端点。

● 角度——输入绘制圆弧的角度。

● 圆心——输入绘制圆弧的圆心。

● 闭合——将多段线首尾相连成封闭图形。

- 方向——确定圆弧方向。
- 半宽——输入多段线一半的宽度。
- 直线——转换成直线绘制方式。
- 半径——输入圆弧的半径。
- 第二点——输入圆弧的第二点。
- 放弃——放弃最后绘制的圆弧。
- 宽度——输入多段线的宽度。

② 闭合：将多段线首尾相连形成封闭图形。

③ 半宽：输入多段线一半的宽度。

④ 长度：输入欲绘制的直线的长度，其方向与前一直线相同或与前一圆弧相切。

⑤ 放弃：放弃最后绘制的多段线。

⑥ 宽度：输入多段线的宽度。

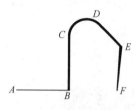

图 3.17　多段线

【例 3.5】　绘制如图 3.17 所示的多段线。

```
命令：_pline
指定起点：单击 A 点
当前线宽为 0.0000
指定下一点或 [圆弧(A)/闭合(C)/半宽(H)/长度(L)/放弃(U)/宽度(W)]：单击 B 点        绘制水平线 AB
指定下一点或 [圆弧(A)/闭合(C)/半宽(H)/长度(L)/放弃(U)/宽度(W)]：w↵          修改宽度
指定起点宽度 <0.0000>：4↵                                           宽度值为 4
指定端点宽度 <4.0000>：↵                                            起点和端点同宽
指定下一点或 [圆弧(A)/闭合(C)/半宽(H)/长度(L)/放弃(U)/宽度(W)]：单击 C 点        绘制垂直线
指定下一点或 [圆弧(A)/闭合(C)/半宽(H)/长度(L)/放弃(U)/宽度(W)]：a↵          转换成绘制圆弧
指定圆弧的端点或[角度(A)/圆心(CE)/闭合(CL)/方向(D)/半宽(H)/直线 (L)
/半径(R)/第二点(S)/放弃(U)/宽度(W)]：单击 D 点                         单击圆弧的终点
指定圆弧的端点或[角度(A)/圆心(CE)/闭合(CL)/方向(D)/半宽(H)/直线(L)
/半径(R)/第二点(S)/放弃(U)/宽度(W)]：l↵                              转换为直线绘制
指定下一点或 [圆弧(A)/闭合(C)/半宽(H)/长度(L)/放弃(U)/宽度(W)]：l↵          输入长度绘制
指定直线的长度：30↵                                       绘制和圆弧终点相切的直线 DE
指定下一点或 [圆弧(A)/闭合(C)/半宽(H)/长度(L)/放弃(U)/宽度(W)]：w↵          改变宽度
指定起点宽度 <4.0000>：6↵                                           输入起点宽度 6
指定端点宽度 <6.0000>：2↵                                           输入端点宽度 2
指定下一点或 [圆弧(A)/闭合(C)/半宽(H)/长度(L)/放弃(U)/宽度(W)]：单击 F 点        绘制 EF
指定下一点或 [圆弧(A)/闭合(C)/半宽(H)/长度(L)/放弃(U)/宽度(W)]：↵          结束多段线绘制
```

结果如图 3.17 所示。请将绘制的结果保存成"图 3.17.dwg"。

👀注意：

① 多段线的专用编辑命令为 PEDIT，具体在第 4 章中介绍。

② 多段线的宽度填充是否显示和 FILLMODE 变量的设置有关。

3.6　正多边形 POLYGON

在 AutoCAD 2022 中文版中可以精确绘制边数多达 1024 的正多边形。

命令：POLYGON

功能区：默认→绘图→多边形

命令及提示如下。

> 命令：_polygon
> 输入边的数目 <X>:
> 指定多边形的中心点或 [边(E)]:
> 输入选项 [内接于圆(I)/外切于圆(C)] <I>:
> 指定圆的半径:

参数如下。

① 边的数目：输入正多边形的边数，最大为 1024，最小为 3。

② 中心点：指定绘制的正多边形的中心点。

③ 边（E）：采用输入其中一条边的方式产生正多边形。

④ 内接于圆（I）：绘制的正多边形内接于随后定义的圆。

⑤ 外切于圆（C）：绘制的正多边形外切于随后定义的圆。

⑥ 圆的半径：定义内接圆或外切圆的半径。

【例 3.6】 用不同方式绘制如图 3.18 所示的 3 个正多边形。

 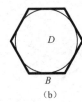 

图 3.18 绘制正多边形的 3 种方式

命令：_polygon	
输入边的数目 <4>: **6↵**	输入正多边形的边数
指定多边形的中心点或 [边(E)]: **单击 C 点**	
输入选项 [内接于圆(I)/外切于圆(C)] <I>: ↵	选择内接于圆
指定圆的半径: **单击 A 点**	指定和正多边形外接的圆的半径

结果如图 3.18（a）所示。

命令：_polygon	
输入边的数目 <6>: ↵	按【Enter】键接受默认值 6
指定多边形的中心点或 [边(E)]: **单击 D 点**	
输入选项 [内接于圆(I)/外切于圆(C)] <I>: **c↵**	选择外切于圆
指定圆的半径: **单击 B 点**	指定和正多边形内切的圆的半径

结果如图 3.18（b）所示。

命令：_polygon:	
输入边的数目 <6>: ↵	接受默认值 6
指定多边形的中心点或 [边(E)]: **e↵**	选择边
指定边的第 1 个端点: **单击 E 点**	
指定边的第 2 个端点: **单击 F 点**	

结果如图 3.18（c）所示。

> 👀 注意：
> 绘制的正多边形同样是多段线，编辑时一般是一个整体，可以通过分解命令使之分解成单独的线段。

3.7 矩形 RECTANG

可通过定义矩形的两个对角点来绘制矩形，同时可以设定其宽度、圆角和倒角等。

命令：RECTANG

功能区：默认→绘图→矩形

命令及提示如下。

命令：**_rectang**
指定第1个角点或 [倒角(C)/标高(E)/圆角(F)/厚度(T)/宽度(W)]：
指定另一个角点或 [面积(A)/尺寸(D)/旋转(R)]：

参数如下。

① 指定第1个角点：定义矩形的一个顶点。

② 指定另一个角点：定义矩形的另一个顶点。

③ 倒角（C）：绘制带倒角的矩形。

● 第1倒角距离——定义第1倒角距离。

● 第2倒角距离——定义第2倒角距离。

④ 圆角（F）：绘制带圆角的矩形。

⑤ 宽度（W）：定义矩形的线宽。

⑥ 标高（E）：矩形的高度。

⑦ 厚度（T）：矩形的厚度。

⑧ 面积（A）：根据面积绘制矩形。

● 输入以当前单位计算的矩形面积<xx>：

● 计算矩形尺寸时依据 [长度(L)/宽度(W)] <长度>：

● 输入矩形长度<x>：——根据面积和长度绘制矩形。
  或计算矩形标注时依据 [长度(L)/宽度(W)] <长度>：

● 输入矩形宽度<x>：——根据面积和宽度绘制矩形。

⑨ 尺寸（D）：根据长度和宽度来绘制矩形。

● 指定矩形的长度 <0.0000>：

● 指定矩形的宽度 <0.0000>：

⑩ 旋转（R）：通过输入值、指定点等方法来指定角度。

指定旋转角度或 [点(P)] <0>：

【例3.7】 绘制如图3.19所示的矩形。

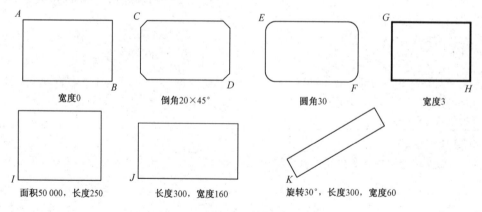

图3.19 绘制矩形

命令：**_rectang**
指定第1个角点或 [倒角(C)/标高(E)/圆角(F)/厚度(T)/宽度(W)]：单击 **A** 点

指定另一个角点或 [面积(A)/尺寸(D)/旋转(R)]：单击 **B** 点
命令：_rectang
指定第 1 个角点或 [倒角(C)/标高(E)/圆角(F)/厚度(T)/宽度(W)]：**c↵**　　设置倒角
指定矩形的第 1 个倒角距离 <0.0000>：**6↵**　　第 1 倒角距离设定为 6
指定矩形的第 2 个倒角距离 <6.0000>：**6↵**　　第 2 倒角距离设定为 6
指定第 1 个角点或 [倒角(C)/标高(E)/圆角(F)/厚度(T)/宽度(W)]：单击 **C** 点
指定另一个角点或 [面积(A)/尺寸(D)/旋转(R)]：单击 **D** 点
命令：_rectang
当前矩形模式：倒角=6.0000×6.0000　　显示当前矩形的模式
指定第 1 个角点或 [倒角(C)/标高(E)/圆角(F)/厚度(T)/宽度(W)]：**f↵**　　设置圆角
指定矩形的圆角半径 <6.0000>：↵　　圆角半径设定为默认值 6
指定第 1 个角点或 [倒角(C)/标高(E)/圆角(F)/厚度(T)/宽度(W)]：单击 **E** 点
指定另一个角点或 [面积(A)/尺寸(D)/旋转(R)]：单击 **F** 点
命令：_rectang
指定第 1 个角点或 [倒角(C)/标高(E)/圆角(F)/厚度(T)/宽度(W)]：**w↵**　　设定矩形的线宽
指定矩形的线宽 <0.0000>：**3↵**　　宽度值设定为 3
指定第 1 个角点或 [倒角(C)/标高(E)/圆角(F)/厚度(T)/宽度(W)]：单击 **G** 点
指定另一个角点或 [面积(A)/尺寸(D)/旋转(R)]：单击 **H** 点
命令：_rectang
指定第 1 个角点或 [倒角(C)/标高(E)/圆角(F)/厚度(T)/宽度(W)]：单击 **I** 点
指定另一个角点或 [面积(A)/尺寸(D)/旋转(R)]：**a↵**　　选择面积定矩形
输入以当前单位计算的矩形面积 <100.0000>：**50000↵**
计算矩形标注时依据 [长度(L)/宽度(W)] <长度>：**l↵**　　再选择长度
输入矩形长度 <10.0000>：**250↵**
命令：_rectang
指定第 1 个角点或 [倒角(C)/标高(E)/圆角(F)/厚度(T)/宽度(W)]：单击 **J** 点
指定另一个角点或 [面积(A)/尺寸(D)/旋转(R)]：**d↵**　　通过长度和宽度定矩形
指定矩形的长度 <250.0000>：**300↵**
指定矩形的宽度 <200.0000>：**160↵**
指定另一个角点或 [面积(A)/尺寸(D)/旋转(R)]：↵
命令：_rectang
指定第 1 个角点或 [倒角(C)/标高(E)/圆角(F)/厚度(T)/宽度(W)]：单击 **K** 点
指定另一个角点或 [面积(A)/尺寸(D)/旋转(R)]：**r↵**　　绘制旋转的矩形
指定旋转角度或 [拾取点(P)] <0>：**30↵**　　旋转30°
指定另一个角点或 [面积(A)/尺寸(D)/旋转(R)]：**d↵**　　设定矩形大小
指定矩形的长度 <300.0000>：↵
指定矩形的宽度 <160.0000>：**60↵**
指定另一个角点或 [面积(A)/尺寸(D)/旋转(R)]：单击一点

结果如图 3.19 所示。

注意：
① 绘制的矩形同样是多段线，编辑时一般是一个整体，可以通过分解命令使之分解成单独的线段，同时失去线宽性质。
② 线宽是否填充和 FILLMODE 变量的设置有关。

3.8　圆弧 ARC

圆弧是常见的图素之一。圆弧可通过圆弧命令直接绘制，也可以通过打断圆及倒圆角等方法产生。下面介绍用圆弧命令绘制圆弧的方法。

图标	名称
	三点(P)
	起点、圆心、端点(S)
	起点、圆心、角度(T)
	起点、圆心、长度(A)
	起点、端点、角度(N)
	起点、端点、方向(D)
	起点、端点、半径(R)
	圆心、起点、端点(C)
	圆心、起点、角度(E)
	圆心、起点、长度(L)
	继续(O)

图 3.20　11 种绘制圆弧的方式

命令：ARC

功能区：默认→绘图→圆弧

共有 11 种绘制圆弧的方式，如图 3.20 所示。

通过菜单可以直接指定圆弧绘制方式。通过命令行则要输入相应参数。通过按钮也要输入相应参数，但用户可以通过自定义界面方式，定制一组按钮以便快速打开各种圆弧绘制按钮，如图 3.20 所示。

参数如下。

① 三点：指定圆弧的起点、端点以及圆弧上的其他任意一点。

② 起点：指定圆弧的起点。

③ 端点：指定圆弧的端点。

④ 圆心：指定圆弧的圆心。

⑤ 方向：指定和圆弧起点相切的方向。

⑥ 长度：指定圆弧的弦长。正值绘制小于 180°的圆弧，负值绘制大于 180°的圆弧。

⑦ 角度：指定圆弧包含的角度。顺时针为负，逆时针为正。

⑧ 半径：指定圆弧的半径。按逆时针绘制，正值绘制小于 180°的圆弧，负值绘制大于 180°的圆弧。

在输入 ARC 命令后，出现以下提示。

指定圆弧的起点或[圆心(CE)]：

如果此时单击，则输入的是起点，绘制的方法将局限于以"起点"开始的方法；如果输入 CE，则系统将采用随后的输入点作为圆弧的圆心的绘制方法。

在绘制圆弧必须提供的 3 个参数中，系统会根据已经提供的参数来提示需要提供的剩下的参数。如在前面绘图中已经输入了圆心和起点，则会出现以下提示。

指定圆弧的端点或[角度(A)/长度(L)]：

一般绘制圆弧的选项组合有如下 5 种。如图 3.21 所示为 10 种圆弧绘制示例。

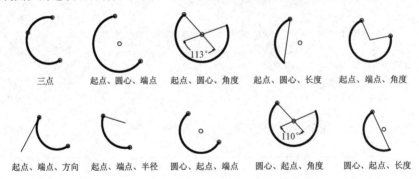

图 3.21　10 种圆弧绘制示例

① 三点：通过指定圆弧上的起点、端点和中间任意一点来确定圆弧。

② 起点、圆心：首先输入圆弧的起点和圆心，其余的参数为端点、角度或弦长。如果给定的角度为正，将按逆时针绘制圆弧。如果为负，将按顺时针绘制圆弧。如果给出正的长度，则绘制小于 180°的圆弧。如果给出负的长度，则绘制大于 180°的圆弧。

③ 起点、端点：首先定义圆弧的起点和端点，其余绘制圆弧的参数为角度、半径、方向或圆心。如果提供角度，则正的角度按逆时针绘制圆弧，负的角度按顺时针绘制圆弧。如果选择半径选项，则按照逆时针绘制圆弧，负的半径绘制大于 180°的圆弧，正的半径绘制小于 180°的圆弧。

④ 圆心、起点：首先输入圆弧的圆心和起点，其余绘制圆弧的参数为角度、长度或端点。正的角度按逆时针绘制圆弧，而负的角度按顺时针绘制圆弧。正的长度绘制小于180°的圆弧，负的长度绘制大于 180°的圆弧。

⑤ 连续：在开始绘制圆弧时如果不输入点，而是按【Enter】键或空格键，则采用连续的圆弧绘制方式。所谓的连续，是指该圆弧的起点为上一圆弧的端点或上一直线的终点，同时所绘圆弧和已有的直线或圆弧相切。

【例 3.8】首先绘制直线 *AB* 和 *BC*，然后用连续方式绘制 *CD* 段圆弧，再绘制直线 *DE* 和 *EF*，如图 3.22 所示。打开正交模式。

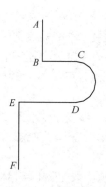

图 3.22　"连续"绘制直线和圆弧示例

```
命令：_line
指定第一点：单击 A 点
指定下一点或 [放弃(U)]：单击 B 点                绘制直线 AB
指定下一点或 [放弃(U)]：单击 C 点                绘制直线 BC
指定下一点或 [放弃(U)]：↵                        结束直线绘制
命令：_arc
指定圆弧的起点或 [圆心(CE)]：↵                    按【Enter】键使用连续方式
指定圆弧的端点：单击 D 点                         绘制圆弧 CD
命令：l↵                                          输入 l，执行 LINE 命令
LINE 指定第一点：↵                               按【Enter】键使用连续方式
直线长度：单击 E 点                               绘制直线 DE
指定下一点或 [放弃(U)]：单击 F 点                 绘制直线 EF
指定下一点或 [闭合(C)/放弃(U)]：↵                结束直线绘制
```

绘制结果如图 3.22 所示。请将该图形以"图 3.22.dwg"命名保存。

> 👀 **注意：**
> ① 可以画出圆而难以直接绘制圆弧时可以打断或修剪圆，以形成所需的圆弧。
> ② 在菜单中单击圆弧的绘制方式是明确的，相应的提示不再给出可以选择的参数。通过按钮或命令行输入绘制圆弧命令时，相应的提示会给出可能的多种参数。
> ③ 获取圆心或其他某点时可以配合对象捕捉方式准确绘制圆弧。

3.9　圆 CIRCLE

圆是常见的图素之一。

方式
⊙ 圆心、半径(R)
⊘ 圆心、直径(D)
○ 两点(2)
○ 三点(3)
⊗ 相切、相切、半径(T)
⊗ 相切、相切、相切(A)

图 3.23　绘制圆的 6 种方式

命令：CIRCLE

功能区：默认→绘图→圆

在菜单和按钮中都有 6 种绘制圆的方式，如图 3.23 所示。其中相切、相切、相切方式没有预先定义图标，用户可以自己设计一个图标加到自定义面板中。

命令及提示如下。

```
命令：_circle
指定圆的圆心或 [三点(3P)/两点(2P)/切点、切点、半径(T)]：
```

参数如下。

① 圆心：指定圆的圆心。

② 半径（R）：定义圆的半径大小。

③ 直径（D）：定义圆的直径大小。

④ 两点（2P）：指定的两点作为圆的一条直径上的两点。

⑤ 三点（3P）：指定圆周上的三点。

⑥ 相切、相切、半径（TTR）：指定与绘制的圆相切的两个元素，再定义圆的半径。半径值必须不小于两元素之间的最短距离。

⑦ 相切、相切、相切（TTT）：该方式属于三点（3P）中的特殊情况，即指定和绘制的圆相切的3个元素。

绘制圆一般先确定圆心，再确定半径或直径。同样可以先绘制圆，再通过尺寸标注来绘制中心线，或通过圆心捕捉方式绘制中心线。

【例3.9】 采用相切、相切、半径（TTR）和相切、相切、相切（TTT）的方式绘制圆，如图3.24所示。

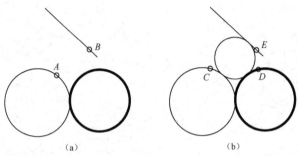

图3.24　采用两种方式绘制圆

先绘制好图中标有小圆圈的圆和直线。

命令：_circle	
指定圆的圆心或 [三点(3P)/两点(2P)/切点、切点、半径(T)]：_ttr	TTR方式
指定对象与圆的第1个切点：**单击A点**	
指定对象与圆的第2个切点：**单击B点**	
指定圆的半径 <121.2030>：**70↵**	输入圆的半径

结果如图3.24（a）所示。

命令：_circle	
指定圆的圆心或 [三点(3P)/两点(2P)/切点、切点、半径(T)]：_3P	采用三点定圆方式
指定圆上的第一点：_tan 到 **单击C点**	
指定圆上的第二点：_tan 到 **单击D点**	
指定圆上的第三点：_tan 到 **单击E点**	

结果如图3.24（b）所示。

👀**注意：**

① 与直线相切时，不一定和直线有明显的切点，可以是直线延长后的切点。

② 在菜单中单击圆的绘制方式是明确的，相应的提示不再给出可以选择的参数。通过按钮或命令行输入绘制圆命令时，相应的提示会给出可能的多种参数。

③ 指定圆心或其他某点时可以配合对象捕捉方式准确绘制圆。

3.10　圆环 DONUT

圆环是一种可以填充的同心圆，其内径可以为0，也可以和外径相等。默认面板中无按钮，可以通过菜单或命令行直接输入该命令。

　　命令：DONUT

　　功能区：默认→绘图→圆环

　　命令及提示如下。

> 命令：_donut
> 指定圆环的内径 <XX>：
> 指定圆环的外径 <XX>：
> 指定圆环的中心点 <退出>：

参数如下。

　　① 内径：定义圆环的内圈直径。

　　② 外径：定义圆环的外圈直径。

　　③ 中心点：指定圆环的圆心位置。

　　④ 退出：结束圆环绘制，否则可以连续绘制同样的

圆环。

　　【例 3.10】 设置不同的内径，绘制如图 3.25 所示的

圆环。

内、外径不等　　　内径为0　　　内、外径相等

图 3.25　圆环示例

> 命令：_donut
> 指定圆环的内径 <10.0000>：↵　　　　　　　　　定义内径为 10
> 指定圆环的外径 <20.0000>：↵　　　　　　　　　定义外径为 20
> 指定圆环的中心点 <退出>：**单击圆环的圆心位置**
> 指定圆环的中心点 <退出>：↵　　　　　　　　　　按【Enter】键退出
> 命令：_donut
> 指定圆环的内径 <10.0000>：0↵　　　　　　　　　定义内径为 0，相当于绘制一实心圆
> 指定圆环的外径 <20.0000>：↵　　　　　　　　　定义外径
> 指定圆环的中心点 <退出>：**单击圆环的圆心位置**
> 指定圆环的中心点 <退出>：↵　　　　　　　　　　按【Enter】键退出
> 命令：_donut
> 指定圆环的内径 <0.0000>：20↵　　　　　　　　　定义内径
> 指定圆环的外径 <20.0000>：↵　　　　　　　　　定义内径、外径相等，绘制结果为一圆
> 指定圆环的中心点 <退出>：**单击圆环的圆心位置**
> 指定圆环的中心点 <退出>：↵　　　　　　　　　　按【Enter】键退出

绘制结果如图 3.25 所示。

> 👀 **注意：**
> 　　圆环中是否填充，与 FILLMODE 变量的设定有关。

3.11　样条曲线 SPLINE

样条曲线是指被一系列给定点控制（通过或逼近）的光滑曲线。

　　命令：SPLINE

　　功能区：默认→绘图→样条曲线

　　样条曲线的绘制有两种方法：一种是使用拟合点绘制，另一种是使用控制点绘制。

　　至少需要 3 个点才能确定一条样条曲线。

　　命令及提示如下。

> 命令：**spline**
> 当前设置：方式=拟合　　节点=弦

```
指定第一个点或 [方式(M)/节点(K)/对象(O)]: m
输入样条曲线创建方式 [拟合(F)/控制点(CV)] <拟合>:
指定第一个点或 [方式(M)/节点(K)/对象(O)]: k
输入节点参数化 [弦(C)/平方根(S)/统一(U)] <弦>:
指定第一个点或 [方式(M)/节点(K)/对象(O)]:
输入下一个点或 [起点切向(T)/公差(L)]:
输入下一个点或 [端点相切(T)/公差(L)/放弃(U)]:
输入下一个点或 [端点相切(T)/公差(L)/放弃(U)/闭合(C)]:
指定第一个点或 [方式(M)/节点(K)/对象(O)]: o
选择样条曲线拟合多段线: 找到 X 个
选择样条曲线拟合多段线:
```

参数如下。

① 方式（M）：使用拟合点还是使用控制点来创建样条曲线。

② 第一个点：定义样条曲线的起始点。指定样条曲线的第一个点、第一个拟合点或第一个控制点，具体取决于当前所用的方法。

③ 节点（K）：指定节点参数化，它是一种计算方法，用来确定样条曲线中连续拟合点之间的零部件曲线如何过渡。

- 弦（或弦长方法）——均匀隔开连接每个零部件曲线的节点，使每个关联的拟合点对之间的距离都成正比。
- 平方根（或向心方法）——均匀隔开连接每个零部件曲线的节点，使每个关联的拟合点对之间的距离的平方根都成正比。此方法通常会产生更柔和的曲线。
- 统一（或等间距分布方法）——均匀隔开每个零部件曲线的节点，使其相等，而不管拟合点的间距如何。此方法通常可生成泛光化拟合点的曲线。

④ 对象（O）：将二维或三维的二次或三次样条曲线拟合多段线转换成等效的样条曲线。

⑤ 下一点：样条曲线定义的一般点。

⑥ 起点切向：定义起点处的切线方向。

⑦ 端点切向：定义端点处的切线方向。

⑧ 公差（L）：定义拟合时的公差大小。公差越小，样条曲线越逼近数据点，为 0 时表示样条曲线准确经过数据点。

⑨ 放弃（U）：该选项不在提示中出现，可以输入"U"取消上一段曲线。

⑩ 闭合（C）：样条曲线首尾相连成封闭曲线。系统提示用户输入一次切矢，起点和端点共享相同的顶点和切矢。

【例 3.11】 如图 3.26 所示，绘制不同拟合公差的样条曲线。其中图 3.26（a）公差设定为 0，图 3.26（b）公差设定为 20。

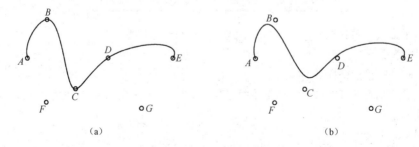

图 3.26 绘制不同拟合公差的样条曲线

命令：_spline
当前设置：方式=拟合　　节点=弦
指定第一个点或 [方式(M)/节点(K)/对象(O)]：_m
输入样条曲线创建方式 [拟合(F)/控制点(CV)] <拟合>：_fit
当前设置：方式=拟合　　节点=弦
指定第一个点或 [方式(M)/节点(K)/对象(O)]：单击 *A* 点
输入下一个点或 [起点切向(T)/公差(L)]：单击 *B* 点
输入下一个点或 [端点相切(T)/公差(L)/放弃(U)]：单击 *C* 点
输入下一个点或 [端点相切(T)/公差(L)/放弃(U)/闭合(C)]：单击 *D* 点
输入下一个点或 [端点相切(T)/公差(L)/放弃(U)/闭合(C)]：单击 *E* 点
输入下一个点或 [端点相切(T)/公差(L)/放弃(U)/闭合(C)]：↵

结果如图 3.26（a）所示。

此时样条曲线经过输入的点。如果选择了公差（L），则系统提示为：

指定拟合公差<0.0000>：

此时，输入的公差值不为 0，则绘制的样条曲线偏离输入的点，结果如图 3.26（b）所示。

3.12　椭圆和椭圆弧 ELLIPSE

绘制椭圆和椭圆弧比较简单，和绘制正多边形一样，由系统自动计算各点数据。
命令：ELLIPSE
功能区：默认→绘图→椭圆（圆心、轴、端点、椭圆弧）
绘制椭圆和绘制椭圆弧采用同一个命令，绘制椭圆弧需要增加夹角的两个参数。

3.12.1　绘制椭圆

椭圆是最常见的曲线之一。
命令及提示如下。

命令：_ellipse
指定椭圆的轴端点或[圆弧(A)/中心点(C)]：
指定椭圆的中心点：
指定轴的端点：
指定另一条半轴长度或[旋转(R)]：

参数如下。
① 端点：指定椭圆轴的端点。
② 中心点：指定椭圆的中心点。
③ 半轴长度：指定半轴的长度。
④ 旋转（R）：指定一轴相对于另一轴的旋转角度。范围为 0～89.4°，起始角度为 0°，大于 89.4°则无法绘制椭圆。

【例 3.12】 按照如图 3.27 所示提示点绘制椭圆及椭圆弧。

命令：_ellipse
指定椭圆的轴端点或 [圆弧(A)/中心点(C)]：c↵　　　　　　指定采用中心点的方式
指定椭圆的中心点：单击中心点 *A*
指定轴的端点：单击轴的端点 *B*
指定另一条半轴长度或 [旋转(R)]：单击 *C* 点　　　　　确定另一条轴的半轴长

结果如图 3.27（a）所示。

命令：_ellipse
指定椭圆的轴端点或 [圆弧(A)/中心点(C)]：单击 *D* 点　　　确定轴的一个端点

指定轴的另一个端点：**单击 E 点**	
指定另一条半轴长度或 [旋转(R)]：**单击 F 点**	确定另一条轴的半轴长

结果如图 3.27（b）所示。

命令：**_ellipse**	
指定椭圆的轴端点或 [圆弧(A)/中心点(C)]：**单击 G 点**	确定轴的一个端点
指定轴的另一个端点：**单击 H 点**	确定轴的另一个端点
指定另一条半轴长度或 [旋转(R)]：**r↵**	采用旋转方式绘制椭圆
指定绕长轴旋转：**45↵**	输入旋转角度

结果如图 3.27（c）所示。

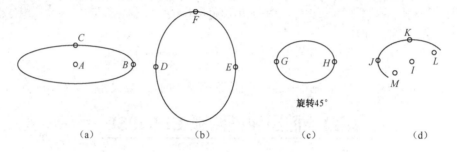

（a）   （b）   （c）   （d）

图 3.27 绘制椭圆及椭圆弧

3.12.2 绘制椭圆弧

绘制椭圆弧，除了输入必要的参数确定母圆，还需要输入椭圆弧的起始角度和终止角度。相应地增加了以下的提示及参数。

指定起始角度或[参数(P)]：	输入起始角度
指定终止角度或[参数(P)/包含角度(I)]：	输入终止角度或输入椭圆包含角度

【例 3.13】 绘制如图 3.27（d）所示的椭圆弧。

命令：**_ellipse**	
指定椭圆的轴端点或 [圆弧(A)/中心点(C)]：**a↵**	绘制椭圆弧
指定椭圆弧的轴端点或 [中心点(C)]：**c↵**	采用中心点的方式绘制椭圆
指定椭圆弧的中心点：**单击 I 点**	指定中心点
指定轴的端点：**单击 J 点**	
指定另一条半轴长度或 [旋转(R)]：**单击 K 点**	
指定起始角度或 [参数(P)]：**单击 L 点**	
指定终止角度或 [参数(P)/包含角度(I)]：**单击 M 点**	

结果如图 3.27（d）所示。

3.13 点

点可以用不同的样式在图纸上绘制出来。AutoCAD 2022 中文版提供了对点的捕捉方式。

3.13.1 绘制点 POINT

绘制点的方法如下。

命令：POINT

功能区：默认→绘图→多点

命令及提示如下。

命令：_point	
当前点模式：PDMODE=33　PDSIZE=-3.0000	显示当前绘制的点的模式和大小
指定点：	定义点的位置

👀 注意：

① 产生点的方式除了用 POINT 命令绘制点，还可以用 DIVIDE 和 MEASURE 命令来放置点。具体方式参见第 10 章。

② 点在屏幕上显示的形式和大小可以由点样式来确定。

③ 点为连续绘制方式，一般按【Esc】键中断。启动其他命令也可以终止点命令。

3.13.2　点样式设置 DDPTYPE

AutoCAD 2022 中文版提供了 20 种不同样式的点供用户选择。可以通过"点样式"对话框设置。

命令：DDPTYPE

功能区：默认→实用工具→点样式

执行点样式命令后，弹出如图 3.28 所示的"点样式"对话框。

在如图 3.28 所示的"点样式"对话框中，可以选择点的样式，输入点大小百分比，该百分比可以是相对于屏幕的大小，也可以设置成绝对单位大小。单击 确定 按钮后，系统自动采用新的设置重新生成图形。

图 3.28　"点样式"对话框

3.14　徒手线 SKETCH

即使是在计算机中绘图，也可以绘制徒手线。通过记录光标的轨迹来绘制徒手线。采用鼠标可以绘制徒手线，但最好采用数字化仪或光笔。

命令：SKETCH

功能区：（三维建模）曲面→曲线→样条曲线→样条曲线手画线

命令及提示如下。

命令：_sketch
类型 = 直线　增量 = 1.0000　公差 = 0.5000
指定草图或 [类型(T)/增量(I)/公差(L)]：_type
输入草图类型 [直线(L)/多段线(P)/样条曲线(S)] <直线>：
已记录 X 条样条曲线

参数如下。

① 指定草图：绘制徒手线。按住鼠标左键移动，松开则结束。

图 3.29　徒手线示例

② 类型：设置徒手线的类型。

● 直线——绘制直线组成的徒手线。

● 多段线——绘制多段线徒手线。

● 样条曲线——绘制的徒手线是样条曲线。

③ 增量：控制记录的步长，值越小，记录越精确。

④ 公差：指定样条曲线的拟合公差。

【例 3.14】　绘制如图 3.29 所示的徒手线。

```
命令：_sketch
类型 = 直线  增量 =1.0000  公差 =0.5000
指定草图或 [类型(T)/增量(I)/公差(L)]：_type
输入草图类型 [直线(L)/多段线(P)/样条曲线(S)] <直线>：_line
指定草图或 [类型(T)/增量(I)/公差(L)]：按住鼠标左键绘制指定草图，按【Enter】键
已记录 1 条样条曲线
```

> **👀 注意：**
>
> ① 徒手线都是由较短的线段（样条曲线）模拟而成的。
>
> ② 徒手线对于一些使用数字化仪输入已有图纸的工作比较适用，同时大量应用于地理、气象、天文等专业的图形上。
>
> ③ 如果徒手画线，可使用捕捉或正交等模式，必须采用键盘上的功能键切换，不应使用状态栏切换。如果捕捉设置大于记录增量，捕捉设置将代替记录增量；反之，记录增量将代替捕捉设置。
>
> ④ 如果希望在低速计算机上保证记录精度，可以将记录增量设置成负值。此时，计算机将按照记录增量的绝对值的两倍检测光标移动时接收的点，如果由于速度过快而使得某点的移动超过了两倍记录增量，计算机将发出警告，用户应当降低光标移动的速度。

3.15 二维填充 SOLID

可以直接绘制平面上的二维填充图形。

命令：SOLID

【例 3.15】 绘制如图 3.30 所示的二维填充图形。

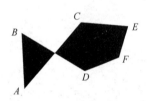

图 3.30 二维填充图形示例

```
命令：_solid
指定第一点：单击 A 点
指定第二点：单击 B 点
指定第三点：单击 C 点
指定第四点或 <退出>：单击 D 点
指定第三点：单击 E 点
指定第四点或 <退出>：单击 F 点
指定第三点：↵                          按【Enter】键退出
```

结果如图 3.30 所示。

> **👀 注意：**
>
> 使用二维填充命令时单击点的顺序很重要，从图 3.30 中可以看出，第三点和第四点位置不同，绘制的结果完全不同。

3.16 螺旋 HELIX

该命令绘制一个二维或三维螺旋线，用作 SWEEP 命令的扫掠路径以创建弹簧、螺纹和环形楼梯。

命令：HELIX

功能区：默认→绘图→螺旋

命令及提示如下。

```
命令：_helix
圈数 =3.0000        扭曲=CCW
指定底面的中心点：
指定底面半径或 [直径(D)] <1.0000>：
```

指定顶面半径或 [直径(D)] <1.0000>:
指定螺旋高度或 [轴端点(A)/圈数(T)/圈高(H)/扭曲(W)] <1.0000>: **t**
输入圈数 <3.0000>:
指定螺旋高度或 [轴端点(A)/圈数(T)/圈高(H)/扭曲(W)] <1.0000>: **w**
输入螺旋的扭曲方向 [顺时针(CW)/逆时针(CCW)] <CCW>: **cw**
指定螺旋高度或 [轴端点(A)/圈数(T)/圈高(H)/扭曲(W)] <1.0000>:

参数如下。

① 圈数：设定螺旋的圈数，默认为 3。

② 指定底面的中心点：确定底面中心点位置。

③ 指定底面半径或 [直径（D）]：指定底面半径、指定直径或按【Enter】键指定默认的底面半径值。

④ 指定顶面半径或 [直径（D）]：指定顶面半径、指定直径或按【Enter】键指定默认的顶面半径值。

⑤ 指定螺旋高度：指定螺旋的高度。如果为 0，则绘制的是二维螺旋线。

⑥ 轴端点：轴端点可以位于三维空间的任意位置。轴端点定义了螺旋的长度和方向。

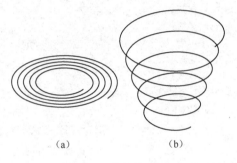

⑦ 圈数：确定螺旋圈数。螺旋的圈数不能超过 500。

⑧ 圈高：确定螺旋圈高，螺旋总高度=圈数×圈高。当指定圈高值时，螺旋中的圈数将相应地自动更新。如果已指定螺旋的圈数，则不能输入圈高的值。

⑨ 扭曲：设置顺时针或逆时针旋转方向。

（a）　　　　　　（b）

图 3.31　螺旋线示例

【例 3.16】绘制如图 3.31 所示的二维和三维螺旋线。

命令：**_helix**
圈数 = 3.0000　　扭曲=CCW
指定底面的中心点：**单击一点确定底面中心位置**
指定底面半径或 [直径(D)] <1.0000>: **指定底面半径**
指定顶面半径或 [直径(D)] <222.7618>: **指定顶面半径**
指定螺旋高度或 [轴端点(A)/圈数(T)/圈高(H)/扭曲(W)] <1.0000>: **t↵**
输入圈数 <3.0000>: **5↵**
指定螺旋高度或 [轴端点(A)/圈数(T)/圈高(H)/扭曲(W)] <1.0000>: **0↵**
指定螺旋高度或 [轴端点(A)/圈数(T)/圈高(H)/扭曲(W)] <1.0000>: **w↵**
输入螺旋的扭曲方向 [顺时针(CW)/逆时针(CCW)] <CCW>: **cw↵**
指定螺旋高度或 [轴端点(A)/圈数(T)/圈高(H)/扭曲(W)] <1.0000>: **↵**

结果如图 3.31（a）所示（轴测方向观察）。

复制刚绘制的螺旋线，并双击修改高度为一数值。结果如图 3.31（b）所示（轴测方向观察）。

3.17　修订云线 REVCLOUD

可以通过 REVCLOUD 命令绘制修订云线，用于图纸的批阅、注释、标记等场合。修订云线分为矩形修订云线、多边形修订云线和徒手画修订云线。

命令：REVCLOUD

功能区：默认→绘图→修订云线

命令及提示如下。

命令：**revcloud**

最小弧长: 0.5　　最大弧长: 0.5　　样式: 普通　　类型: 徒手画
指定第一个点或 [弧长(A)/对象(O)/矩形(R)/多边形(P)/徒手画(F)/样式(S)/修改(M)] <对象>:r↵
最小弧长: 0.5　　最大弧长: 0.5　　样式: 普通　　类型: 矩形
指定第一个角点或 [弧长(A)/对象(O)/矩形(R)/多边形(P)/徒手画(F)/样式(S)/修改(M)] <对象>:拾取点
指定对角点:
指定第一个角点或 [弧长(A)/对象(O)/矩形(R)/多边形(P)/徒手画(F)/样式(S)/修改(M)] <对象>:p↵
最小弧长: 0.5　　最大弧长: 0.5　　样式: 普通　　类型: 多边形
指定起点或 [弧长(A)/对象(O)/矩形(R)/多边形(P)/徒手画(F)/样式(S)/修改(M)] <对象>:拾取点
指定下一点: 拾取点
指定下一点或 [放弃(U)]:
指定第一个角点或 [弧长(A)/对象(O)/矩形(R)/多边形(P)/徒手画(F)/样式(S)/修改(M)] <对象>: f↵
最小弧长: 0.5　　最大弧长: 0.5　　样式: 普通　　类型: 徒手画
指定第一个点或 [弧长(A)/对象(O)/矩形(R)/多边形(P)/徒手画(F)/样式(S)/修改(M)] <对象>:拾取点
沿云线路径引导十字光标…
反转方向 [是(Y)/否(N)] <否>:
指定点或 [弧长(A)/对象(O)/矩形(R)/多边形(P)/徒手画(F)/样式(S)/修改(M)] <对象>: s↵
选择圆弧样式 [普通(N)/手绘(C)] <普通>:↵
沿云线路径引导十字光标…
指定起点或 [弧长(A)/对象(O)/矩形(R)/多边形(P)/徒手画(F)/样式(S)/修改(M)] <对象>:↵
选择对象:
反转方向 [是(Y)/否(N)] <否>:
修订云线完成

参数如下。

① 指定第一个点：指定修订云线开始绘制的端点。

② 弧长：指定修订云线中弧线的长度。

● 指定最小弧长<x>——指定最小弧长的值。

● 指定最大弧长<x>——指定最大弧长的值。

● 最大弧长不能大于最小弧长的3倍。

③ 对象：指定要转换为修订云线的对象。

● 选择对象——选择要转换为修订云线的闭合对象。

● 反转方向 [是（Y）/否（N）]——输入Y以反转修订云线中的弧线方向，或输入N保留弧线的原样。

④ 矩形：创建矩形修订云线。

● 指定第一个角点——定义矩形的第一个角点。

● 指定对角点——定义矩形的另一个角点。

⑤ 多边形：创建多边形修订云线。

图 3.32　修订云线示例

● 指定起点——定义修订云线的起点。

● 指定下一点——定义多边形的下一个顶点。

⑥ 徒手画：绘制徒手画的修订云线。

⑦ 样式：指定修订云线的样式。

选择圆弧样式 [普通（N）/手绘（C）] <默认/上一个>——选择修订云线的样式。

⑧ 修改：为现有修订云线添加或删除侧边。

【例 3.17】　绘制如图 3.32 所示的修订云线。

命令: revcloud
最小弧长: 0.5　　最大弧长: 0.5　　样式: 普通　　类型: 徒手画　　　　　输入宽度为3

指定第一个点或 [弧长(A)/对象(O)/矩形(R)/多边形(P)/徒手画(F)
/样式(S)/修改(M)]<对象>: **a↵**   修改弧长
指定最小弧长 <0.5>: **15↵**
指定最大弧长 <0.5>: **30↵**
指定第一个点或 [弧长(A)/对象(O)/矩形(R)/多边形(P)/徒手画(F)
/样式(S)/修改(M)]<对象>: 单击光标所在点   开始绘制修订云线
沿云线路径引导十字光标…   移动光标绘制该修订云线
修订云线完成

结果如图 3.32 所示。

3.18　表格 TABLE

编辑标题栏、明细栏等需要使用表格。

命令：TABLE

功能区：默认→注释→表格

          注释→表格

执行该命令后，弹出如图 3.33 所示的"插入表格"对话框。如果执行"-table"，可通过命令行方式绘制表格。

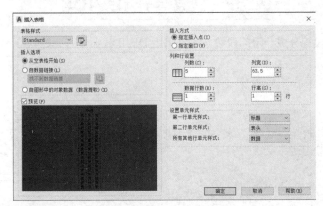

图 3.33　"插入表格"对话框

在图 3.33 中可以设置表格样式、插入方式、行数、列数、行高和列宽等。

在图形中插入表格后，立即可以输入数据，也可以双击单元格输入数据，如图 3.34 所示。

图 3.34　在表格中输入数据

3.19　三维多段线 3DPOLY

绘制三维多段线，可以使用 3DPOLY 命令完成。

命令：**3DPOLY**

功能区：默认→绘图→三维多段线

命令及提示如下。

命令：**3dpoly**
指定多段线的起点：
指定直线的端点或 [放弃(U)]：
指定直线的端点或 [闭合(C)/放弃(U)]：

参数如下。

① 起点：指定多段线开始绘制的端点。

② 直线的端点：从前一个点到新指定的点绘制一条直线。

③ 放弃：删除刚创建的线段，继续从前一个点绘图。

④ 闭合：从最后一个点至第一个点绘制一条闭合线，然后结束命令。

3.20　定数等分 DIVIDE

如果要将某条线段等分成一定的段数，可以采用 DIVIDE 命令来完成。

命令：**DIVIDE**

功能区：默认→绘图→定数等分

命令及提示如下。

命令：**_divide**
选择要定数等分的对象：
输入线段数目或 [块(B)]：**b**
输入要插入的块名：
是否对齐块和对象？[是(Y)/否(N)] <Y>：
输入线段数目：

参数如下。

① 对象：选择要定数等分的对象。

② 线段数目：指定等分的数目。

③ 块（B）：以块作为符号来定数等分对象。在等分点上将插入块。

④ 是否对齐块和对象？[是（Y）/否（N）] <Y>：是否将块和对象对齐。如果对齐，则将块沿选择的对象对齐，必要时会旋转块。如果不对齐，则直接在定数等分点上复制块。

【例 3.18】 以块"huan"10 等分如图 3.35 所示的多段线，对齐块和对象。

命令：**_divide**
选择要定数等分的对象：单击多段线↵
输入线段数目或 [块(B)]：**b**↵　　　　　　　　　　首先应该建立名称为 huan 的块
输入要插入的块名：**huan**↵
是否对齐块和对象？[是(Y)/否(N)] <Y>： ↵
输入线段数目：**10**↵

结果如图 3.35（a）所示。图 3.35（a）为定数等分，图 3.35（b）为定距等分。

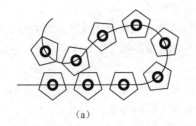 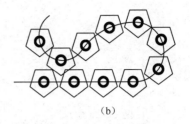

(a)   (b)

图 3.35 定数等分和定距等分

3.21 测量 MEASURE

如果要将某条直线、多段线、圆环等按照一定的距离等分，可以直接采用 MEASURE 命令在符合要求的位置上放置点。

命令：MEASURE

功能区：默认→绘图→测量

命令及提示如下。

> 命令：_measure
> 选择要定距等分的对象：
> 指定线段长度或 [块(B)]：**b**
> 输入要插入的块名：
> 是否对齐块和对象？[是(Y)/否(N)] <Y>：
> 指定线段长度：

参数如下。

① 对象：选择要定距等分的对象。

② 线段长度：指定等分的长度。

③ 块（B）：以块作为符号来定距等分对象。在等分点上将插入块。

④ 是否对齐块和对象？[是（Y）/否（N）] <Y>：是否将块和对象对齐。如果对齐，则将块沿选择的对象对齐，必要时会旋转块。如果不对齐，则直接在定距等分点上复制块。

【例 3.19】 以块"huan"定距等分如图 3.35 所示的多段线，不对齐块和对象。

> 命令：**measure**
> 选择要定距等分的对象：单击多段线↵
> 指定线段长度或 [块(B)]：**b**↵
> 输入要插入的块名：**huan**↵
> 是否对齐块和对象？[是(Y)/否(N)] <Y>：**n**↵
> 指定线段长度：**20**↵

结果如图 3.35（b）所示。

习   题

（1）指定点的方式有几种？有几种方法可以精确输入点的坐标？

（2）多段线和一般线条有哪些区别？

（3）如何设置包含 3 条直线（中间的直线为虚线，颜色为红色，两端封闭）的多线样式？

（4）绘制矩形的方法有哪些？

图 3.36　图习题 3.1.dwg

（5）电路图中的焊点可以用什么命令绘制？

（6）绘制直线后再以连续方式绘制圆弧时，该圆弧有什么特点？先绘制圆弧，然后绘制直线时直接按【Enter】键，绘制的直线有什么特点？

（7）绘制徒手线时如何控制增量不超过一定的大小？

（8）绘制有宽度的直线有哪些方法？

（9）绘制如图 3.36 所示的图形，并以"图习题 3.1.dwg"为名保存。

（10）绘制一直径为 20、高度为 100、圈数为 12 的螺旋线。

（11）绘制如图 3.37 所示的表格。

表格样本		
第一行, 第一列, 左对齐		
第二行, 第一列, 右对齐		
	居中	
	南京师范大学	
宋体字，加粗		宽度比例2

图 3.37　表格

第 *4* 章 基本编辑命令

仅仅通过绘图功能一般不能形成最终所需的图形，在绘制一幅图形时，编辑图形是不可缺少的过程。图形的编辑一般包括删除、恢复、移动、旋转、复制、偏移、剪切、延伸、比例缩放、镜像、倒角、圆角、矩形和环形阵列、打断、分解等。对于尺寸、文字、填充图案的编辑分别在相应的章节中介绍。

编辑命令不仅可以保证绘制的图形达到最终所需的结构精度等要求，更为重要的是，通过编辑功能中的复制、偏移、阵列、镜像等命令可以迅速完成相同或相近的图形，配合适当的技巧，可以充分发挥计算机绘图的优势，快速完成图形绘制。

对已有的图形进行编辑，AutoCAD 2022 中文版提供了以下两种编辑顺序。

① 先下达编辑命令，再选择对象。

② 先选择对象，再下达编辑命令。

不论采用何种方式，都必须选择对象。本章首先介绍对象的选择方式，然后介绍不同的编辑方法和技巧。

4.1 选择对象

当提示选择对象时，光标一般会变成一个小框。在光标为十字形状中间带一小框时也可以选择对象。

4.1.1 对象选择模式

在"选项"对话框的"选择集"选项卡中，可以设置对象选择模式及相关选项。利用以下方式可以打开"选项"对话框。

命令：**_OPTIONS**

在绘图区右击，选择"选项"命令。执行"选项"命令后弹出"选项"对话框，选择其中的"选择集"选项卡，如图 4.1 所示。

"选择集"选项卡中包含了拾取框大小、夹点尺寸、预览、选择集模式、夹点和功能区选项等选项区。

1. 拾取框大小

用滑动条可以设置拾取框的大小，用鼠标按住滑动条中的滑块，向左移动时，拾取框变小，向右移动时，拾取框变大。拾取框比较小时可以减小在图形密集的情况下选择的随机性、不确定性，而拾取框较大时，可以避免为了单击某个对象而费力地将光标移到它的上面。一般设置为默认值，选择对象时可以通过视图的放大或缩小及按【Ctrl】键来辅助选择。

2. 夹点尺寸

类似于拾取框，夹点的大小也可以调节。

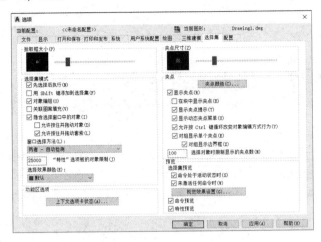

图 4.1 "选择集"选项卡

3. 预览

当拾取框光标滑过对象时，亮显对象。

① 命令处于活动状态时：仅当某个命令处于活动状态并显示"选择对象"提示时，才会显示选择集预览。

② 未激活任何命令时：即使未激活任何命令，也可显示选择集预览。

③ 视觉效果设置：用于设置选择集预览的视觉效果，以便更明显地突出选择的对象，如图 4.2 所示。

● 选择区域效果——显示当前设置的选择区域效果。
● 指定选择区域——设置是否用颜色填充亮显的区域。
● 窗口选择区域颜色——显示用窗口方式选择的区域填充色，默认为蓝色。可以通过下拉列表框设置其他颜色。
● 窗交选择区域颜色——显示用窗交方式选择的区域填充色，默认为绿色。可以通过下拉列表框设置其他颜色。
● 选择区域不透明度——通过滑块设置选择区域的不透明度。

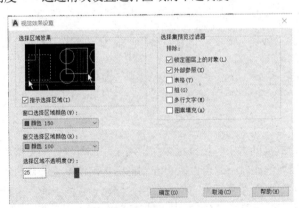

图 4.2 视觉效果设置

● 选择集预览过滤器——设置过滤排除项，在下方勾选排除项目。包括对锁定图层上的对象是否排除，是否排除外部参照、表格、组、多行文字、图案填充。

4. 选择集模式

选择集模式有以下选项。

① 先选择后执行：设置是否允许先选择对象再执行编辑命令，被选中时为允许先选择后执行。

② 按 Shift 键添加到选择集：如果该选项被选中，则在最近选中某对象时，选中的对象将取代原有的选择对象。如果在选择对象时按住【Shift】键，则将选择的对象加入原有的选择集。如果该选项被禁止，则选中某对象时，该对象自动加入选择集中。如果单击已经选中（高亮显示）的对象，则等于从选择集中删除该对象，这一点和该项设置无关。

③ 对象编组：决定对象是否可以编组。如果选中该设置，则当选取该组中的任何一个对象时，即选择整个组。

④ 关联图案填充：决定当选择了一关联图案时，图案的边界是否同时被选择。

⑤ 隐含选择窗口中的对象：在对象外选择一点时，初始化选择对象窗口。

⑥ 允许按住并拖动对象：用于控制如何产生选择窗口。如果该选项被选中，则在单击第一个点后，按住鼠标左键不放并移动到第二个点，此时自动形成一个窗口。如果该选项不被选中，则在单击第一个点后，移动鼠标到第二个点并单击方可形成窗口。

⑦ 允许按住并拖动套索：如果该选项被选中，则在单击第一个点后，按住鼠标左键不放并移动到第二个点，此时自动形成一个套索。

⑧ 窗口选择方法：设置窗口选择方法，包括两次单击、按住并拖动、自动检测。

⑨ "特性"选项板的对象限制："特性"选项板的对象默认限制为25000。

5. 夹点

① 夹点颜色：设置选中对象的夹点的颜色，默认为蓝色、中间不填充。单击该按钮，弹出图4.3所示的"夹点颜色"对话框。

② 显示夹点：设置是否显示夹点。

③ 在块中显示夹点：设置在块中是否启用夹点编辑功能。

④ 显示夹点提示：设置是否显示夹点的提示信息。

⑤ 显示动态夹点菜单：设置是否显示动态夹点菜单。

⑥ 允许按 Ctrl 键循环改变对象编辑方式行为：设置是否允许通过按住【Ctrl】键来循环选择对象。

⑦ 对组显示单个夹点：设置选择组时是否显示其中单个对象的夹点。

图4.3　"夹点颜色"对话框

⑧ 对组显示边界框：设置是否显示组的边界框。

⑨ 选择对象时限制显示的夹点数：设置夹点数上限。

4.1.2 建立对象选择集

一般情况下，处理的对象不止一个，往往是一组。一组对象甚至一个对象可以是命名对象或临时对象。可以对选择的对象进行编组，以便在随后的绘图编辑过程中直接调用。不论是永久的或临时的对象，AutoCAD 2022 中文版都提供了丰富而灵活的对象选择方法，在不同的场合合理使用不同的选择方法十分重要。

AutoCAD 2022 中文版要求选中对象之后，才能对它进行处理。执行许多命令（包括 SELECT 命令本身）后都会出现"选择对象"提示。

单击对象、在对象周围使用选择窗口、输入坐标等都可以选择对象。不管由哪个命令给出"选择对象"提示，都可以使用这些方法。要查看所有选项，在命令行中输入"?"参数即可。

选择对象提示为：

需要点或选择对象：（如果选中了对象则无以下提示）

需要点或窗口(W)/上一个(L)/窗交(C)/框(BOX)/全部(ALL)/栏选(F)/圈围(WP)/圈交(CP)/编组(G)/添加(A)/删除(R)/多个(M)/前一个(P)/放弃(U)/自动(AU)/单个(SI)/子对象(SU)/对象(O)

选择对象：指定点或输入选项

对应的英文提示为：

Window/Last/Crossing/BOX/ALL/Fence/WPolygon/CPolygon/Group/Add/Remove/Multiple/Previous/Undo/AUto/Single/SUbobject/Object

通常情况下，提示选择对象时，往往会建立一个临时的对象选择集。选择对象的各种方法含义如下。

① Window（窗口）：在指定两个角点的矩形范围内选取对象，被选中的对象必须全部包含在窗口内，与窗口相交的对象不在选中之列。

② Last（上一个）：选择最近一次创建的可见对象。对象必须在当前空间（模型空间或图纸空间）中，并且一定不要将对象的图层设置为冻结或关闭状态。

③ Crossing（窗交）：与"窗口"类似，但选中的对象不仅包括"窗口"中的对象，而且包括与窗口边界相交的对象，同时显示的窗口为虚线或高亮方框，和一般方框不同。

④ BOX（框）：为"窗口"和"窗交"的组合形式，当第一个点在第二个点的左侧，即从左往右拾取时，为"窗口"模式。当第一个点在第二个点的右侧，即从右往左拾取时，为"窗交"模式。

⑤ ALL（全部）：选取除关闭、冻结、锁定图层上的所有对象。

⑥ Fence（栏选）：用户可以绘制一个开放的多点的栅栏，该栅栏可以自己相交，也不必闭合。所有和该栅栏相交的对象全被选中。

⑦ WPolygon（圈围）：与"窗口"类似的一种选择方法。用户可以绘制一个不规则的多边形，该多边形可以为任意形状，但自身不得相交或相切。所有位于该多边形之内的对象为选中的对象。该多边形最后一条边为自动绘制，在任何时候，该多边形均为封闭的。

⑧ CPolygon（圈交）：与"窗交"类似的一种选择方法。用户可以绘制一个不规则的封闭多边形，该多边形同样可以是任意形状的，但不得自身相交或相切。所有位于该多边形之内、和多边形相交的对象均被选中。该多边形的最后一条边自动绘制，始终是封闭的。

⑨ Group（编组）：可以通过预先定义编组来选择对象。需要输入的对象应该预先编组并赋予名称，选中其中一个对象等于选中了整个组。

⑩ Remove（删除）：可以从已有的对象中删除某些对象。

⑪ Add（添加）：一般情况下该选项是自动的。如果前面执行了删除选项，使用该选项时，则可以切换到添加模式，之后选择的对象会被添加进组中。

⑫ Multiple（多个）：可以选取多点，但不高亮显示选中的对象。如果选择两个对象的交点，则同时选中两个对象。

⑬ Previous（前一个）：将最近的对象选择集设置为当前的选择对象。如果执行了删除命令（Erase或Delete）则忽略该选项。如果在模型空间和图纸空间之间切换，同样会忽略该选项。

⑭ Undo（放弃）：取消最近的对象选择操作。

⑮ AUto（自动）：如果在选择对象时，第一次单击某对象，则相当于"单击"模式；如果第一次未选中任何对象，则自动转换为"窗选"模式。该方式为默认方式。

⑯ Single（单个）：仅选择一个对象或对象组，此时无须按【Enter】键确认。

⑰ SUbobject（子对象）：使用户可以逐个选择原始形状，这些形状是复合实体的一部分或三维实

体上的顶点、边和面。可以选择这些子对象的其中之一，也可以创建多个子对象的选择集。选择集可以包含多种类型的子对象。

⑱ Object（对象）：结束选择子对象的功能，使用户可以使用对象选择方法。

> ◉◉ 注意：
> ① 采用某种对象选择方法时，可以输入英文全词或以上各选项中的大写字母。
> ② 在没有要求选择对象时，可以输入 SELECT 命令来建立选择集，以后可以通过 Previous（前一个）来调用该选择集。
> ③ 当完成了对象的选择后，一般需要按【Enter】键或空格键，或者右击并选择"确认"来结束对象选择过程。
> ④ 清除选择集，可以连续按两次【Esc】键或单击"标准"工具栏中的"重做"按钮。

如图 4.4 所示为几种对象选择方法。

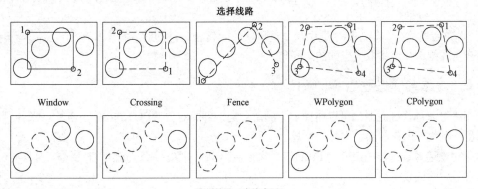

图 4.4 几种对象选择方法

4.1.3 重叠对象的选择

AutoCAD 2022 中文版支持循环选择对象。要在重叠的对象之间循环，须将光标置于最前面的对象上，然后按住【Shift】键并反复按空格键。打开选择集预览时，通过将对象滚动到顶端使其亮显，然后按住【Shift】键并连续按空格键，可以在这些对象之间循环。所需对象亮显后，单击以选择该对象。

关闭选择集预览时，按住【Shift】+空格键并单击以逐个在这些对象之间循环，直到选定所需对象。按【Esc】键关闭循环。

4.1.4 快速选择对象 QSELECT

快速选择对象可以通过以下方式执行。

命令：QSELECT

按钮：▩

该按钮存在于多个要求选择对象的对话框中。

快捷菜单：在绘图屏幕范围内右击，选择"快速选择"菜单项。

如果绘图区没有可以选择的对象，则会弹出对话框提示"此图形中无图元可供选择"。如果有可以选择的对象，执行该命令后会弹出"快速选择"对话框，如图 4.5 所示。

图 4.5 "快速选择"对话框

该对话框中各项设置如下。

① 应用到：可以设置本次操作的对象是整个图形或当前选择集。

② 对象类型：指定对象的类型，调整选择的范围，默认为所有图元。

③ 特性：选择对象的属性，如颜色、线型、图层等。

④ 运算符：选择运算格式。

⑤ 值：设置和特性相配套的值，如特性为颜色，则在值中可以设定希望的颜色。可以在特性、运算符和值中设定多个表达式表示的条件，各条件之间为逻辑"与"的关系。

⑥ 如何应用。

包括在新选择集中——按设定的条件创建新的选择集。

排除在新选择集之外——符合设定条件的对象被排除在选择集之外。

⑦ 附加到当前选择集：如果选中该复选框，表示符合条件的对象被增加到当前的选择集中，否则，符合条件的选择集将取代当前的选择集。

4.1.5 对象选择过滤器 FILTER

使用"对象选择过滤器"可以将图形中满足一定条件的对象快速过滤出来。其中，条件可以是对象的类型、颜色、所在图层、坐标数据等。

执行对象选择过滤器的命令为 FILTER。执行后弹出"对象选择过滤器"对话框，如图 4.6 所示。其中包含了后面的设定结果。

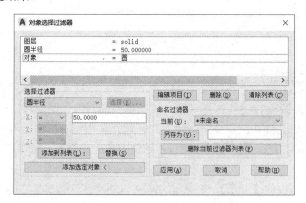

图 4.6 "对象选择过滤器"对话框

该对话框中包含对象选择过滤器、选择过滤器和命名过滤器选项区。

1. 对象选择过滤器

对象选择过滤器选项区包括以下内容。

① 列表框：显示当前过滤器的内容。如果尚未建立任何对象选择过滤器，则该列表框为空。如果通过"选择过滤器"选项区进行了设置，则所设置的条件将出现在列表框中。

② 编辑项目：可以在选定某条件后进行编辑。

③ 删除：在选定某条件后将该过滤器列表项删除。

④ 清除列表：清空过滤器列表框。

2. 选择过滤器

用于设置和修改对象选择过滤器条件，在其中可以选择对象类型、附加参数及逻辑操作符。

① 添加到列表：用于直接向过滤器中添加对象。

② 替换：用新建的条件取代上方过滤器中的某个条件。

③ 添加选定对象：可以让用户直接在屏幕上选择欲添加进去的对象，此时系统会自动将该对象的条件加入选择集中。

3. 命名过滤器

命名过滤器选项区包括以下内容。

① 当前：可以选择已经建立的过滤器，在上方的列表框中显示对应的过滤器内容。

② 另存为：可以输入过滤器的名称，单击另存为按钮将保存创建的过滤器。

③ 删除当前过滤器列表：删除当前正在编辑的过滤器。

【例 4.1】　先建立图层"solid"和"fine"，分别在这两个图层上绘制若干直径大于 100 和小于 100 的圆，然后通过过滤器选择图形中在"solid"图层且直径小于 100 的圆并删除。

```
命令：_erase
选择对象：'filter
```

在"对象选择过滤器"对话框中进行如下设定。

① 在对象下拉列表框中选择"图层"，然后单击选择按钮，在弹出的对话框中选择"solid"，单击添加至列表按钮。

② 在对象下拉列表框中选择"圆"。单击添加至列表按钮。

③ 在对象下拉列表中选择"圆半径"，此时下方的条件运算变为有效，单击下拉按钮后选择"<="，在随后的文本框中输入"50"，单击添加至列表按钮，其结果如图 4.6 所示。

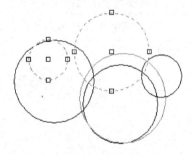

图 4.7　选择对象过滤器应用示例

在如图 4.6 所示的"对象选择过滤器"对话框中单击应用按钮退出该对话框。回到编辑界面，提示为"选择对象:"。此时可以采用任何选择对象的方式，但只有符合条件的对象才可能被选中。假设采用"窗交"模式将所有的对象全部选中，其结果如图 4.7 所示。

显然只有在"solid"图层，并且直径小于 100 的圆才是最终符合条件的对象。按【Enter】键，则以上两个圆被删除。

> 👀注意：
>
> 　如果在提示为"命令:"时下达 FILTER 命令，则相当于夹点编辑模式，即先选择对象，后下达编辑命令。如果下达了编辑命令，此时应该采用对象选择过滤器的透明命令，即在命令前增加一个撇号（'）。

4.2　使用夹点编辑

夹点即图形对象上可以控制对象位置、大小的关键点。例如对直线而言，其中心点可以控制位置，而两个端点可以控制其长度和位置，可见直线有 3 个夹点。

当在命令提示状态下选择图形对象时，会在图形对象上显示出小方框表示的夹点。不同图形对象的夹点如图 4.8 所示。

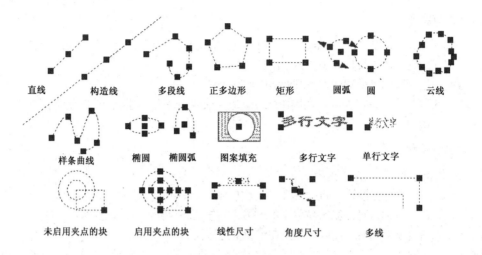

图 4.8　不同图形对象的夹点

> **注意：**
> ① 在图中显示的夹点即可以编辑的点。例如文字，通过夹点编辑只能改变其插入点，如要改变文字的大小、字体、颜色等，必须采用其他编辑命令。
> ② 夹点的大小、颜色、选中后的颜色等可以通过"选项"对话框中的"选择集"选项卡来设置。具体设置方法已在 4.1 节介绍过。

在选取图形对象后，如果选中了一个或几个夹点，再右击，此时会弹出如图 4.9 所示的夹点编辑快捷菜单。

图 4.9　夹点编辑快捷菜单

在该菜单中，用户可以单击相应的菜单命令进行编辑。采用夹点进行编辑时，首先在命令行中出现如下提示。

```
**拉伸**
指定拉伸点或 [基点(B)/复制(C)/放弃(U)/退出(X)]:
```

> **注意：**
> 夹点编辑比较简洁、直观，其中改变夹点到新的目标位置时，拾取点会受到环境设置的影响和控制，可以利用对象捕捉、正交模式等来进行夹点的精确编辑。

4.2.1　利用夹点拉伸对象

利用夹点拉伸对象时，选中对象的两侧夹点之一，该夹点和光标一起移动，在目标位置单击，则选取的夹点将会移到新的位置，如图 4.10 和图 4.11 所示。

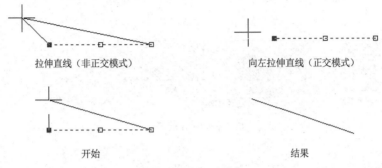

拉伸直线（非正交模式）　　　　　　　　　向左拉伸直线（正交模式）

开始　　　　　　　　　　　　　　　　　　结果

向上拉伸直线（正交模式）

图 4.10　利用夹点拉伸直线

> 👀 **注意：**
> 如果想同时更改多个夹点，可按住【Shift】键并选择多个夹点，再移动或拉伸。默认情况下，移动或拉伸位置有极轴追踪矢量提示，如图 4.11 所示。

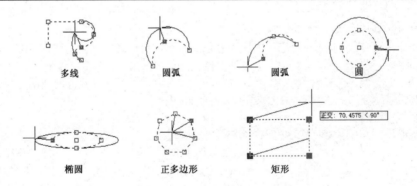

多线　　　　　　圆弧　　　　　　圆弧　　　　　　圆

椭圆　　　　　　正多边形　　　　　　矩形

图 4.11　利用夹点拉伸其他对象

4.2.2　利用夹点移动对象

利用夹点移动对象时，只需要选中移动夹点，则所选对象会和光标一起移动，在目标点单击即可。各种对象的移动夹点如图 4.12 所示。

一般的对象，如矩形，没有移动夹点。需要通过夹点移动时，则按如下步骤进行。

首先在"命令："提示下选择对象，出现该对象的夹点，再选择一基点，输入 MOVE（也可右击并选择"移动"，或者按【Enter】键，遍历夹点模式，直到显示夹点模式"移动"），出现如下提示。

** 拉伸 **
指定拉伸点或 [基点(B)/复制(C)/放弃(U)/退出(X)]：**move↵**
** 移动 **
指定移动点或 [基点(B)/复制(C)/放弃(U)/退出(X)]：

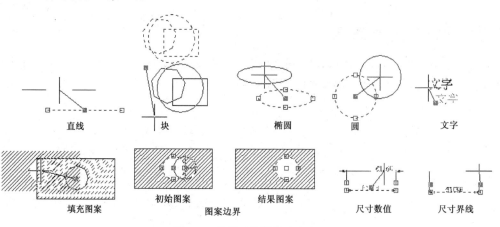

直线　　　块　　　椭圆　　　圆　　　文字

填充图案　　初始图案　　结果图案　　　尺寸数值　　尺寸界线
图案边界

图 4.12　各种对象的移动夹点

参数如下。

① 指定移动点：定义移动的目标位置。

② 基点（B）：定义移动的基点。

③ 复制（C）：移动的同时保留原图形，与按住【Ctrl】键等效。

④ 放弃（U）：如果进行了复制操作，则放弃该操作。

⑤ 退出（X）：退出夹点编辑。

4.2.3　利用夹点旋转对象

利用夹点可将选定的对象进行旋转。

首先在"命令："提示下选择对象，出现该对象的夹点，再选择一基点，输入 ROTATE（也可右击并选择"旋转"，或者按【Enter】键，遍历夹点模式，直到显示夹点模式"旋转"），出现如下提示。

```
** 拉伸 **
指定拉伸点或 [基点(B)/复制(C)/放弃(U)/退出(X)]: rotate↵
** 旋转 **
指定旋转角度或 [基点(B)/复制(C)/放弃(U)/参照(R)/退出(X)]:
```

参数如下。

① 旋转角度：定义旋转角度。

② 基点（B）：定义旋转的基点。

③ 复制（C）：旋转的同时保留原图形，与按住【Ctrl】键等效。

④ 放弃（U）：如果进行了复制操作，则放弃该操作。

⑤ 参照（R）：指定一参照旋转对象。

⑥ 退出（X）：退出夹点编辑。

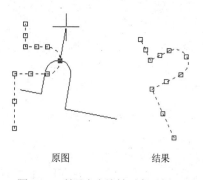

原图　　　　结果

图 4.13　利用夹点旋转对象示例

【例 4.2】　利用夹点旋转图形。

打开"图 3.22.dwg"，首先选择所有对象，出现夹点后，单击旋转基点，如图 4.13 所示。

```
** 拉伸 **
指定拉伸点或 [基点(B)/复制(C)/放弃(U)/退出(X)]: rotate↵
** 旋转 **
指定旋转角度或 [基点(B)/复制(C)/放弃(U)/参照(R)/退出(X)]: 直接通过光标旋转对象
```

4.2.4 利用夹点镜像对象

可以利用夹点镜像对象。首先在"命令:"提示下选择对象,出现该对象的夹点,再选择一基点,输入 MIRROR(也可右击并选择"镜像",或者按【Enter】键,遍历夹点模式,直到显示夹点模式"镜像")。

采用夹点镜像对象的提示如下。

```
** 拉伸 **
指定拉伸点或 [基点(B)/复制(C)/放弃(U)/退出(X)]: mirror↵
** 镜像 **
指定第 2 点或 [基点(B)/复制(C)/放弃(U)/退出(X)]:
```

参数如下。

① 第 2 点:指定第 2 点以确定镜像轴线,第 1 点为基点。

② 基点(B):定义镜像轴线的基点。

③ 复制(C):镜像时保留原图形,与按住【Ctrl】键等效。

④ 放弃(U):放弃镜像操作。

⑤ 退出(X):退出夹点编辑。

【例 4.3】 打开"图 3.22.dwg",将图形以右侧的夹点为基点镜像(不复制)。

首先选择图形对象,单击基点,如图 4.14(a)所示。

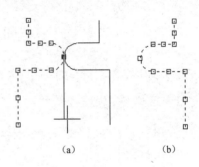

(a)　　　　　　　(b)

图 4.14 利用夹点镜像对象

```
** 拉伸 **
指定拉伸点或 [基点(B)/复制(C)/放弃(U)/退出(X)]: mirror↵
** 镜像 **
指定第 2 点或 [基点(B)/复制(C)/放弃(U)/退出(X)]: 向下单击第 2 点
两点必须不是同一点
```

以基点作为第 1 点确定镜像轴线,由于正交模式处于打开状态,所以结果为水平镜像。其结果如图 4.14(b)所示。

4.2.5 利用夹点比例缩放对象

可以利用夹点比例缩放对象。首先在"命令:"提示下选择对象,出现该对象的夹点,再选择一基点,输入 SCALE(也可以右击并选择"比例缩放",或者按【Enter】键,遍历夹点模式,直到显示夹点模式"比例缩放")。

利用夹点比例缩放对象的提示如下。

```
** 拉伸 **
指定拉伸点或 [基点(B)/复制(C)/放弃(U)/退出(X)]: scale↵
** 比例缩放 **
指定比例因子或 [基点(B)/复制(C)/放弃(U)/参照(R)/退出(X)]:
```

参数如下。

① 比例因子:定义缩放比例因子。

② 基点(B):定义缩放的基点。

③ 复制(C):保留原图形,与按住【Ctrl】键等效。

④ 放弃(U):放弃比例缩放操作。

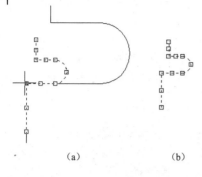

（a）   （b）

图 4.15　利用夹点比例缩放对象

⑤ 参照（R）：指定一对象为参照对象。

⑥ 退出（X）：退出夹点编辑。

【例 4.4】　打开"图 3.22.dwg"，将图形缩小到 0.7 倍。

首先选择图形对象，单击其中一夹点作为比例缩放基点，如图 4.15（a）所示。

```
** 拉伸 **
指定拉伸点或 [基点(B)/复制(C)/放弃(U)/退出(X)]: scale↵
** 比例缩放 **
指定比例因子或 [基点(B)/复制(C)/放弃(U)/参照(R)/退出(X)]:
0.7↵
```

结果如图 4.15（b）所示。

4.3　利用编辑命令编辑图形

夹点编辑比较简洁，但功能不够强大。使用下面介绍的编辑命令可以完成更为复杂的编辑工作。

4.3.1　删除 ERASE

删除命令可以将图形中不需要的对象清除。

命令：ERASE

功能区：常用→修改→删除

命令及提示如下。

```
命令：_erase
选择对象：
```

参数如下。

选择对象：选择欲删除的对象，可以采用任意的对象选择方式。

> 👀注意：
>
> 如果先选择对象，在显示夹点后，通过按【Delete】键或剪切（CUTCLIP）等同样可以删除对象。

4.3.2　放弃 U、UNDO 和重做 REDO

1. 放弃 U、UNDO

需要放弃已进行的操作，可以通过放弃命令来执行。放弃命令有两个，即 U 和 UNDO。U 命令没有参数，每执行一次，自动放弃上一个操作，但存盘、图形的重生成等操作是不可以放弃的。UNDO 命令有一些参数，功能较强。

命令执行过程中，一般按【Esc】键，可放弃命令的执行。如果直接执行其他命令，在多数情况下可以终止当前命令。

命令：U

　　　　UNDO

快速访问工具栏：放弃

组合键：【Ctrl+Z】

如果只是放弃刚刚完成的一步，可以单击"放弃"按钮实现。如果要同时撤销若干步，可以单击"放弃"按钮右侧的箭头，列表显示可以放弃的操作，选择需要返回的位置即可。

通过命令行的操作，UNDO 命令可以实现编组、设置标记等，随后可以按标记、数目、编组等进行撤销操作。

2. 重做 REDO

重做命令是将刚刚放弃的操作重做一次，且仅限一次。REDO 命令必须紧跟在 U 或 UNDO 命令之后执行。

命令：REDO

快速访问工具栏：重做

组合键：【Ctrl+Y】

【例 4.5】　取消一次操作后再重做一次。

命令：**u**↵	放弃操作
命令：**redo**↵	取消刚刚执行的 U 命令

4.3.3　恢复 OOPS

OOPS 命令用于恢复最后一次被删除的图形对象，该对象可以通过删除命令或建块等过程被删除。

命令：OOPS

【例 4.6】　先删除几个对象，再通过 OOPS 命令恢复。

命令：**_erase**	首先删除几个对象
选择对象：**通过窗口选择对象**	采用任意选择对象的方式选取图形
指定对角点：找到 XX 个	
选择对象：↵	按【Enter】键结束选择，被选中的对象从屏幕上消失

可以执行除删除图形对象之外的其他操作。

命令：**oops**↵	最后一次被删除的对象在原位置恢复

> 👀 **注意：**
> ① OOPS 命令和 U 命令恢复删除图形的效果并不相同，U 命令必须紧跟在删除命令之后执行，而且如果恢复建块时删除的图形，会将所建的块及其定义删除。OOPS 命令可以在删除命令执行过较长一段时间后恢复最后一次被删除的图形。如果是恢复建块时的图形，并不会改变已经建立好的块及其定义，即可以在 BLOCK 或 WBLOCK 命令之后使用 OOPS 命令，这些命令可以在创建块后删除选定的对象。
> ② OOPS 命令不能恢复图层上被 PURGE 命令删除的对象。

4.3.4　复制 COPY

对图形中相同的或相近的对象，不论其复杂程度如何，只要完成一个对象后，便可以通过复制命令产生若干个对象。复制可以减少大量的重复劳动。

命令：COPY

功能区：常用→修改→复制

命令及提示：

命令：**_copy**
选择对象：
选择对象：↵
当前设置：复制模式 = 多个
指定基点或 [位移(D)/模式(O)] <位移>：**o**↵
输入复制模式选项 [单个(S)/多个(M)] <多个>：

> 指定基点或 [位移(D)/模式(O)] <位移>:
> 指定第二个点或 [阵列(A)] <使用第一个点作为位移>:
> 指定第二个点或 [阵列(A)/退出(E)/放弃(U)] <退出>: a↵
> 输入要进行阵列的项目数:
> 指定第二个点或 [布满(F)]: f↵

参数如下。

① 选择对象：选取欲复制的对象。

② 基点：复制对象的参考点。

③ 位移（D）：源对象和目标对象之间的位移。

④ 模式（O）：设置复制模式为单个（S）或多个（M）。

⑤ 指定第二个点：指定第二个点来确定位移，第一个点为基点。

⑥ 使用第一个点作为位移：在提示输入第二个点时回车，则以第一个点的坐标作为位移。

⑦ 阵列（A）：使用阵列方式进行复制。

● 要进行阵列的项目数：输入阵列的数量。

● 布满（F）：通过确定第二个点和第一个点之间的距离，将该区间布满指定数量的对象来实现阵列。

【例4.7】 打开"图3.22.dwg"，将原始图形从 *A* 点复制到 *B* 点，如图4.16（a）所示。

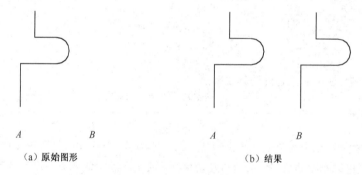

（a）原始图形   （b）结果

图4.16 复制对象

> 命令: _copy
> 选择对象: 通过窗口选择对象   提示选择欲复制的对象
> 指定对角点: 找到 5 个   全部选择
> 选择对象: ↵   回车结束选择
> 当前设置: 复制模式 = 多个
> 指定基点或 [位移(D)/模式(O)] <位移>: 单击 *A* 点
> 指定第二个点或 [阵列(A)] <使用第一个点作为位移>: 单击 *B* 点
> 指定第二个点或 [阵列(A)/退出(E)/放弃(U)] <退出>: ↵   结束复制命令

结果如图4.16（b）所示。

> 👀 注意：
> ① 复制对象应充分利用各种选择对象的方法。具体选择方法参见4.1节。
> ② 在确定位移时应充分利用对象捕捉、栅格和捕捉等精确绘图的辅助工具。在绝大多数编辑命令中都应该使用这些辅助工具来精确绘图。具体设置及使用方法参见1.8节。

4.3.5 镜像 MIRROR

对于对称的图形，可以只绘制一半甚至1/4，然后采用镜像命令产生对称的部分。

命令：MIRROR

功能区：常用→修改→镜像

命令及提示如下。

命令：_mirror
选择对象：
选择对象：
指定镜像线的第一点：
指定镜像线的第二点：
要删除源对象吗？[是(Y)/否(N)] <N>：

参数如下。

① 选择对象：选择欲镜像的对象。

② 指定镜像线的第一点：确定镜像轴线的第一点。

③ 指定镜像线的第二点：确定镜像轴线的第二点。

④ 要删除源对象吗？[是（Y）/否（N）] <N>：Y—删除
源对象，N—不删除源对象。

【例 4.8】 打开"图习题 3.1.dwg"，按照如图 4.17 所示的
结果进行镜像。

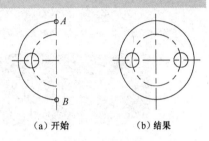

（a）开始　　　　（b）结果

图 4.17　镜像示例

命令：_mirror
选择对象：通过窗口方式选择左侧 4 个对象　　　　选择镜像对象
指定对角点：找到 4 个　　　　　　　　　　　　　提示选中的对象数目
选择对象：↵　　　　　　　　　　　　　　　　　按【Enter】键结束对象选择
指定镜像线的第一点：单击 A 点　　　　　　　　通过对象捕捉交点 A
指定镜像线的第二点：单击 B 点　　　　　　　　单击垂直线的另一个交点 B
要删除源对象吗？[是(Y)/否(N)] <N>：↵　　　　按【Enter】键保留源对象

结果如图 4.17（b）所示。

👀 注意：

对于文字的镜像，通过 MIRRTEXT 变量可以控制是否使文字和其他对象一样被镜像。如果
MIRRTEXT 为 0，则文字不进行镜像处理。如果 MIRRTEXT 为 1（默认设置），则文字和其他对象
一样被镜像。

4.3.6　阵列 ARRAY

对于规则分布的图形，可以通过矩形或环形阵列命令快速产生。AutoCAD 2022 中文版还提供了
沿路径阵列的功能。

命令：ARRAY

功能区：常用→修改→阵列

执行该命令后出现如下提示。

命令：_array
选择对象：找到 X 个
选择对象：
输入阵列类型 [矩形(R)/路径(PA)/极轴(PO)] <矩形>：

在选择阵列对象后，确定进行何种阵列。

① 矩形：进行矩形阵列，等同于 ARRAYRECT 命令。

② 路径：进行沿路径的阵列，等同于 ARRAYPATH 命令。

③ 极轴：进行环形阵列，等同于 ARRAYPOLAR 命令。

分别描述如下。

1. 矩形阵列

功能区：常用→修改→矩形阵列

命令及提示如下。

```
命令: _arrayrect
选择对象: 找到 X 个
选择对象:
类型 = 矩形   关联 = 是
选择夹点以编辑阵列或 [关联(AS)/基点(B)/计数(COU)/间距(S)/列数(COL)/行数(R)/层数(L)/退出(X)] <退出>:
```

同时出现如图 4.18 所示的"阵列创建"面板。

图 4.18 "阵列创建"面板 1

参数如下。

① 类型：显示当前阵列的类型。

② 列。

● 列数——设置阵列的列数。

● 介于——设置列间距。介于=总计/列数。

● 总计——指定第一列和最后一列之间的总距离。总计=列数×介于。

③ 行。

● 行数——设置阵列的行数。

● 介于——设置行间距。介于=总计/行数。

● 总计——指定第一行和最后一行之间的总距离。总计=行数×介于。

④ 层级。

● 级别——设置层数，Z 方向。

● 介于——设置层间距。介于=总计/级别+1。

● 总计——指定第一层和最后一层之间的总距离。总计=（级别-1）×介于。

⑤ 特性。

● 关联——指定是否在阵列中创建项目作为关联阵列对象，或作为独立对象。

选中则包含单个阵列对象中的阵列项目，类似于块。这使得用户可以通过编辑阵列的特性和源对象来快速传递修改。否则创建阵列项目作为独立对象。更改一个项目不影响其他项目。

● 基点——指定阵列的基点。单击则提示选择新的基点。

⑥ 关闭阵列：完成阵列，退出阵列命令。

2. 极轴阵列

命令及提示如下。

```
命令: _arraypolar
选择对象: 找到 X 个
选择对象:
```

类型 = 极轴 关联 = 是
指定阵列的中心点或 [基点(B)/旋转轴(A)]:
选择夹点以编辑阵列或 [关联(AS)/基点(B)/项目(I)/项目间角度(A)/填充角度(F)/行(ROW)/层(L)/旋转项目(ROT)/退出(X)] <退出>:

同时出现如图 4.19 所示的"阵列创建"面板。

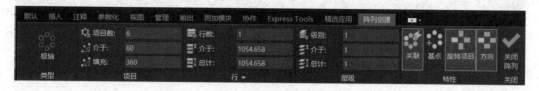

图 4.19 "阵列创建"面板 2

参数如下。

① 类型:显示当前阵列的类型。

② 项目。

● 项目数——设置阵列的个数。

● 介于——设置角度间隔。介于=填充/项目数。

● 填充——指定阵列的总角度。填充=项目数×介于。

③ 行。

● 行数——设置阵列的径向行数。

● 介于——设置行间距。介于=总计/行数。

● 总计——指定第一行和最后一行之间的总距离。总计=行数×介于。

④ 层级。

● 级别——设置层数,Z 方向。

● 介于——设置层间距。介于=总计/级别+1。

● 总计——指定第一层和最后一层之间的总距离。总计=(级别-1)×介于。

⑤ 特性。

● 关联——指定是否在阵列中创建项目作为关联阵列对象,或作为独立对象。

选中则包含单个阵列对象中的阵列项目,类似于块。这使得用户可以通过编辑阵列的特性和源对象来快速传递修改。否则创建阵列项目作为独立对象。更改一个项目不影响其他项目。

● 基点——指定阵列的基点。单击则提示选择新的基点。

● 旋转项目——设置极轴阵列时是否同时将对象进行旋转。

● 方向——设置阵列的方向,选中为逆时针,否则为顺时针。

⑥ 关闭阵列:完成阵列,退出阵列命令。

3. 路径阵列

此命令可以将选择的对象沿指定路径进行阵列。路径可以是直线、多段线、三维多段线、样条曲线、螺旋、圆弧、圆或椭圆。

命令及提示如下。

命令: _arraypath
选择对象: 找到 X 个
选择对象:
类型 = 路径 关联 = 是
选择路径曲线:

选择夹点以编辑阵列或 [关联(AS)/方法(M)/基点(B)/切向(T)/项目(I)/行(R)/层(L)/对齐项目(A)/z 方向(Z)/退出(X)] <退出>:

选择路径曲线:

同时出现如图 4.20 所示的"阵列创建"面板。

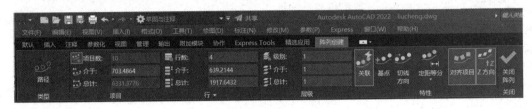

图 4.20 "阵列创建"面板 3

参数如下。

① 类型：显示当前阵列的类型。

② 项目。

● 项目数——设置阵列的个数。

● 介于——设置项目间距。介于=总计/项目数。

● 总计——指定阵列的距离。总计=项目数×介于。

③ 行。

● 行数——设置路径法向行数。

● 介于——设置行间距。介于=总计/行数。

● 总计——指定第一行和最后一行之间的总距离。总计=行数×介于。

④ 层级。

● 级别——设置层数，Z 方向。

● 介于——设置层间距。介于=总计/级别+1。

● 总计——指定第一层和最后一层之间的总距离。总计=（级别-1）×介于。

⑤ 特性。

● 关联——指定是否在阵列中创建项目作为关联阵列对象，或作为独立对象。

选中则包含单个阵列对象中的阵列项目，类似于块。这使得用户可以通过编辑阵列的特性和源对象来快速传递修改。否则创建阵列项目作为独立对象。更改一个项目不影响其他项目。

● 基点——指定阵列的基点。单击则提示选择新的基点。

● 切线方向——通过确定切线矢量的起点和第二点来确定切线方向，也可以通过法线来确定切线方向。

● 定距等分/定数等分——设置沿路径阵列时的分隔方式。定距等分按照个数和距离确定，整个路径上可能不会全部有阵列后的对象。定数等分为在整个路径上按照数量平均分布阵列对象，其间隔距离为路径长度/（数量-1）。

⑥ 关闭阵列：完成阵列，退出阵列命令。

【例 4.9】 将如图 4.21 所示的标高符号进行矩形阵列，复制成 3 行 4 列共 12 个。请先用直线命令绘制该标高符号（图 4.21 中粗线仅示意阵列原始图形）。

操作过程如下：

单击矩形阵列按钮，按照提示，选择绘制的标高符号并回车确认。在弹出的面板中输入图 4.22 所示的参数，并单击"关闭阵列"按钮完成阵列。结果如图 4.21 所示。

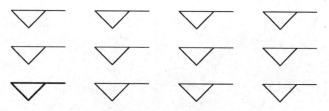

图 4.21 矩形阵列示例

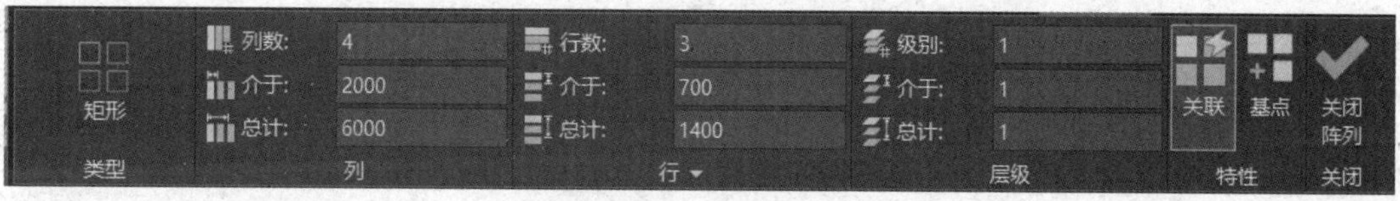

图 4.22 阵列参数

【例 4.10】将如图 4.23 所示的标高符号进行极轴阵列。图中点画线圆仅示意圆心为旋转中心基点。

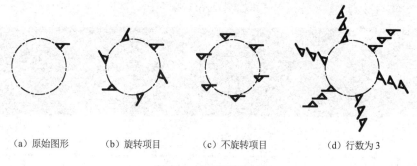

（a）原始图形　　（b）旋转项目　　（c）不旋转项目　　　（d）行数为 3

图 4.23 极轴阵列示例

操作过程如下：

单击环形阵列按钮，按照提示，选择绘制的标高符号并回车确认。拾取圆心为旋转基点，在弹出的面板中输入图 4.24 所示的数据，并单击"关闭阵列"按钮完成阵列。结果如图 4.23（b）所示。如将特性中的旋转项目取消，则结果如图 4.23（c）所示。若在如图 4.25 所示的对话框中，将行数设为 3，并调整行间距，则结果如图 4.23（d）所示。

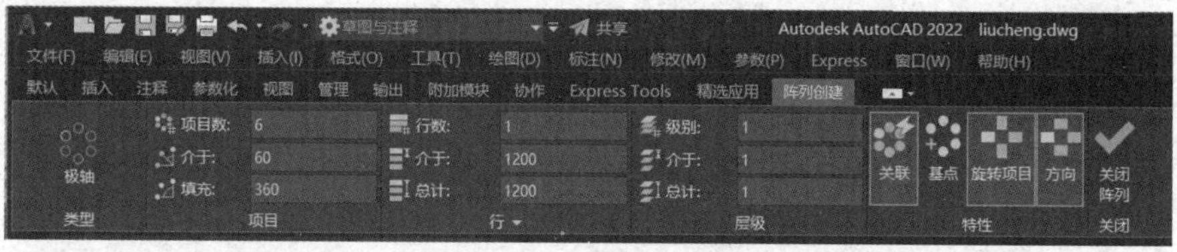

图 4.24 极轴阵列设置

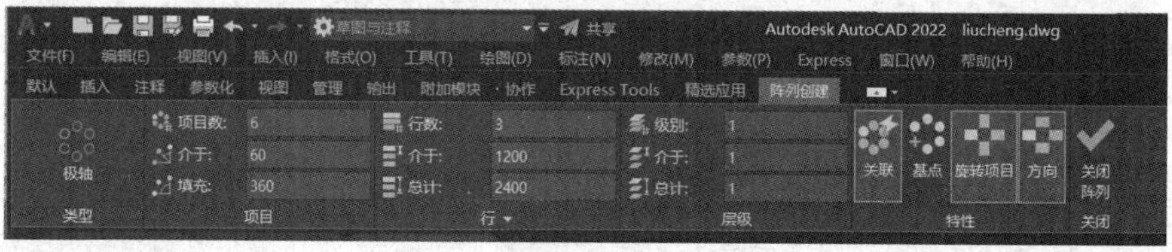

图 4.25 极轴阵列设置（行数为 3）

【例 4.11】 将如图 4.26（a）所示的标高符号进行路径阵列。图中粗线仅示意阵列原始图形。首先绘制一条类似图 4.26 所示的样条曲线。

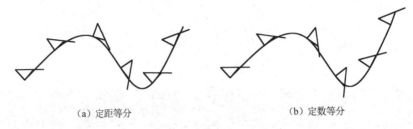

（a）定距等分　　　　　　　　　　　　　（b）定数等分

图 4.26　路径阵列

操作过程如下：

单击路径阵列按钮，按照提示，选择绘制的标高符号并回车确认。拾取绘制的样条曲线，在弹出的面板中输入图 4.27 所示的参数，并单击"关闭阵列"按钮完成阵列。结果如图 4.26（a）所示。如将特性中的定距等分改为定数等分，则结果如图 4.26（b）所示。注意阵列图形的位置。

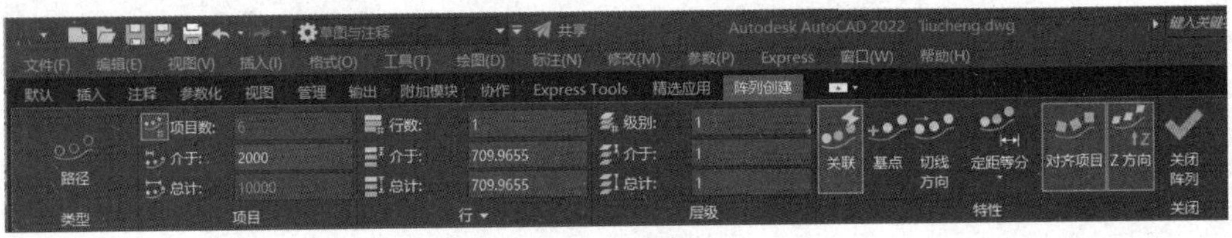

图 4.27　阵列参数

> 👀 **注意：**
> ① 阵列后的对象默认是一个整体块，可以分解后单独处理。
> ② 在极轴阵列图形对象时，不同的图形有不同的基点。一般情况下，采用文字的节点、块的插入点、连续直线的第一个转折点、单一直线的第一个端点、矩形的第一个顶点、圆的圆心等。基点与极轴阵列的中心点之间的距离为阵列半径。通过"阵列"对话框中的"对象基点"选项区，可以输入具体数值来指定基点。单击"拾取基点"按钮也可以在图形上获得基点。还可以用 BASE 命令定义基点。

4.3.7　偏移 OFFSET

对于单一对象，可以将其偏移，从而产生复制的对象。偏移时根据偏移距离会重新计算其大小。

命令：OFFSET

功能区：常用→修改→偏移

命令及提示如下。

```
命令：_offset
当前设置：删除源=否　图层=源　OFFSETGAPTYPE=0
指定偏移距离或 [通过(T)/删除(E)/图层(L)] <通过>：t↵
指定通过点或 [退出(E)/多个(M)/放弃(U)] <退出>：m↵
指定通过点或 [退出(E)/放弃(U)] <下一个对象>：
选择要偏移的对象，或 [退出(E)/放弃(U)] <退出>：
指定偏移距离或 [通过(T)/删除(E)/图层(L)] <通过>：e↵
要在偏移后删除源对象吗？ [是(Y)/否(N)] <当前>：
```

指定偏移距离或 [通过(T)/删除(E)/图层(L)] <通过>: ↵

输入偏移对象的图层选项 [当前(C)/源(S)] <当前>:

指定要偏移的那一侧上的点，或 [退出(E)/多个(M)/放弃(U)] <退出>:

参数如下。

① 指定偏移距离：输入偏移距离，该距离可以通过键盘输入，也可以通过单击两个点来定义。

② 通过：指偏移的对象将通过随后单击的点。

③ 退出：退出偏移命令。

④ 多个：使用同样的偏移距离重复进行偏移操作。同样可以指定通过的点。

⑤ 放弃：恢复前一个偏移。

⑥ 删除：偏移源对象后将其删除。随后可以确定是否删除源对象，输入 Y 为删除源对象，输入 N 为保留源对象。

⑦ 图层：确定偏移复制的对象创建在源对象层上或当前层上。

⑧ 选择要偏移的对象：选择欲偏移的对象，按【Enter】键则退出偏移命令。

⑨ 指定要偏移的那一侧上的点：指定点来确定往哪个方向偏移。

【例 4.12】 偏移如图 4.28 所示的图形到指定位置。请预先绘制图中 C 所指的图形，其中最后一个为一条多段线。

命令：_offset	下达 OFFSET 命令
当前设置：删除源=否 图层=源 OFFSETGAPTYPE=0	
指定偏移距离或 [通过(T)/删除(E)/图层(L)] <通过>: 30↵	输入偏移距离
选择要偏移的对象，或 [退出(E)/放弃(U)] <退出>: 单击直线 C	
指定要偏移的那一侧上的点，或 [退出(E)/多个(M)/放弃(U)]	确定偏移的方向
<退出>: 单击 D 点一侧	
选择要偏移的对象，或 [退出(E)/放弃(U)] <退出>: ↵	按【Enter】键退出偏移命令
命令：_offset	下达 OFFSET 命令
当前设置：删除源=否 图层=源 OFFSETGAPTYPE=0	
指定偏移距离或 [通过(T)/删除(E)/图层(L)] <30.0000>: t↵	指定偏移通过随后的指定点
选择要偏移的对象，或 [退出(E)/放弃(U)] <退出>: 单击直线 C	选择欲偏移的对象
指定通过点或 [退出(E)/多个(M)/放弃(U)] <退出>: 单击 D 点	偏移出中间的多段线
选择要偏移的对象，或 [退出(E)/放弃(U)] <退出>: 单击直线 C	
指定通过点或 [退出(E)/多个(M)/放弃(U)] <退出>: 单击 E 点	在经过 E 点处偏移了该多段线
选择要偏移的对象，或 [退出(E)/放弃(U)] <退出>: ↵	按【Enter】键退出偏移命令

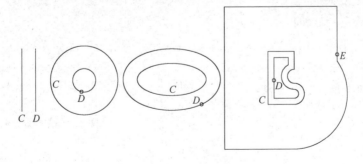

图 4.28 偏移图形示例

👀 注意：

① 偏移常应用于根据尺寸绘制的规则图样中，尤其是在相互平行的直线间相互复制。该命令比复制命令要求输入的参数少，使用比较简捷。

② 对于多段线的偏移，如果出现了圆弧无法偏移的情况（如以上示例中最后一次偏移中向内凹的圆弧），此时将忽略该圆弧。该过程一般不可逆。

③ 一次只能偏移一个对象，可以将多条线连成多段线来偏移。

4.3.8 移动 MOVE

移动命令可以将一组或一个对象从一个位置移动到另一个位置。

命令：MOVE

功能区：常用→修改→移动

命令及提示如下。

```
命令：_move
选择对象：
选择对象：↵
指定基点或 [位移(D)]<位移>：
指定第二个点或 <使用第一个点作为位移>：
```

参数如下。

① 选择对象：选择欲移动的对象。

② 指定基点或[位移（D）]：指定移动的基点或直接输入位移。

③ 指定第二个点或<使用第一个点作为位移>：如果单击了某点，则指定位移第二个点。如果直接按【Enter】键，则用第一个点的数值作为位移来移动对象。

【例 4.13】 打开"图 4.29.dwg"，将如图 4.29（a）所示的图形从 A 点移到 B 点。

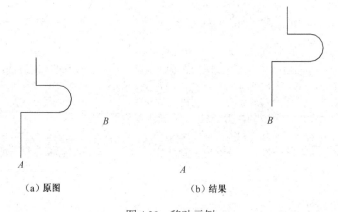

（a）原图 （b）结果

图 4.29 移动示例

```
命令：_move
选择对象：选取矩形和圆两个对象
指定对角点：找到 2 个
选择对象：↵                              按【Enter】键结束对象选择
指定基点或 [位移(D)]<位移>：单击 A 点
指定第二个点或 <使用第一个点作为位移>：单击 B 点
```

结果如图 4.29（b）所示。

👀注意：

① 移动和复制需要进行的操作基本相同，但结果不同。复制在原位置保留了源对象，而移动在原位置并不保留源对象，等同于先复制再删除源对象。

② 应该充分采用对象捕捉等辅助绘图手段精确移动对象。

4.3.9　旋转 ROTATE

旋转命令可以将某一对象旋转一个指定角度或参照一个对象进行旋转。

命令：ROTATE

功能区：常用→修改→旋转

命令及提示如下。

```
命令：_rotate
UCS 当前的正角方向：ANGDIR=逆时针　ANGBASE=0
选择对象：
选择对象：↵
指定基点：
指定旋转角度或 [复制(C)/参照(R)] <0>：r↵
指定参照角 <0>：
指定新角度或 [点(P)] <0>：
```

参数如下。

① 选择对象：选择欲旋转的对象。

② 指定基点：指定旋转的基点。

③ 指定旋转角度：输入旋转的角度。

④ 复制：创建要旋转的选定对象的副本。

⑤ 参照：采用参照的方式旋转对象。

⑥ 指定参照角<0>：如果采用参照方式，则指定参照角。

⑦ 指定新角度或[点(P)]<0>：定义新的角度，或通过指定两点来确定角度。

【例 4.14】　通过光标位置动态旋转图形。首先打开"图 4.29.dwg"。

```
命令：_rotate
UCS 当前的正角方向：ANGDIR=逆时针　ANGBASE=0
选择对象：选择所有图线                          采用窗交的方式选择旋转对象
指定对角点：找到 5 个
选择对象：↵                                     按【Enter】键结束对象选择
指定基点：单击 A 点                             指定旋转基点
指定旋转角度或 [复制(C)/参照(R)] <0>：移动光标，图形对象同时旋转，单击如图 4.23 所示的示意点
                                                确定旋转角度
```

结果如图 4.30 中实线所示。请将该结果图形保存成"图 4.30.dwg"。

【例 4.15】　通过参照方式旋转如图 4.31（a）所示的图形到水平位置。

首先打开"图 4.30.dwg"。

```
命令：_rotate
UCS 当前的正角方向：ANGDIR=逆时针　ANGBASE=0    提示当前相关设置
选择对象：选择所有图线                          采用窗交的方式选择旋转对象
指定对角点：找到 5 个
选择对象：↵                                     按【Enter】键结束对象选择
指定基点：单击 A 点                             定义旋转基点
指定旋转角度或 [复制(C)/参照(R)] <0>：r↵       启用参照方式
指定参照角 <0>：单击 A 点
指定第 2 点：单击 B 点
指定新角度或 [点(P)] <0>：180↵
```

结果如图 4.31（b）所示。

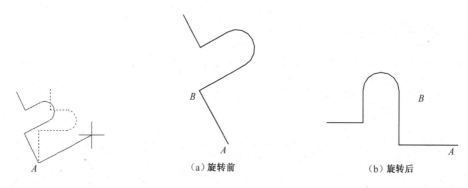

图4.30　旋转示例

（a）旋转前　　　　　　（b）旋转后

图4.31　参照旋转示例

4.3.10　比例缩放 SCALE

在绘图过程中经常会发现绘制的图形过大或过小。通过比例缩放可以快速实现图形的大小转换。缩放时可以指定一定的比例，也可以参照其他对象进行缩放。

命令：SCALE

功能区：常用→修改→缩放

命令及提示如下。

```
命令：_scale
选择对象：
选择对象：↵
指定基点：
指定比例因子或 [复制(C)/参照(R)] <1.0000>：r↵
指定参照长度 <1.0000>：
指定新的长度或 [点(P)] <1.0000>：
```

参数如下。

（a）缩放前　　（b）缩放后

图4.32　比例缩放示例

① 选择对象：选择欲进行比例缩放的对象。

② 指定基点：指定比例缩放的基点。

③ 指定比例因子或 [参照（R）]：指定比例或采用参照方式确定比例。

④ 复制：创建要缩放的选定对象的副本。

⑤ 指定参照长度 <1>：指定参照的长度，默认为1。

⑥ 指定新的长度或 [点（P）] <1.0000>：指定新的长度或通过定义两个点来确定长度。

【例4.16】　如图4.32所示，将如图4.29（a）所示的图形以 A 点为基准缩小一半。

先打开"图4.29.dwg"。

```
命令：_scale
选择对象：单击正五边形 找到 5 个
选择对象：↵                    按【Enter】键结束选择
指定基点：单击 A 点            确定比例缩放的基点
指定比例因子或 [复制(C)/参照(R)] <1>：0.5↵    缩小一半
```

结果如图4.32（b）所示。

👀注意：

比例缩放真正改变了图形的大小，和视图显示中的 ZOOM 命令缩放有本质的区别。ZOOM 命令仅仅改变在屏幕上的显示大小，图形本身尺寸无任何变化。

4.3.11 拉伸 STRETCH

拉伸命令可用于调整图形大小和位置。

命令：STRETCH

功能区：常用→修改→拉伸

命令及提示如下。

命令：_stretch
以交叉窗口或交叉多边形选择要拉伸的对象…
选择对象：
指定对角点：
选择对象：↵
指定基点或 [位移(D)]<位移>：
指定第二个点或 <使用第一个点作为位移>：

参数如下。

① 选择对象：只能以交叉窗口或交叉多边形选择要拉伸的对象。

② 指定基点或 [位移(D)]：指定拉伸基点或定义位移。

③ 指定第二个点或 <使用第一个点作为位移>：如果第一个点定义了基点，则定义第二个点来确定位移。如果直接按【Enter】键，则位移就是第一个点的坐标。

【例 4.17】 将图 4.33 中指定的部分拉伸 *A*、*B* 之间的距离。请预先绘制如图 4.33 所示的原始图形，其外围是一条封闭多段线。

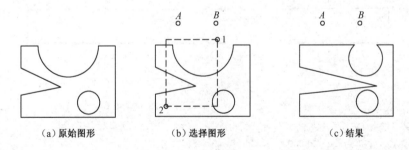

（a）原始图形　　　（b）选择图形　　　（c）结果

图 4.33　拉伸示例

命令：_stretch
以交叉窗口或交叉多边形选择要拉伸的对象…　　　　提示选择对象的方式
选择对象：**单击 1 点**　　　　单击交叉窗口或交叉多边形的一个顶点
指定对角点：**单击 2 点**　　　　指定交叉窗口的另一个顶点
找到 5 个
选择对象：↵　　　　按【Enter】键结束对象选择
指定基点或 [位移(D)]<位移>：**单击 *A* 点**
指定第二个点或 <使用第一个点作为位移>：**单击 *B* 点**

结果如图 4.33（c）所示。

👀注意：

拉伸一般只能采用交叉窗口或交叉多边形的方式来选择对象，可以采用 Remove 方式取消不用拉伸的对象。其中比较重要的是必须设置端点是否包含在被选择的窗口中。如果端点被包含在窗口中，则该点会被移动，否则该点不会被移动。

4.3.12 拉长 LENGTHEN

拉长命令可以修改直线或圆弧的长度或角度，可以指定绝对大小、相对大小、相对百分比大小，甚至可以动态修改其大小。

命令：LENGTHEN

功能区：常用→修改→拉长

命令及提示如下。

命令：_lengthen
选择对象或 [增量(DE)/百分数(P)/总计(T)/动态(DY)]:
输入长度增量或 [角度(A)] <当前值>:
选择要修改的对象或 [放弃(U)]:

参数如下。

① 选择对象：选择欲拉长的直线或圆弧对象，此时显示该对象的长度或角度。

② 增量（DE）：定义增量大小，正值为增，负值为减。

③ 百分数（P）：定义百分数来拉长对象，类似于缩放的比例。

④ 总计（T）：定义最后的长度或圆弧的角度。

⑤ 动态（DY）：动态拉长对象。

⑥ 输入长度增量或 [角度（A）] <当前值>：输入长度增量或角度增量。

⑦ 选择要修改的对象或 [放弃（U）]：单击欲修改的对象，输入 U 则放弃刚刚完成的操作。

【例 4.18】 将如图 4.34（a）所示直线长度增加 100 个单位。

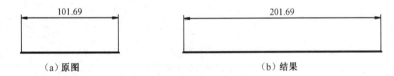

（a）原图   （b）结果

图 4.34 拉长示例

命令：_lengthen	
选择对象或 [增量(DE)/百分数(P)/总计(T)/动态(DY)]: **de↵**	设置成增量方式
输入长度增量或 [角度(A)] <200.0000>: **100↵**	输入长度增量
选择要修改的对象或 [放弃(U)]: 单击直线	
选择要修改的对象或 [放弃(U)]: ↵	直线长度增加 100

结果如图 4.34（b）所示。

👀注意：
单击直线或圆弧时的拾取点决定了拉长或截短的方向，修改发生在拾取点的一侧。

4.3.13 修剪 TRIM

绘图中经常需要修剪图形，将超出的部分去掉，以便使图形精确相交。修剪命令以指定的对象为边界，将超出部分剪去。

命令：TRIM

功能区：常用→修改→修剪

命令及提示如下。

```
命令：_trim
当前设置：投影=UCS  边=无
选择剪切边…
选择对象：
选择对象：↵
选择要修剪的对象或按住【Shift】键选择要延伸的对象或 [栏选(F)/窗交(C)/投影(P)/边(E)/删除(R)/放弃(U)]：p
输入投影选项 [无(N)/UCS(U)/视图(V)] <UCS>：
选择要修剪的对象或按住【Shift】键选择要延伸的对象或 [栏选(F)/窗交(C)/投影(P)/边(E)/删除(R)/放弃(U)]：
e↵
输入隐含边延伸模式 [延伸(E)/不延伸(N)] <不延伸>：
```

参数如下。

① 选择剪切边…/选择对象：提示选择剪切边，选择对象作为剪切边界。

② 选择要修剪的对象：选择欲修剪的对象。

③ 按住【Shift】键选择要延伸的对象：按住【Shift】键选择对象，此时为延伸。

④ 栏选：选择与选择栏相交的所有对象，将出现栏选提示。

⑤ 窗交：由两点确定矩形区域，选择区域内部或与之相交的对象。

⑥ 投影：按投影模式剪切，选择该项后出现输入投影选项的提示。

输入投影选项 [无（N）/UCS（U）/视图（V）] <无>——输入投影选项，即根据 UCS、视图或无来进行剪切。

⑦ 边：按边的模式剪切，选择该项后，提示要求输入隐含边延伸模式。

输入隐含边延伸模式 [延伸（E）/不延伸（N）] <不延伸>——定义隐含边延伸模式。如果选择不延伸，则剪切边界和要修剪的对象必须显式相交。如选择延伸，则剪切边界和要修剪的对象在延伸后有交点也可以。

⑧ 删除：删除选定的对象。此选项提供了一种用来删除不需要的对象的简便方法，而无须退出 TRIM 命令。在以前的版本中，最后一段图线无法修剪，只能退出后用删除命令删除，现在可以在修剪命令中删除。

⑨ 放弃：撤销由修剪命令所进行的最近一次修改。

【例 4.19】 修剪练习。

（1）首先使用矩形命令和圆命令绘制如图 4.35（a）所示的图形，然后以圆 *A* 和矩形 *B* 相互为边界将如图 4.35 所示的 *C*、*D*、*E*、*F* 段剪去。

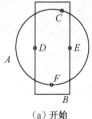
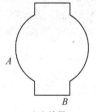

（a）开始　　　　　　　　　　　　　　（b）结果

图 4.35　修剪示例

```
命令：_trim
当前设置：投影=UCS  边=无                          提示当前设置
选择剪切边…                                        提示以下的选择为选择剪切边
选择对象：拾取圆 A  找到 1 个                       选择剪切边
```

选择对象: 拾取矩形 *B* 找到 1 个，总计 2 个	提示目前选择对象数目
选择对象: ↵	按【Enter】键结束选择
选择要修剪的对象或按住【Shift】键选择要延伸的对象或 [栏选(F)/窗	
交(C)/投影(P)/边(E)/删除(R)/放弃(U)]: 单击 *C* 点	选择欲修剪的对象
选择要修剪的对象或按住【Shift】键选择要延伸的对象或 [栏选(F)/窗	
交(C)/投影(P)/边(E)/删除(R)/放弃(U)]: 单击 *D* 点	
选择要修剪的对象或按住【Shift】键选择要延伸的对象或 [栏选(F)/窗	
交(C)/投影(P)/边(E)/删除(R)/放弃(U)]: 单击 *E* 点	
选择要修剪的对象或按住【Shift】键选择要延伸的对象或 [栏选(F)/窗	
交(C)/投影(P)/边(E)/删除(R)/放弃(U)]: 单击 *F* 点	
选择要修剪的对象或按住【Shift】键选择要延伸的对象或 [栏选(F)/窗	
交(C)/投影(P)/边(E)/删除(R)/放弃(U)]: ↵	按【Enter】键结束修剪命令

结果如图 4.35（b）所示。其中选择修剪对象时，也可以使用交叉窗口的方法，如同时选择 *E*、*D* 两点。

（2）首先如图 4.36（a）所示绘制一条直线和一个圆，然后以直线为边界，将圆上 *G* 段剪去，如图 4.36（b）所示。

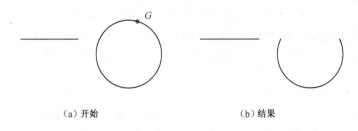

（a）开始　　　　　　　　　（b）结果

图 4.36　延伸修剪示例

命令: **_trim**	
当前设置: 投影=UCS 边=无	提示当前设置
选择剪切边…	提示以下选择剪切边
选择对象: 单击直线 找到 1 个	也可以全部选中
选择对象: ↵	按【Enter】键结束选择
选择要修剪的对象或按住【Shift】键选择要延伸的对象或 [栏	
选(F)/窗交(C)/投影(P)/边(E)/删除(R)/放弃(U)]: e↵	选择边剪切模式
输入隐含边延伸模式 [延伸(E)/不延伸(N)]<不延伸>: e↵	选择延伸模式
选择要修剪的对象或按住【Shift】键选择要延伸的对象或 [栏	
选(F)/窗交(C)/投影(P)/边(E)/删除(R)/放弃(U)]: 单击 *G* 点	
选择要修剪的对象或按住【Shift】键选择要延伸的对象或 [栏选	
(F)/窗交(C)/投影(P)/边(E)/删除(R)/放弃(U)]: ↵	按【Enter】键结束修剪

结果如图 4.36（b）所示。

> 👀 **注意:**
> ① 修剪图形时最后一段或单独的一段是无法剪掉的，可以采用删除命令删除。
> ② 修剪边界对象和被修剪对象可以是同一个对象。
> ③ 要选择包含块的剪切边，只能使用单个选择、窗选、栏选和全部选择选项。对块中包含的图元或多线等进行修剪操作前，必须将它们"炸开"，使之失去块、多线的性质才能进行修剪。对多线最好使用多线编辑命令。
> ④ 修剪图案填充时，不要将"边"设置为"延伸"。否则，修剪图案填充时将不能填补修剪边界中的间隙。

⑤ 某些要修剪的对象的交叉选择不确定。修剪命令将沿着矩形交叉窗口从第一个点以顺时针方向选择遇到的第一个对象。

4.3.14　延伸 EXTEND

以指定的对象为边界，延伸某对象与之精确相交。

命令：EXTEND

功能区：常用→修改→延伸

命令及提示如下。

```
命令：_extend
选择边界的边…
选择对象或 <全部选择>：
选择对象：↵
选择要延伸的对象，或按住【Shift】键选择要修剪的对象，或 [栏选(F)/窗交(C)/投影(P)/边(E)/放弃(U)]：p↵
输入投影选项 [无(N)/UCS(U)/视图(V)] <无> ：
选择要延伸的对象或 [投影(P)/边(E)/放弃(U)]：e↵
输入隐含边延伸模式 [延伸(E)/不延伸(N)] <不延伸>：
```

参数如下。

① 选择边界的边…/选择对象或<全部选择>：选择延伸边界的边，下面选择的对象作为边界。

② 选择要延伸的对象：选择欲延伸的对象。

③ 按住【Shift】键选择要修剪的对象：按住【Shift】键选择对象，此时为修剪。

④ 栏选：选择与选择栏相交的所有对象，将出现栏选提示。

⑤ 窗交：由两点确定矩形区域，选择区域内部或与之相交的对象。

⑥ 投影：按投影模式延伸，选择该项后出现输入投影选项的提示。

⑦ 输入投影选项 [无（N）/UCS（U）/视图（V）] <无>：输入投影选项，即根据 UCS、视图或无来进行延伸。

⑧ 边：将对象延伸到另一个对象的隐含边。

输入隐含边延伸模式 [延伸（E）/不延伸（N）] <不延伸>——定义隐含边延伸模式。如果选择不延伸，则剪切边界和要修剪的对象必须显式相交。如选择延伸，则剪切边界和要修剪的对象在延伸后有交点也可以。

⑨ 放弃：撤销由延伸命令所进行的最近一次修改。

【例 4.20】 首先如图 4.37（a）所示绘制两条直线 A、C 和圆 B，然后将直线 A 延伸到圆 B 上，再延伸到直线 C 上。

命令：_extend	
当前设置：投影=无 边=延伸	提示当前设置
选择边界的边…	提示以下选择边界的边
选择对象：**选择圆 B 和直线 C**	也可以全部选中
指定对角点：找到 2 个	提示选中的数目
选择对象：↵	按【Enter】键结束边界选择
选择要延伸的对象，或按住【Shift】键选择要修剪的对象，或 [栏选(F)/窗交(C)/投影(P)/边(E)/放弃(U)]：**单击直线 A 的右侧**	结果如图 4.37（b）所示
选择要延伸的对象，或按住【Shift】键选择要修剪的对象，或 [栏选(F)/窗交(C)/投影(P)/边(E)/放弃(U)]：**单击直线 A 的右侧**	结果如图 4.37（c）所示
选择要延伸的对象，或按住【Shift】键选择要修剪的对象，或 [栏选(F)/窗交(C)/投影(P)/边(E)/放弃(U)]：**单击直线 A 的右侧**	结果如图 4.37（d）所示

选择要延伸的对象，或按住【Shift】键选择要修剪的对象，或 [栏
选(F)/窗交(C)/投影(P)/边(E)/放弃(U)]: ↵　　　　　　　　　　按【Enter】键结束延伸命令

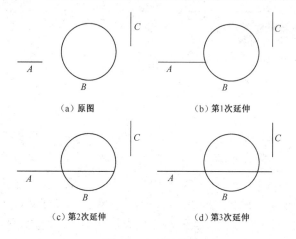

(a) 原图　　　　　　　(b) 第1次延伸

(c) 第2次延伸　　　　　(d) 第3次延伸

图 4.37　延伸示例

👀注意:
① 选择要延伸的对象时的拾取点决定了延伸的方向，延伸发生在拾取点的一侧。
② 和修剪命令一样，延伸边界对象和被延伸对象可以是同一个对象。

4.3.15　打断 BREAK

打断命令可以将某对象一分为二或去掉其中一段以减小其长度。圆可以被打断成圆弧。
命令：BREAK
功能区：常用→修改→打断、打断于点
命令及提示如下。

命令：_break
选择对象：
指定第二个打断点或[第 1 点(F)]:

参数如下。

① 选择对象：选择打断的对象。如果在后面的提示中不输入 F 来重新定义第 1 点，则拾取该对象的点为第 1 点。

② 指定第二个打断点：拾取打断的第二个点。输入@表示第二个点和第 1 点相同，即将选择对象分成两段而总长度不变。

③ 第 1 点（F）：输入 F 重新定义第 1 点。
如果需要在同一点将一个对象一分为二，可以直接单击"打断于点"按钮。

【例 4.21】如图 4.38（a）、(c) 所示，绘制一个圆和一条直线，将圆打断成一段圆弧，将直线从 A 点向右的部分打断。

命令：_break
选择对象：单击 A 点
指定第二个打断点或[第 1 点(F)]: 单击 B 点

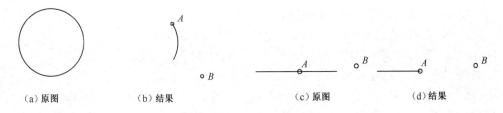

（a）原图　　　　　　（b）结果　　　　　　（c）原图　　　　　（d）结果

图 4.38　打断示例

结果如图 4.38（b）、（d）所示。

👀注意：

① 打断圆时单击点的顺序很重要，因为总是沿逆时针方向打断，所以示例中的圆如果希望保留左侧的圆弧，应先单击 B 点对应的圆上的位置，再单击 A 点对应的位置。

② 一个完整的圆不可以在同一点被打断。

4.3.16　倒角 CHAMFER

倒角是机械零件图上常见的结构。倒角可以通过倒角命令直接产生。

命令：CHAMFER

功能区：常用→修改→倒角

命令及提示如下。

命令：_chamfer
（"修剪"模式）当前倒角距离 1＝xx，距离 2＝xx
选择第一条直线或 [放弃(U)/多段线(P)/距离(D)/角度(A)/修剪(T)/方式(E)/多个(M)]：
选择第二条直线，或按住【Shift】键选择要应用角点的直线：
选择第一条直线或 [放弃(U)/多段线(P)/距离(D)/角度(A)/修剪(T)/方式(E)/多个(M)]：**p↵**
选择二维多段线：
选择第一条直线或 [放弃(U)/多段线(P)/距离(D)/角度(A)/修剪(T)/方式(E)/多个(M)]：**d↵**
指定第一个倒角距离 <>：
指定第二个倒角距离 <>：
选择第一条直线或 [放弃(U)/多段线(P)/距离(D)/角度(A)/修剪(T)/方式(E)/多个(M)]：**a↵**
指定第一条直线的倒角长度 <>：
指定第一条直线的倒角角度 <>：
选择第一条直线或 [放弃(U)/多段线(P)/距离(D)/角度(A)/修剪(T)/方式(E)/多个(M)]：**m↵**
输入修剪方法 [距离(D)/角度(A)] <>：
选择第一条直线或 [放弃(U)/多段线(P)/距离(D)/角度(A)/修剪(T)/方式(E)/多个(M)]：**t↵**
输入修剪模式选项 [修剪(T)/不修剪(N)] <>：

参数如下。

① 选择第一条直线：选择倒角的第一条直线。

② 选择第二条直线，或按住【Shift】键选择要应用角点的直线：选择倒角的第二条直线。选择对象时可以按住【Shift】键，用 0 值替代当前的倒角距离。

③ 放弃（U）：恢复在命令中执行的上一个操作。

④ 多段线（P）：对多段线倒角。

选择二维多段线——提示选择二维多段线。

⑤ 距离（D）：设置倒角距离。

● 指定第一个倒角距离 <>——指定第一个倒角距离。

● 指定第二个倒角距离 <>——指定第二个倒角距离。

⑥ 角度（A）：通过距离和角度来设置倒角大小。

● 指定第一条直线的倒角长度 <>——指定第一条直线的倒角长度。

● 指定第一条直线的倒角角度 <>——指定第一条直线的倒角角度。

⑦ 修剪（T）：设定修剪模式。

输入修剪模式选项 [修剪（T）/不修剪（N）] <>——选择修剪或不修剪。如果选择修剪，则倒角时自动将不足的补齐、超出的剪掉。如果选择不修剪，则仅增加一倒角，原有图线不变。

⑧ 方式（M）：设定修剪方法为距离或角度。

输入修剪方法 [距离（D）/角度（A）] <>——选择用距离或角度来确定倒角大小。

⑨ 多个（M）：为多组对象的边倒角。将重复显示主提示和"选择第二个对象"的提示，直到用户按【Enter】键结束。

【例4.22】 倒角练习。

① 首先参照图4.39（a）绘制两条直线 A 和 B，长度为100左右。用距离为10，角度为45°的倒角将直线 A 和 B 连接起来。

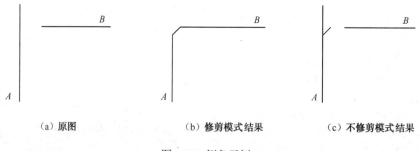

（a）原图   （b）修剪模式结果   （c）不修剪模式结果

图4.39　倒角示例1

命令：_chamfer	
（"修剪"模式）当前倒角距离 1 = 10.0000，距离 2 = 10.0000	提示当前倒角设置
选择第一条直线或 [放弃(U)/多段线(P)/距离(D)/角度(A)/修剪(T)/方式(E)/多个(M)]：**选择直线 A，单击点在 A 线下方**	
选择第二条直线，或按住【Shift】键选择要应用角点的直线：**选择直线 B**	

结果如图4.39（b）所示。

命令：_chamfer	
（"修剪"模式）当前倒角距离 1 = 10.0000，距离 2 = 10.0000	
选择第一条直线或 [放弃(U)/多段线(P)/距离(D)/角度(A)/修剪(T)/方式(E)/多个(M)]：**t↵**	修改修剪方式
输入修剪模式选项 [修剪(T)/不修剪(N)] <修剪>：**n↵**	不修剪
选择第一条直线或 [放弃(U)/多段线(P)/距离(D)/角度(A)/修剪(T)/方式(E)/多个(M)]：**选择直线 A，单击点在 A 线下方**	
选择第二条直线，或按住【Shift】键选择要应用角点的直线：**选择直线 B**	

结果如图4.39（c）所示。

② 如图4.40所示，首先用矩形命令绘制一个80×70的矩形，然后将该多段线用距离20倒角。

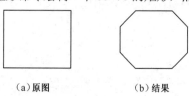

（a）原图   （b）结果

图4.40　倒角示例2

命令：**_chamfer**

("修剪"模式) 当前倒角距离 1 = 20.0000，距离 2 = 20.0000 ← 提示当前倒角模式，如果距离非 20，则用 D 参数改成 20

选择第一条直线或 [放弃(U)/多段线(P)/距离(D)/角度(A)/修剪(T)/方式(E)/多个(M)]：**p↵**

选择二维多段线：选择示例中的矩形 ← 对二维多段线进行倒角

4 条直线已被倒角

结果如图 4.40（b）所示。

👀**注意：**

① 如果设定两条直线距离为 0 和修剪模式，可以通过倒角命令修齐两条直线，而不论这两条不平行直线是否相交或需要延伸才能相交。在提示选择第二条直线时按住【Shift】键。

② 对多段线进行倒角时，该多段线是封闭的，才会出现如图 4.40 所示的结果。如果该多段线最后一条线不是封闭的，则最后一条线和第一条线之间不会自动形成倒角。

③ 选择直线时的单击点对修剪的位置有影响，倒角发生在单击点一侧。在修剪模式下，一般保留单击点的线段，而超过倒角的线段自动被修剪。

4.3.17　圆角 FILLET

圆角和倒角一样，可以直接通过圆角命令产生。

命令：FILLET

功能区：常用→修改→圆角

命令及提示如下。

命令：**_fillet**

当前设置：模式 = 修剪，半径 = 0.0000

选择第一个对象或 [放弃(U)/多段线(P)/半径(R)/修剪(T)/多个(M)]：**u↵**

命令已完全放弃

选择第一个对象或 [放弃(U)/多段线(P)/半径(R)/修剪(T)/多个(M)]：**r↵**

指定圆角半径 <XX>：

选择第一个对象或 [放弃(U)/多段线(P)/半径(R)/修剪(T)/多个(M)]：**p↵**

选择二维多段线：

选择第一个对象或 [放弃(U)/多段线(P)/半径(R)/修剪(T)/多个(M)]：**t↵**

输入修剪模式选项 [修剪(T)/不修剪(N)] <当前值>：

选择第一个对象或 [放弃(U)/多段线(P)/半径(R)/修剪(T)/多个(M)]：**m↵**

选择第一个对象或 [放弃(U)/多段线(P)/半径(R)/修剪(T)/多个(M)]：

选择第二个对象，或按住【Shift】键选择要应用角点的对象：

参数如下。

① 选择第一个对象：选择倒圆角的第一个对象。

② 选择第二个对象：选择倒圆角的第二个对象。

③ 放弃（U）：恢复在命令中执行的上一个操作。

④ 多段线（P）：对多段线倒圆角。

● 选择二维多段线——拾取二维多段线。

⑤ 半径（R）：设定圆角半径。

● 指定圆角半径 <>——输入圆角半径。

⑥ 修剪（T）：设定修剪模式。

● 输入修剪模式选项 [修剪(T)/不修剪(N)] <修剪>——选择修剪模式。如果选择修剪，则不论两个对象是否相交，均自动进行修剪。如果选择不修剪，则仅增加一指定半径的圆弧。

⑦ 多个（M）：用同样的圆角半径修改多个对象。

给多个对象加圆角，圆角命令将重复显示主提示和"选择第二个对象"提示，直到用户按【Enter】键结束该命令。

⑧ 按住【Shift】键：自动使用半径为0的圆角连接两个对象。即让两个对象自动不带圆角而准确相交，可以去除多余的线条或延伸不足的线条。

【例4.23】 圆角练习。

① 参照如图4.41所示的图形，绘制长度为100左右的直线A和直线B。用半径为30的圆角将直线A和直线B连接起来。

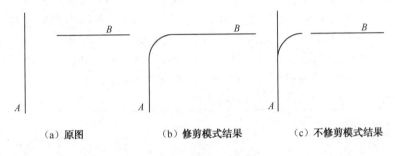

（a）原图　　　　　　　（b）修剪模式结果　　　　　　（c）不修剪模式结果

图4.41　圆角示例1

```
命令：_fillet
当前设置：模式 = 修剪，半径 = 10.0000
选择第一个对象或 [放弃(U)/多段线(P)/半径(R)/修剪(T)/多个(M)]：r↵          重新设定圆角半径
指定圆角半径 <0.0000>：30↵                                          自动退出圆角命令
命令：_fillet
当前设置：模式 = 修剪，半径 = 30.0000
选择第一个对象或 [放弃(U)/多段线(P)/半径(R)/修剪(T)/多个(M)]：单击直线A，单击点在线下端
选择第二个对象，或按住【Shift】键选择要应用角点的对象：单击直线B
```

结果如图4.41（b）所示。

```
命令：_fillet
当前设置：模式 = 修剪，半径 = 30.0000
选择第一个对象或 [放弃(U)/多段线(P)/半径(R)/修剪(T)/多个(M)]：t↵          修改修剪模式
输入修剪模式选项 [修剪(T)/不修剪(N)] <修剪>：n↵                        将修剪模式改成不修剪
选择第一个对象或 [放弃(U)/多段线(P)/半径(R)/修剪(T)/多个(M)]：单击直线A，单击点在线下端
选择第二个对象，或按住【Shift】键选择要应用角点的对象：单击直线B
```

结果如图4.41（c）所示。

② 如图4.42所示，首先用矩形命令绘制一个80×70左右的矩形，然后将该多段线倒半径为30的圆角。

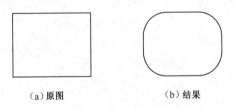

（a）原图　　　　　　　（b）结果

图4.42　圆角示例2

```
命令：_fillet
当前设置：模式 = 不修剪，半径 = 30.0000                              提示当前圆角模式
```

选择第一个对象或 [放弃(U)/多段线(P)/半径(R)/修剪(T)/多个(M)]: **t↵**	修改修剪模式
输入修剪模式选项 [修剪(T)/不修剪(N)] <不修剪>: **t↵**	改成修剪
选择第一个对象或 [放弃(U)/多段线(P)/半径(R)/修剪(T)/多个(M)]: **p↵**	对多段线倒圆角
选择二维多段线: 单击二维多段线	
4 条直线已被倒圆角	提示被倒圆角的直线数目

结果如图 4.42（b）所示。

👀 **注意:**

① 如果将圆角半径设定成 0，则在修剪模式下，不论不平行的两条直线情况如何，都会自动准确相交。

② 对多段线倒圆角时，如果多段线本身是封闭的，则在每一个顶点处自动倒圆角。如果该多段线最后一段仅仅和开始点相连而不封闭（如使用端点捕捉而非 Close 选项），则该多段线第一个顶点不会被倒圆角。

③ 如果是修剪模式，则拾取点的位置对结果有影响，一般会保留拾取点所在的部分而将另一段修剪。

④ 不仅在直线间可以倒圆角，在圆和圆弧及直线之间也可以倒圆角。

4.3.18 光顺曲线 BLEND

通过光顺曲线可以将直线、样条曲线、圆弧、椭圆弧、螺旋、开放的多段线连接起来，连接的对象是样条曲线。

命令：BLEND

命令及提示如下。

```
命令: _blend
连续性 = 相切
选择第一个对象或 [连续性(CON)]: con
输入连续性 [相切(T)/平滑(S)] <切线>:
选择第一个对象或 [连续性(CON)]:
选择第二个点:
```

参数如下。

① 选择第一个对象：选择要连接的第一个对象。

② 选择第二个点：选择样条曲线末端附近的另一条直线或开放的曲线。

③ 连续性：在两种过渡类型中指定一种。

● 相切——创建一条 3 阶样条曲线，在选定对象的端点处具有相切（G1）连续性。

● 平滑——创建一条 5 阶样条曲线，在选定对象的端点处具有曲率（G2）连续性。

如果使用"平滑"选项，请勿将显示从控制点切换为拟合点。此操作将样条曲线更改为 3 阶，这会改变样条曲线的形状。

【例 4.24】 将图 4.43 所示的直线和样条曲线连接起来。

（a）原图　　　　　　　　　　（b）结果

图 4.43 光顺曲线示例

```
命令: _blend
连续性 = 相切
```

选择第一个对象或 [连续性(CON)]: **con↵**
输入连续性 [相切(T)/平滑(S)] <切线>: ↵
选择第一个对象或 [连续性(CON)]: **选择直线，单击右侧端点附近**
选择第二个点: **单击样条曲线左侧附近**

结果如图 4.43（b）所示。拾取点会影响光顺曲线的连接点位置。

4.3.19　分解 EXPLODE

多段线、块、尺寸、填充图案、修订云线、多行文字、多线、体、面域、多面网格、引线等是一个整体。如果要对其中单一的对象进行编辑，普通的编辑命令无法完成，通过专用的编辑命令有时也难以满足要求。但如果将这些整体的对象分解，使之变成单独的对象，就可以采用普通的编辑命令进行编辑了。

命令: EXPLODE

功能区: 常用→修改→分解

命令及提示如下。

命令: **_explode**
选择对象:

参数如下。

选择对象: 选择欲分解的对象，包括块、尺寸、多线、多段线、修订云线、多行文字、体、面域、引线等，而独立的直线、圆、圆弧、单行文字、点、样条曲线等是不能被分解的。

【例 4.25】 打开"图 3.17.dwg"，将该多段线分解。如图 4.44 所示为分解示例。

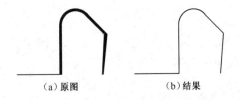

（a）原图　　　　　　（b）结果

图 4.44　分解示例

命令: **_explode**
选择对象: **单击多段线**　　　其宽度非线宽值
找到 1 个　　　　　　　　提示选中的数目
选择对象: ↵　　　　　　　按【Enter】键结束对象选择，该多段线被分解成4段直线和1段圆
　　　　　　　　　　　　　弧，同时失去宽度性质

👀注意:
① EXPLODE 可以分解大部分对象，还可以改变对象的特性。
② 对于块中的圆、圆弧等，如果非一致比例，分解后会成为椭圆或椭圆弧。

4.3.20　合并 JOIN

通过合并命令可以将多个对象合并为一个整体。

命令: JOIN

功能区: 常用→修改→合并

命令及提示如下。

命令: **join**
选择源对象或要一次合并的多个对象:

已将 x 条 xx 合并到源，操作中放弃了 n 个对象

说明如下。

源对象：指定可以合并其他对象的单个源对象。按【Enter】键选择源对象。以下规则适用于每种类型的源对象。

1. 直线

仅直线对象可以合并到源线。直线对象必须共线，但它们之间可以有间隙。

2. 多段线

直线、多段线和圆弧可以合并到源多段线，所有对象必须连续且共面，生成的对象是单条多段线。

3. 三维多段线

所有线性或弯曲对象可以合并到源三维多段线。所有对象必须是连续的，但可以不共面。产生的对象是单条三维多段线或单条样条曲线，取决于用户连接到线性对象还是弯曲对象。

4. 圆弧

只有圆弧可以合并到源圆弧。所有的圆弧对象必须具有相同的半径和中心点，但是它们之间可以有间隙。从源圆弧按逆时针方向合并圆弧。

"闭合"选项可将源圆弧转换成圆。

5. 椭圆弧

仅椭圆弧可以合并到源椭圆弧。椭圆弧必须共面且具有相同的主轴和次轴，但是它们之间可以有间隙。从源椭圆弧按逆时针方向合并椭圆弧。

"闭合"选项可将源椭圆弧转换为椭圆。

6. 螺旋

所有线性或弯曲对象可以合并到源螺旋。所有对象必须是连续的，但可以不共面。结果对象是单个样条曲线。

7. 样条曲线

所有线性或弯曲对象可以合并到源样条曲线。所有对象必须是连续的，但可以不共面。结果对象是单个样条曲线。

8. 一次选择多个要合并的对象

合并多个对象，无须指定源对象。规则和生成的对象类型如下。

① 合并共线可产生直线对象。直线的端点之间可以有间隙。

② 合并具有相同圆心和半径的共面圆弧可产生圆弧或圆对象。圆弧的端点之间可以有间隙。以逆时针方向进行加长。如果合并的圆弧形成完整的圆，会产生圆对象。

③ 将样条曲线、椭圆弧或螺旋合并在一起或合并到其他对象可产生样条曲线对象。这些对象可以不共面。

④ 合并共面直线、圆弧、多段线或三维多段线可产生多段线对象。

⑤ 合并不是弯曲对象的非共面对象可产生三维多段线。

执行完毕提示合并了多少个对象，放弃了多少个不能合并的对象。

【例 4.26】 打开"图 4.45.dwg"，先将左侧的两条直线合并，然后将其中的多段线和相邻的直线、圆弧合并。如图 4.45 所示为合并示例。

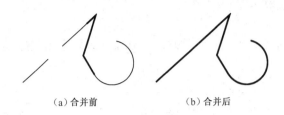

（a）合并前   （b）合并后

图 4.45 合并示例

命令：_join
选择源对象：单击左侧斜线   选择一条直线作为源对象
选择要合并到源的直线：单击左侧另一条斜线 找到 1 个   选择合并的另一条直线
选择要合并到源的直线：↵   结束直线选择
已将 1 条直线合并到源
命令：join
选择源对象：单击中间的多段线   选择多段线作为源对象
选择要合并到源的对象：选择刚才合并的直线 找到 1 个   选择直线
选择要合并到源的对象：拾取右侧的圆弧 找到 1 个，总计 2 个   选择圆弧
选择要合并到源的对象：↵   结束合并对象选择
2 条线段已添加到多段线

结果如图 4.45（b）所示。

4.3.21 多段线编辑 PEDIT

多段线是一个对象，可以采用多段线专用编辑命令来编辑。编辑多段线，可以修改其宽度、开口或封闭、增减顶点数、样条化、直线化和拉直等。

命令：PEDIT

功能区：常用→修改→编辑多段线

该按钮在"修改 II"工具栏中，也可以通过单击按钮自定义添加。

命令及提示如下。

命令：_pedit
选择多段线或 [多条(M)]:
所选对象不是多段线
是否将其转换为多段线?<Y>: ↵
输入选项
[闭合(C)/合并(J)/宽度(W)/编辑顶点(E)/拟合(F)/样条曲线(S)/非曲线化(D)/线型生成(L)/反转(R)/放弃(U)]: w↵
输入 W 选择宽度设定
输入选项
[打开(O)/合并(J)/宽度(W)/编辑顶点(E)/拟合(F)/样条曲线(S)/非曲线化(D)/线型生成(L) /反转(R)/放弃(U)]: e↵
输入顶点编辑选项
[下一个(N)/上一个(P)/打断(B)/插入(I)/移动(M)/重生成(R)/拉直(S)/切向(T)/宽度(W)/
退出(X)] <N>: n↵

参数如下。

① 选择多段线或 [多条（M）]：选择欲编辑的多段线。如果输入 M，则可以选择多条多段线同时进行修改。如果选择了直线或圆弧，则系统提示是否转换成多段线，输入 Y 则将普通线条转换成多段线。如 Peditaccept 变量设置为 1，则不出现提示，直接改成多段线。

② 闭合（C）/打开（O）：如果该多段线本身是闭合的，则提示为打开（O）。选择打开，则将最

后一条封闭该多段线的线条删除，形成一个不封闭的多段线。如果所选多段线是打开的，则提示为闭合（C）。如果选择闭合，则将该多段线首尾相连，形成一封闭的多段线。

③ 合并（J）：将和多段线端点精确相连的其他直线、圆弧、多段线合并成一条多段线。该多段线必须是打开的。

④ 宽度（W）：设置该多段线的全程宽度。对于其中某一条线段的宽度，可以通过顶点编辑来修改。

⑤ 编辑顶点（E）：对多段线的各个顶点进行单独的编辑。选择该项后提示选项如下。

- 下一个（N）——选择下一个顶点。
- 上一个（P）——选择上一个顶点。
- 打断（B）——将多段线一分为二，或删除顶点处的一条线段。
- 插入（I）——在标记处插入一顶点。
- 移动（M）——移动顶点到新的位置。
- 重生成（R）——重新生成多段线以观察编辑后的效果，一般情况下重生成是不必要的。
- 拉直（S）——删除所选顶点间的所有顶点，用一条直线替代。
- 切向（T）——在当前标记顶点处设置切矢方向以控制曲线拟合。
- 宽度（W）——设置每条独立线段的宽度，始末点宽度可以不同。
- 退出（X）——退出顶点编辑，回到 PEDIT 命令提示下。

⑥ 拟合（F）：产生通过多段线所有顶点、彼此相切的各圆弧段组成的光滑曲线。

⑦ 样条曲线（S）：产生通过多段线首末顶点、其形状和走向由多段线其余顶点控制的样条曲线。其类型由系统变量确定。

⑧ 非曲线化（D）：取消拟合或样条曲线，回到直线状态。

⑨ 线型生成（L）：控制多段线在顶点处的线型，选择该项后出现以下提示。

输入多段线线型生成选项 [开（ON）/关（OFF）] ——如果选择开（ON），则为连续线型。如果选择关（OFF），则为点画线型。

⑩ 反转（R）：使多段线反向。

⑪ 放弃（U）：取消最后的编辑。

【例 4.27】 编辑多段线练习。首先采用直线命令和圆弧命令绘制如图 4.46（a）所示的图形，特别注意直线和圆弧端点必须准确相接（提示：可以采用端点捕捉方式保证准确相接）。

① 将一般图线改成多段线并设定宽度，如图 4.46 所示。

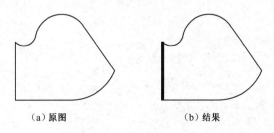

（a）原图　　　　　　　　　　（b）结果

图 4.46　多段线编辑示例 1

```
命令：_pedit
选择多段线或 [多条(M)]：单击左侧垂直线          该线为一般线条
所选对象不是多段线                            提示所选线条非多段线
是否将其转换为多段线? <Y>：↵                   将所选直线改成多段线
输入选项                                      该线已经被改成了多段线，出现多段线编辑的提示
```

[闭合(C)/合并(J)/宽度(W)/编辑顶点(E)/拟合(F)/样
条曲线(S)/非曲线化(D)/线型生成(L)/反转(R)/放弃(U)]：**w↵**
指定所有线段的新宽度：**3↵**

结果如图 4.46（b）所示。

② 接着上例将整个图形连成一条多段线，如图 4.47 所示。

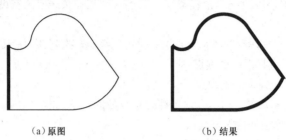

(a)原图   (b)结果

图 4.47   多段线编辑示例 2

输入选项	继续提示多段线编辑选项
[闭合(C)/合并(J)/宽度(W)/编辑顶点(E)/拟合(F)/样条曲线(S)/非曲线化(D)/线型生成(L)/反转(R)/放弃(U)]：**j↵**	选择合并参数
选择对象：将所有的图形全部选中	采用窗交方式选择对象
指定对角点：找到 6 个	提示选中的图线数目
选择对象：↵	按【Enter】键结束对象选择
5 条线段已添加到多段线	

结果如图 4.47（b）所示。

③ 接着上例移动顶点 *A* 到 *B* 的位置，如图 4.48 所示。

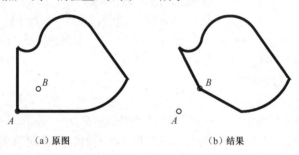

(a)原图   (b)结果

图 4.48   多段线编辑示例 3

输入选项	
[打开(O)/合并(J)/宽度(W)/编辑顶点(E)/拟合(F)/样条曲线(S)/非曲线化(D)/线型生成(L)/反转(R)/放弃(U)]：**e↵**	进行顶点编辑，提示顶点编辑选项，相应地在顶点上出现一个 X，提示现在编辑的顶点，输入顶点编辑选项
[下一个(N)/上一个(P)/打断(B)/插入(I)/移动(M)/重生成(R)/拉直(S)/切向(T)/宽度(W)/退出(X)] <N>：**n↵**	选择下一个顶点，顶点提示符号转移到下一个顶点上
输入顶点编辑选项	
[下一个(N)/上一个(P)/打断(B)/插入(I)/移动(M)/重生成(R)/拉直(S)/切向(T)/宽度(W)/退出(X)] <N>：**n↵**	继续选择下一个顶点
输入顶点编辑选项	
[下一个(N)/上一个(P)/打断(B)/插入(I)/移动(M)/重生成(R)/拉直(S)/切向(T)/宽度(W)/退出(X)] <N>：**n↵**	继续选择下一个顶点

输入顶点编辑选项

[下一个(N)/上一个(P)/打断(B)/插入(I)/移动(M)/重
生成(R)/拉直(S)/切向(T)/宽度(W)/退出(X)] <N>： **m↵**　　移动该顶点
指定标记顶点的新位置：　**按【F8】键**<正交　关>
移动光标到图示 *B* 点并单击

结果如图 4.48（b）所示。

④ 如图 4.49 所示，拉直中间一段。

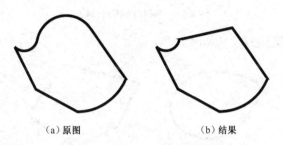

（a）原图　　　　　　　　　　（b）结果

图 4.49　多段线编辑示例 4

输入顶点编辑选项

[下一个(N)/上一个(P)/打断(B)/插入(I)/移动(M)/重生成(R)/
拉直(S)/切向(T)/宽度(W)/退出(X)] <N>： **s↵**　　　　　选择拉直选项
输入选项 [下一个(N)/上一个(P)/转至(G)/退出(X)] <N>： **p↵**　　选择上一个顶点
输入选项 [下一个(N)/上一个(P)/转至(G)/退出(X)] <P>： **↵**　　继续选择上一个顶点
输入选项 [下一个(N)/上一个(P)/转至(G)/退出(X)] <P>： **↵**　　继续选择上一个顶点
输入选项 [下一个(N)/上一个(P)/转至(G)/退出(X)] <P>： **p↵**　　选择上一个顶点
输入选项 [下一个(N)/上一个(P)/转至(G)/退出(X)] <P>： **g↵**　　执行拉直操作

结果如图 4.49（b）所示。

⑤ 接着上例拟合该多段线，如图 4.50 所示。

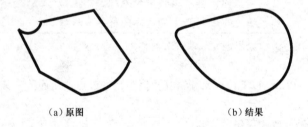

（a）原图　　　　　　　　　　（b）结果

图 4.50　多段线编辑示例 5

输入顶点编辑选项

[下一个(N)/上一个(P)/打断(B)/插入(I)/移动(M)/重
生成(R)/拉直(S)/切向(T)/宽度(W)/退出(X)] <N>： **x↵**　　退出顶点编辑，提示改成多段线编辑
输入选项
[打开(O)/合并(J)/宽度(W)/编辑顶点(E)/拟合(F)/样
条曲线(S)/非曲线化(D)/线型生成(L)/反转(R)/放弃(U)]： **f↵**　　拟合多段线

结果如图 4.50（b）所示。

⑥ 接着上例样条化该多段线，如图 4.51 所示。

输入选项

[打开(O)/合并(J)/宽度(W)/编辑顶点(E)/拟合(F)/样条曲线(S)/非曲线化(D)/线型生成(L)/反转(R)/放弃(U)]： **s↵**

结果如图 4.51（b）所示，该样条曲线并不通过顶点。

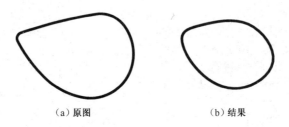

（a）原图　　　　　　　　　（b）结果

图4.51　多段线编辑示例6

⑦ 接着上例非曲线化多段线，如图4.52所示。

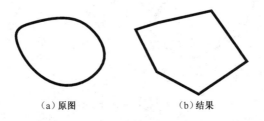

（a）原图　　　　　　　　　（b）结果

图4.52　多段线编辑示例7

输入选项
[打开(O)/合并(J)/宽度(W)/编辑顶点(E)/拟合(F)/样条曲线(S)/非曲线化(D)/ 线型生成(L)/反转(R)/放弃(U)]: **d↵**
结果如图4.52（b）所示。

👀 **注意：**

① 多段线编辑中的宽度选项和环境设置中的线宽有类似之处。分解后的多段线不再具有宽度性质，而线宽不受是否被分解的影响。在一些特殊场合，往往需要通过多段线来调整线宽，得到精确的效果。

② 多段线本身作为一个实体可以被其他编辑命令处理。

③ 矩形、正多边形、图案填充等命令产生的边界同样是多段线。

4.3.22　编辑样条曲线 SPLINEDIT

样条曲线可以通过 SPLINEDIT 命令来编辑其数据点或通过点，从而改变其形状和特征。

命令：SPLINEDIT

功能区：常用→修改→编辑样条曲线

👀 **注意：**

在下面的叙述中会用到拟合点和控制点，它们是不同的两个概念，如图4.53所示，A、B、C、D点均为控制点，而A、B两点既是控制点，又是拟合点。下达 SPLINEDIT 命令选择该样条曲线后，其控制点均出现了夹点，多出的夹点G、H和I、J是起点和端点的切矢控制点。

命令及提示如下。

命令：**_splinedit**
选择样条曲线：
输入选项 [闭合(C)/合并(J)/拟合数据(F)/编辑顶点(E)/转换为多段线(P)/反转(R)/放弃(U)] <退出>：
输入选项 [闭合(C)/合并(J)/拟合数据(F)/编辑顶点(E)/转换为多段线(P)/反转(R)/放弃(U)/退出(X)] <退出>：**c**
输入选项 [打开(O)/拟合数据(F)/编辑顶点(E)/转换为多段线(P)/反转(R)/放弃(U)/退出(X)] <退出>：**o**
输入选项 [闭合(C)/合并(J)/拟合数据(F)/编辑顶点(E)/转换为多段线(P)/反转(R)/放弃(U)/退出(X)] <退出>：**j**
选择要合并到源的任何开放曲线：

输入选项 [闭合(C)/合并(J)/拟合数据(F)/编辑顶点(E)/转换为多段线(P)/反转(R)/放弃(U)/退出(X)] <退出>：**f**
输入拟合数据选项
[添加(A)/闭合(C)/删除(D)/扭折(K)/移动(M)/清理(P)/切线(T)/公差(L)/退出(X)] <退出>：**a**
在样条曲线上指定现有拟合点 <退出>：
输入拟合数据选项
[添加(A)/闭合(C)/删除(D)/扭折(K)/移动(M)/清理(P)/切线(T)/公差(L)/退出(X)] <退出>：
输入选项 [闭合(C)/合并(J)/拟合数据(F)/编辑顶点(E)/转换为多段线(P)/反转(R)/放弃(U)/退出(X)] <退出>：**e**
输入顶点编辑选项 [添加(A)/删除(D)/提高阶数(E)/移动(M)/权值(W)/退出(X)] <退出>：
输入选项 [闭合(C)/合并(J)/拟合数据(F)/编辑顶点(E)/转换为多段线(P)/反转(R)/放弃(U)/退出(X)] <退出>：**p**
指定精度 <10>：
输入选项 [闭合(C)/合并(J)/拟合数据(F)/编辑顶点(E)/转换为多段线(P)/反转(R)/放弃(U)/退出(X)] <退出>：**r**
样条曲线已反转
输入选项 [闭合(C)/合并(J)/拟合数据(F)/编辑顶点(E)/转换为多段线(P)/反转(R)/放弃(U)/退出(X)] <退出>：

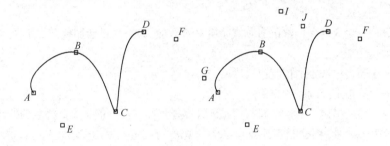

图 4.53　样条曲线拟合点和控制点

参数如下。

① 闭合/打开：显示下列选项之一，具体取决于选定的样条曲线是打开还是闭合的。打开的样条曲线有两个端点，而闭合的样条曲线形成一个环。

● 闭合——通过定义与第一个点重合的最后一个点，闭合打开的样条曲线。默认情况下，闭合的样条曲线是周期性的，沿整个曲线保持曲率连续性（C2）。

● 打开——通过删除最初创建样条曲线时指定的第一个和最后一个点之间的最终曲线段可打开闭合的样条曲线。

② 合并：将选定的样条曲线与其他样条曲线、直线、多段线和圆弧在重合端点处合并，以形成一条较大的样条曲线。对象在连接点处使用扭折连接在一起（C0 连续性）。

③ 拟合数据：使用下列选项编辑拟合点。

● 添加——将拟合点添加到样条曲线。
选择一个拟合点后，请指定要以下一个拟合点（将自动亮显）方向添加到样条曲线的新拟合点。
如果在打开的样条曲线上选择了最后一个拟合点，则新拟合点将添加到样条曲线的端点。
如果在打开的样条曲线上选择第一个拟合点，则可以选择将新拟合点添加到第一个点之前或之后。

● 删除——在样条曲线上删除选定的拟合点。

● 扭折——在样条曲线上的指定位置添加节点和拟合点，这不会保持该点的相切或曲率连续性。

● 移动——将拟合点移动到新位置。

● 新位置——将选定拟合点移到指定位置。

● 下一个——选择下一个拟合点。

- 上一个——选择上一个拟合点。
- 选择点——选择样条曲线上的任何拟合点。
- 清理——使用控制点替换样条曲线的拟合数据。
- 切线——更改样条曲线的开始和结束切线。指定点以建立切线方向。可以使用对象捕捉，例如垂直或平行。

如果样条曲线闭合，则提示变为："指定切向或 [系统默认值（S）]"。"系统默认值"选项会在默认端点相切。

- 公差——使用新的公差值将样条曲线重新拟合至现有的拟合点。
- 退出——返回到前一个提示。

④ 编辑顶点：使用下列选项编辑控制点。

- 添加——在位于两个现有的控制点之间的指定点处添加一个新控制点。
- 删除——删除选定的控制点。
- 提高阶数——增大样条曲线的多项式阶数（阶数加 1）。这将增加整个样条曲线的控制点的数量，最大值为 26。
- 移动——重新定位选定的控制点。
- 权值——更改指定控制点的权值。
- 新权值——根据指定控制点的新权值重新计算样条曲线。权值越大，样条曲线越接近控制点。

⑤ 转换为多段线：将样条曲线转换为多段线。精度值决定生成的多段线与样条曲线的接近程度。有效值为介于 0 和 99 之间的任意整数。

⑥ 反转：反转样条曲线的方向。此选项主要适用于第三方应用程序。

⑦ 放弃：取消上一操作。

⑧ 退出：返回到命令提示。

【例 4.28】 样条曲线编辑练习。

① 试闭合如图 4.54（a）所示的样条曲线。

命令：**_splinedit**
选择样条曲线：**选择样条曲线**
输入选项 [闭合(C)/合并(J)/拟合数据(F)/编辑顶点(E)/转换为多段线(P)/反转(R)/放弃(U)/退出(X)] <退出>：**c↵**

结果如图 4.54（b）所示。

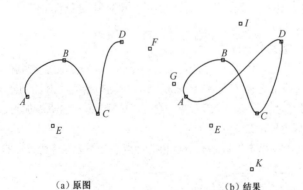

（a）原图　　　　　　　（b）结果

图 4.54　样条曲线编辑 1（闭合）

② 接着上例移动控制点 *G* 到新的位置，如图 4.55 所示。

输入选项 [打开(O)/拟合数据(F)/编辑顶点(E)/转换为多段线(P)/反转(R)/放弃(U)/退出(X)] <退出>：**e**
输入顶点编辑选项 [添加(A)/删除(D)/提高阶数(E)/移动(M)/权值(W)/退出(X)] <退出>：**m**
[闭合(C)/移动顶点(M)/精度(R)/反转(E)/放弃(U)/退出(X)] <退出>：**m↵**   移动一个控制点
指定新位置或 [下一个(N)/上一个(P)/选择点(S)/退出(X)] <下一个>：**↵**   选择下一个控制点
指定新位置或 [下一个(N)/上一个(P)/选择点(S)/退出(X)] <下一个>：单击 *G* 点新位置
指定新位置或 [下一个(N)/上一个(P)/选择点(S)/退出(X)] <下一个>：**x↵**   退出移动编辑状态
输入顶点编辑选项 [添加(A)/删除(D)/提高阶数(E)/移动(M)/权值(W)/退出(X)] <退出>：**x**
输入选项 [打开(O)/拟合数据(F)/编辑顶点(E)/转换为多段线(P)/反转(R)/放弃(U)/退出(X)] <退出>：**↵**

结果如图 4.55（b）所示。

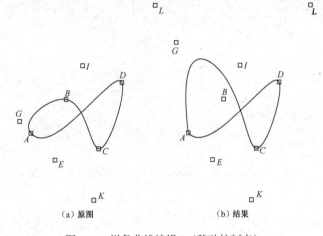

（a）原图   （b）结果

图 4.55　样条曲线编辑 2（移动控制点）

4.3.23　多线编辑 MLEDIT

多线应该采用 MLEDIT 命令进行编辑。该命令可以控制多线之间相交时的连接方式，增加或删除多线的顶点，控制多线的打断或接合。

命令：MLEDIT

命令及提示如下。

命令：**_mledit**
选择第一条多线：
选择第二条多线：
选择第一条多线或放弃(U)：

参数如下。

① 选择第一条多线：选择第一条多线。

② 选择第二条多线：选择第二条多线。

③ 放弃（U）：放弃对多线的最后一次编辑。

执行多线编辑命令后弹出"多线编辑工具"对话框，如图 4.56 所示。

该对话框中包含了 12 种工具，下面具体示范不同工具的用法。

1. 十字工具

"多线编辑工具"对话框中最左侧的一列为十字工具。首先选择不同的十字工具，然后在出现"选择第一条多线："的提示后拾取垂直线，再在出现"选择第二条多线："的提示后拾取水平线，结果如图 4.57 所示。

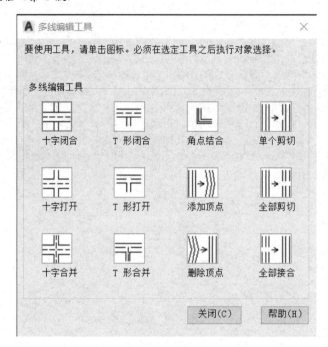

图 4.56 "多线编辑工具"对话框

2. T 形工具

"多线编辑工具"对话框中左侧的第 2 列为 T 形工具。首先选择不同的 T 形工具，然后在出现"选择第一条多线："的提示后拾取垂直线，再在出现"选择第二条多线："的提示后拾取水平线，结果如图 4.58 所示。

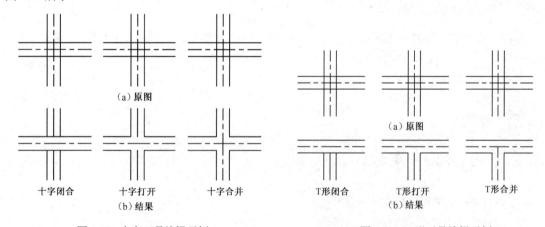

图 4.57 十字工具编辑示例　　　　　图 4.58 T 形工具编辑示例

3. 角点结合

"多线编辑工具"对话框中第 3 列第 1 个为角点结合工具，选择了两条多线后，自动将角点结合起来，保留部分为拾取位置，如图 4.59（b）最左侧图形所示。

4. 添加顶点

"多线编辑工具"对话框中第 3 列第 2 个为添加顶点工具。选择了某条多线后，自动在单击点增加一个顶点，如图 4.59（b）第 2 个图形所示。

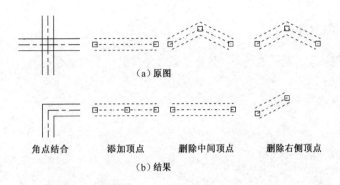

图 4.59　角点结合、添加顶点、删除顶点工具示例

5. 删除顶点

"多线编辑工具"对话框中第 3 列第 3 个为删除顶点工具，选择了某条多线后，自动在单击点删除一个顶点，将附近的两个顶点连成直线，如图 4.59（b）第 3 个图形所示。如果单击点在外侧，则删除该外侧顶点和相连点之间的部分，其他部分不变。

6. 单个剪切

"多线编辑工具"对话框中第 4 列第 1 个为单个剪切工具。在多线上对应位置单击第一个点和第二个点后，自动将选中的单个线剪切掉。如图 4.60（a）所示，分别单击 A、B、C、D 点后，结果如图 4.60（b）左侧图形所示。

7. 全部剪切

"多线编辑工具"对话框中第 4 列第 2 个为全部剪切工具。在多线上对应位置单击第一个点和第二个点后，自动将多线全部剪切掉。在图 4.60（a）中分别单击 E、F 点后，结果如图 4.60（b）中间图形所示。

8. 全部接合

"多线编辑工具"对话框中第 4 列最后一个为全部接合工具。在多线上对应位置单击第一个点和第二个点后，自动将多线接合。拾取点间必须包含断开的部分，否则无法接合。如图 4.60（a）所示，分别单击 G、H 点后，结果如图 4.60（b）右侧图形所示。

图 4.60　单个剪切、全部剪切、全部接合工具示例

> ●●注意：
> 十字工具、T 形工具、角点结合、剪切等都是将不该显示的部分隐藏，而非真正剪切，可以通过全部接合来恢复。

4.3.24 对齐 ALIGN

该命令可以通过移动、旋转或倾斜对象来使该对象与另一个对象对齐。

命令：ALIGN

功能区：常用→修改→对齐

命令及提示如下。

```
命令：_align
选择对象：指定对角点：找到 X 个
选择对象：
指定第一个源点：
指定第一个目标点：
指定第二个源点：
指定第二个目标点：
指定第三个源点或 <继续>：
是否基于对齐点缩放对象？[是(Y)/否(N)] <否>：
```

参数如下。

① 选择对象：选择欲对齐的对象。

② 指定第一个源点：指定第一个源点，即将被移动的第一个点。

③ 指定第一个目标点：指定第一个目标点，即第一个源点的目标点。

④ 指定第二个源点：指定第二个源点，即将被移动的第二个点。

⑤ 指定第二个目标点：指定第二个目标点，即第二个源点的目标点。

⑥ 继续：继续执行对齐命令，终止源点和目标点的选择。

⑦ 是否基于对齐点缩放对象：确定长度不一致时是否缩放。如果选择否，则不缩放，保证第一个点重合，第二个点在同一个方向上，如图 4.61（b）所示。如果选择是，则通过缩放使第一个和第二个点均重合，如图 4.61（c）所示。

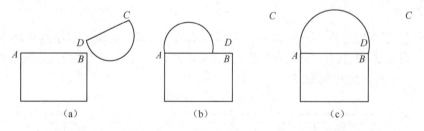

图 4.61　对齐命令执行结果

4.3.25 反转 REVERSE

该命令可以反转选定直线、多段线、样条曲线和螺旋线的顶点顺序。

命令：REVERSE

功能区：常用→修改→反转

命令及提示如下。

```
命令：_reverse
选择要反转方向的直线、多段线、样条曲线或螺旋：
选择对象：找到 X 个
选择对象：
```

已反转对象的方向

参数如下。

选择对象：选择欲反转方向的直线、多段线、样条曲线或螺旋。

4.3.26　编辑阵列 ARRAYEDIT

通过编辑阵列命令可以对阵列的对象进行修改。

命令：ARRAYEDIT

功能区：常用→修改→编辑阵列

命令及提示如下。

命令：_arrayedit
选择阵列：
阵列类型决定接下来的提示。
对于矩形阵列：
输入选项 [源(S)/替换(REP)/基点(B)/行数(R)/列(C)/层级(L)/重置(RES)/退出(X)] <退出>：
对于路径阵列：
输入选项 [源(S)/替换(REP)/方法(M)/基点(B)/项目(I)/行(R)/层(L)/对齐项目(A)/Z 方向(Z)/重置(RES)/退出(X)] <退出>：
对于环形阵列：
输入选项 [源(S)/替换(REP)/基点(B)/项目(I)/项目间角度(A)/填充角度(F)/行(R)/层(L)/旋转项目(ROT)/重置(RES)/退出(X)] <退出>：
输入选项 [源(S)/替换(REP)/基点(B)/行(R)/列(C)/层(L)/重置(RES)/退出(X)] <退出>：rep
选择替换对象：

参数如下。

① 选择阵列：选择欲编辑的阵列。

② 源：激活编辑状态，在该状态下可以编辑选定项目的源对象（或替换源对象）。所有的修改（包括创建新的对象）都将立即应用于参照相同源对象的所有项目。

其他参数同阵列命令。

👀 注意：

对于阵列的对象，可以直接选中对象，出现"阵列"选项卡后修改参数即可。

4.3.27　复制嵌套对象 NCOPY

复制包含在外部参照、块或 DGN 参考底图中的对象。可以将选定对象直接复制到当前图形中，不是分解或绑定外部参照、块或 DGN 参考底图。

命令：NCOPY

功能区：常用→修改→复制嵌套对象

命令及提示如下。

命令：_ncopy
选择要复制的嵌套对象或 [设置(S)]：s
输入用于复制嵌套对象的设置 [插入(I)/绑定(B)] <插入点>：
当前设置：插入点
选择要复制的嵌套对象或 [设置(S)]：
已复制 X 个对象。
指定基点或 [位移(D)/多个(M)] <位移>：
指定第二个点或 [阵列(A)] <使用第一个点作为位移>：
指定基点或 [位移(D)/多个(M)] <位移>：

指定第二个点或 [阵列(A)] <使用第一个点作为位移>:
指定第二个点或 [布满(F)]:
指定基点或 [位移(D)/多个(M)] <位移>: **m**
指定基点或 [位移(D)] <位移>:
指定第二个点或 [阵列(A)] <使用第一个点作为位移>: **a**
输入要进行阵列的项目数:
指定第二个点或 [布满(F)]: **f**
指定第二个点或 [阵列(A)]:
指定第二个点或 [阵列(A)/退出(E)/放弃(U)] <退出>:

参数如下。

① 设置：控制与选定对象关联的命名对象是否添加到图形中。

● 插入——将选定对象复制到当前图层，而不考虑命名对象。此选项与 COPY 命令类似。

● 绑定——将命名对象包括到图形中。

② 位移：使用坐标指定相对距离和方向。

③ 多个：控制在指定其他位置时是否自动创建多个副本。

④ 阵列：使用第一个和第二个副本作为间距，在线性阵列中排列指定数量的副本。

● 输入要进行阵列的项目数——指定阵列中选定对象集的数量，包括原始选择集。

● 第二点——确定阵列相对于基点的距离和方向。在默认情况下，阵列中的第一个副本将位于指定的位移点上。其余的副本使用相同的增量位移位于超出该点的线性阵列中。

⑤ 布满：使用第一个和最后一个副本作为总间距，在线性阵列中布满指定数量的副本。

● 第二点——在阵列中指定的位移点放置最后一个副本。其他副本则布满第一个和最后一个副本之间的线性阵列。

【例 4.29】 如图 4.62 所示，采用复制嵌套对象命令，将块中的四个圆复制出来。

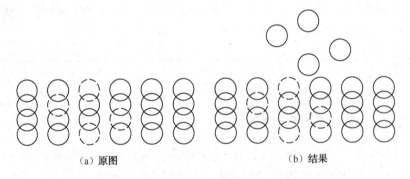

(a) 原图   (b) 结果

图 4.62 复制嵌套对象示例

命令：**_ncopy**
当前设置：插入点
选择要复制的嵌套对象或 [设置(S)]: 找到 1 个
选择要复制的嵌套对象或 [设置(S)]: 找到 1 个，共 2 个
选择要复制的嵌套对象或 [设置(S)]: 找到 1 个，共 3 个
选择要复制的嵌套对象或 [设置(S)]: 找到 1 个，共 4 个
选择要复制的嵌套对象或 [设置(S)]: ↵
已复制 4 个对象。
指定基点或 [位移(D)/多个(M)] <位移>: **单击一点作为基点**
指定第二个点或 [阵列(A)] <使用第一个点作为位移>: **移动一段距离单击另一点作为第二个点**

4.3.28 删除重复对象 OVERKILL

通过该命令可以将重复的对象删除。重复与否由公差设置值决定其判断精度。

命令：OVERKILL

功能区：常用→修改→删除重复对象

执行该命令要求选择对象。一般通过窗口或窗交方式选择相互重叠的对象，不要用单击拾取的方式。选择后弹出"删除重复对象"对话框，如图 4.63 所示。

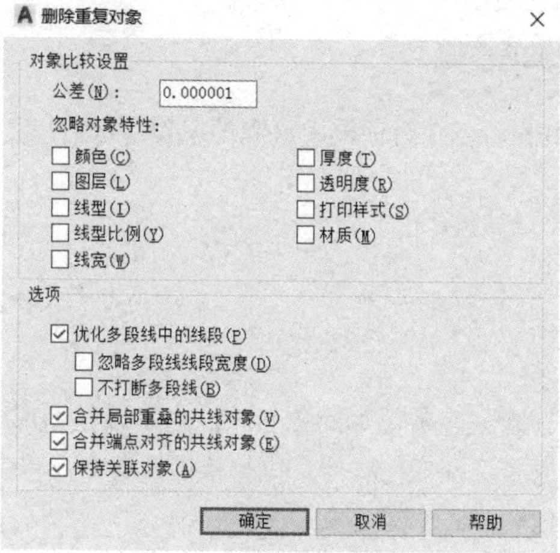

图 4.63 "删除重复对象"对话框

在该对话框中设置对象比较条件和删除重复对象的条件。

执行完毕后会提示删除了多少个重复对象。

4.3.29 调整对象重叠次序 DRAWORDER

当有多个对象相互重叠时，为了控制打印或显示效果，需要调整重叠次序，可使用此命令。

命令：DRAWORDER/TEXTTOFRONT/HATCHTOBACK

功能区：常用→修改→前置、后置、置于对象之上、置于对象之下（DRAWORDER）

常用→修改→将文字前置、将标注前置（TEXTTOFRONT）

常用→修改→将图案填充项后置（HATCHTOBACK）

在功能区的修改面板上通过下拉列表可以选择需要修改的项目，如图 4.64 所示。

各选项含义如下。

① 前置：将选定对象移动到图形中对象顺序的顶部。

② 后置：将选定对象移动到图形中对象顺序的底部。

③ 置于对象之上：将选定对象移动到指定参照对象的上面。

④ 置于对象之下：将选定对象移动到指定参照对象的下面。

⑤ 将文字前置：将文字放置到所有对象的前面。

⑥ 将标注前置：将标注放置到所有对象的前面。

⑦ 引线前置：将引线放到最前面。

⑧ 所有注释前置：将所有注释都放到最前面。

图 4.64 "调整对象重叠次序"下拉列表

⑨ 将图案填充项后置：将填充图案放置到所有对象的后面。

4.4　特性编辑

每个对象都有自己的特性，如颜色、图层、线型、线宽、字体、样式、大小、位置、视图、打印样式等。这些特性有些是共有的，有些是某些对象专有的，都可以编辑。特性编辑命令主要有：PROPERTIES、CHANGE、MATCHPROP 等。而对于图层、线型、颜色、线宽等特性，也可以先选择对象，再通过"特性"工具栏直接编辑。下面介绍通过命令编辑特性的方法。

4.4.1　特性 PROPERTIES

利用特性命令 PROPERTIES 可以在对话框中直观地编辑所选对象的特性。

命令：PROPERTIES

　　　　DDMODIFY

　　　　DDCHPROP

功能区：常用→特性

右击对象并选择"特性"菜单项。

图 4.65　"特性"面板

对大多数图形对象而言，也可以在图形上双击来打开"特性"面板。如果未选择任何实体，执行特性编辑命令将弹出如图 4.65 所示的"特性"面板。

选择对象后，将在面板中立即反映出所选对象的特性。如果同时选择了多个对象，则在面板中显示这些对象的共同特性，同时在上方的列表框中显示"全部"或数目。如果单击列表框的向下小箭头，将弹出所选对象的类型，此时可以单击欲编辑或查看的对象，对应的下方的数据变成该对象的特性数据。

单击右上角的 按钮将弹出"快速选择"对话框。此时可以快速选择欲编辑特性的对象。

"特性"面板中的 按钮具有切换 PICKADD 系统变量的功能，可控制后续选定对象是替换还是添加到当前选择集。

图标显示为 时其值为 0，关闭 PICKADD。最新选定的对象将成为选择集。前一次选定的对象将从选择集中删除。选择对象时按住【Shift】键可以将多个对象添加到选择集。

图标显示为 时其值为 1，打开 PICKADD。每个选定的对象都将添加到当前选择集。要从选择集中删除对象，在选择对象时按住【Shift】键即可。

按钮为选择对象按钮，单击后可以在绘图区选择对象。

在"特性"面板中，列表显示了所选对象的当前特性数据。其操作方式与 Windows 的标准操作基本相同，灰色的为不可编辑数据。选中欲编辑的选项后，可以通过对话框、下拉列表框或直接输入新的数据进行必要的修改，选中的对象将会发生相应的变化。该功能类似于参数化绘图功能。

4.4.2　特性匹配 MATCHPROP

如果要将某对象的特性修改成另一个对象的特性，通过特性匹配命令可以快速实现。此时无须逐个修改该对象的具体特性。

命令：MATCHPROP

功能区：常用→剪贴板→特性匹配

命令及提示如下。

命令：'_matchprop
选择源对象：
当前活动设置：当前活动设置：颜色 图层 线型 线型比例 线宽 透明度 厚度 标注 文字 图案填充 多段线 视口 表格材质 多重引线中心对象
选择目标对象或 [设置(S)]：**s**
当前活动设置：当前活动设置：颜色 图层 线型 线型比例 线宽 透明度 厚度 标注 文字 图案填充 多段线 视口 表格材质 多重引线中心对象
选择目标对象或 [设置(S)]：

参数如下。

① 选择源对象：该对象的全部或部分特性是要复制的特性。

② 选择目标对象：该对象的全部或部分特性是要编辑的特性。

③ 设置（S）：设置复制的特性，输入该参数后，弹出如图 4.66 所示的"特性设置"对话框。

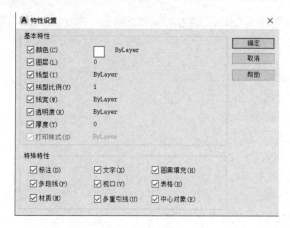

图 4.66　"特性设置"对话框

在该对话框中，包含了基本特性和特殊特性，可以选择其中的部分或全部特性为要复制的特性，灰色的是不可选中的特性。

【例 4.30】 参照图 4.67（a）绘制一红色点画线圆和一黑色实线矩形。将圆的特性除颜色外改成矩形的特性。

(a) 原图　　　　　(b) 选择修改的对象　　　　　(c) 结果

图 4.67　特性匹配示例

命令：'_matchprop
选择源对象：单击图中的矩形
当前活动设置：当前活动设置：颜色 图层 线型 线型比例 线宽 透明度 厚度 标注 文字 图案填充 多段线 视口 表格材质 多重引线中心对象　　　　　提示当前有效的设置
选择目标对象或 [设置(S)]：s↵

弹出"特性设置"对话框，在对话框中取消颜色

当前活动设置：当前活动设置：颜色 图层 线型 线型比例 线宽 透明度 厚度 标注 文字 图案填充 多段线 视口 表格材质 多重引线中心对象　　　　　　重新提示当前特性设置

厚度 文字 标注 图案填充

选择目标对象或 [设置(S)]：（光标变成一拾取框附带一刷子 📍）单击圆

选择目标对象或 [设置(S)]：↵　　　　　　　　　按【Enter】键结束特性匹配命令

结果如图 4.67（c）所示。

4.4.3　特性修改 CHPROP、CHANGE

CHPROP 和 CHANGE 命令中的 P 参数功能基本相同，可以修改所选对象的颜色、图层、线型、位置等特性。

1. CHPROP 命令

命令及提示如下。

命令：**chprop**
选择对象：
输入要更改的特性 [颜色(C)/图层(LA)/线型(LT)/线型比例(S)/线宽(LW)/厚度(T)/透明度(TR)/材质(M)/注释性(A)]：

参数如下。

① 选择对象：选择欲修改特性的对象。

② 颜色（C）：修改颜色。

③ 图层（LA）：修改图层。

④ 线型（LT）：修改线型。

⑤ 线型比例（S）：修改线型比例。

⑥ 线宽（LW）：修改线宽。

⑦ 厚度（T）：修改厚度。

⑧ 透明度（TR）：修改对象的透明度。

⑨ 材质（M）：输入新材质名来修改材质。

⑩ 注释性（A）：修改对象的注释性。

【例 4.31】　修改某对象的颜色。

命令：**chprop**↵
选择对象：**选择修改对象**
指定对角点：找到 X 个
选择对象：↵　　　　　　　　　　　　　　　　结束对象选择
输入要更改的特性 [颜色(C)/图层(LA)/线型(LT)/线型比例(S)/线宽(LW)/厚度(T)/透明度(TR)/材质(M)/注释性(A)]：**c**↵　　　　　　　　　　修改颜色
输入新颜色 <随层>：**1**↵　　　　　　　　　　改成 1 号颜色
输入要更改的特性 [颜色(C)/图层(LA)/线型(LT)/线型比例(S)/线宽(LW)/厚度(T)/透明度(TR)/材质(M)/注释性(A)]：↵　　　　　　　　　　结束特性修改

2. CHANGE 命令

命令及提示如下。

命令：**change**
选择对象：
指定修改点或 [特性(P)]：**p**↵

输入要修改的特性
[颜色(C)/标高(E)/图层(LA)/线型(LT)/线型比例(S)/线宽(LW)/厚度(T)/透明度(TR)/材质(M)/注释性(A)]:

参数如下。

① 选择对象：选择欲修改特性的对象。

② 指定修改点：指定修改点，该修改点对不同的对象有不同的含义。

③ 特性（P）：修改特性，选择该项后出现以下选择。

● 颜色（C）——修改颜色。

● 标高（E）——修改标高。

● 图层（LA）——修改图层。

● 线型（LT）——修改线型。

● 线型比例（S）——修改线型比例。

● 线宽（LW）——修改线宽。

● 厚度（T）——修改厚度。

● 透明度（TR）——修改对象的透明度。

● 材质（M）——输入新材质名来修改材质。

● 注释性（A）——修改对象的注释性。

④ 修改点：对于不同对象，修改点的含义如下。

● 直线——将离修改点较近的点移到修改点上，修改后的点受到某些绘图环境设置（如正交模式等）的影响。

● 圆——使圆通过修改点。如果按【Enter】键，则提示输入新的半径。

● 块——将块的插入点改到修改点，并提示输入旋转角度。

● 属性——将属性定义改到修改点，提示输入新的类型、高度、旋转角度、标签、提示及默认值等。

● 文字——将文字的基点改到修改点，提示输入新的文本类型、高度、旋转角度和内容等。

【例 4.32】 如图 4.68 所示，绘制一个圆。修改圆的半径使之通过 A 点，并将线宽改成 1。

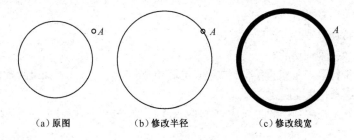

(a)原图 (b)修改半径 (c)修改线宽

图 4.68 命令行修改特性示例

命令：**change**↵
选择对象：**单击圆**
找到 1 个   提示选中的数目
选择对象：↵   结束对象选择
指定修改点或 [特性(P)]:   修改点被忽略
不修改通过点
指定新的圆半径 <不修改>：**单击 A 点**

结果如图 4.68（b）所示。

命令：**change**↵
选择对象：**单击圆**

找到 1 个	提示选中数目
选择对象: ↵	按【Enter】键结束
指定修改点或 [特性(P)]: p↵	
输入要修改的特性	修改圆的特性
[颜色(C)/标高(E)/图层(LA)/线型(LT)/线型比例(S)/线宽(LW)/厚度(T)/透明度(TR)/材质(M)/注释性(A)]: lw↵	
	修改线宽
输入新线宽 < 随层>: 1↵	输入新的线宽值
输入要修改的特性	
[颜色(C)/标高(E)/图层(LA)/线型(LT)/线型比例(S)/线宽(LW)/厚度(T)/透明度(TR)/材质(M)/注释性(A)]: ↵	
	结束特性修改

打开宽度开关，结果如图 4.68（c）所示。

注意:

① 使用 CHANGE 命令时，如果一次选择多个对象，则在修改完一个对象后，会循环提示修改下一个对象。

② 如果选择不可以更改修改点的对象，如尺寸、多线等，即使单击修改点，也不会更改，只能输入参数来修改特性。

③ 如果一次选择多条直线，在修改点的提示后输入修改点，所有直线的端点都将根据修改点移动。

④ 同时选中多个对象时，使用 CHPROP 和 CHANGE 的 P 参数修改特性对每个对象都有效。

习　题

（1）构造选择集有哪些方法？

（2）选择屏幕上的对象有哪些方法？这些方法有什么区别？

（3）编辑对象有哪两种不同的顺序？是否所有的编辑命令都可以采用不同的操作顺序？

（4）将一条直线的长度由 100 变成 200，有几种方式？由 200 改成 100 有哪些方法？

（5）哪些命令可以复制对象？

（6）修改对象特性有哪些方法？

（7）夹点编辑包括哪些功能？

（8）将两条不平行且未相交的直线变成端点准确相交共有几种方式？如果两条直线已经相交但端点不重合，该如何编辑使之准确相交？

（9）环形阵列和矩形阵列中的阵列基点有什么规则？环形阵列复制对象是否旋转？对阵列后的对象有什么影响？

（10）多线编辑时如果打断中间一部分，能否不通过取消命令来恢复该段？

（11）对象过滤的条件有哪些？

（12）合并命令对不同的被选对象各有什么要求？

（13）修改命令和特性修改命令有什么区别？要更改一个圆的颜色有多少种途径？

（14）在同一点打断一条直线该如何操作？

（15）延伸命令能否删除一条线段？

（16）沿路径阵列有几种方式？阵列的对象是否旋转对结果有何影响？

（17）如何将剖面线放置到尺寸标注的后面？

（18）如何将重叠的对象删除？拾取的方法有什么要求？

第5章 图案填充和渐变色

在大量的机械图、建筑图上，需要在剖视图、断面图上绘制填充图案。在其他设计图上，也经常需要将某一区域填充某种图案或渐变色。用 AutoCAD 2022 中文版实现图案或渐变色填充是非常方便、灵活的。本章介绍图案填充和渐变色的用法、设置及编辑方法。

5.1　图案填充和渐变色的绘制

5.1.1　图案填充 HATCH、BHATCH

BHATCH 为图案填充的对话框执行命令（命令行执行命令为 HATCH）。在对话框中设置图案填充的参数。

命令：HATCH

　　　　BHATCH

功能区：常用→绘图→图案填充

执行 HATCH 命令后首先出现如下提示。

拾取内部点或 [选择对象(S)/设置(T)]

同时在功能区出现如图 5.1 所示的"图案填充创建"选项板。

图 5.1　"图案填充创建"选项板

参数如下。

① 拾取内部点：通过拾取填充范围内的任意一点来确定填充范围。

② 选择对象：通过选择填充范围的边界来确定填充范围。

③ 设置：设置填充模式。执行该选项后弹出如图 5.2 所示的"图案填充和渐变色"对话框。

该对话框包含了"图案填充"和"渐变色"两个选项卡，其功能和图 5.1 所示的"图案填充创建"选项板相同。

在"图案填充"选项卡中，各选项的含义如下。

1. 类型和图案

① 类型：图案填充类型，包括"预定义""用户定义"和"自定义"3 种。"预定义"指该图案已经在 ACAD.PAT 中定义好。"用户定义"指使用当前线型定义的图案。"自定义"指定义在除 ACAD.PAT 外的其他文件中的图案。

图 5.2 "图案填充和渐变色"对话框（"图案填充"选项卡）

② 图案：图案下拉列表框中显示了当前图案名称。单击向下的小箭头会列出图案名称，可以选择一种填充图案，如果需要的图案不在显示的列表中，可以通过滑块上下搜索。如果单击图案右侧的 按钮，则弹出如图 5.3 所示的"填充图案选项板"对话框。通过各选项卡可以切换不同类别的图案集，从中选择一种图案进行填充操作。

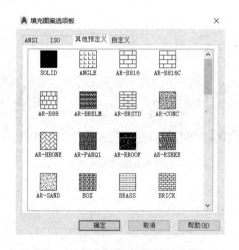

图 5.3 "填充图案选项板"对话框

③ 颜色：设置填充图案的颜色。

④ 样例：显示选择的图案样式。单击显示的图案样式，同样会弹出"填充图案选项板"对话框。

⑤ 自定义图案：只有在类型中选择了"自定义"后，该选项才是可选的。

2. 角度和比例

① 角度：设置填充图案的角度。可以通过下拉列表框选择，也可以直接输入。

② 比例：设置填充图案的比例。

③ 双向：对于用户定义的图案，将绘制第 2 组直线，这些直线与原来的直线成 90°，构成交叉线。只有"用户定义"类型才可用此选项。

④ 相对图纸空间：相对图纸空间单位缩放填充图案。使用此选项，很容易做到以适合于布局的比例显示填充图案。该选项仅适用于布局。

⑤ 间距：指定用户定义图案中的直线间距。

⑥ ISO 笔宽：基于选定笔宽缩放 ISO 预定义图案。只有类型是"预定义"，并且图案为可用的 ISO 图案中的一种，此选项才可用。

3. 图案填充原点

控制填充图案生成的起始位置。某些图案填充（如砖块图案）需要与图案填充边界上的一点对齐。在默认情况下，所有图案填充原点都对应当前的 UCS 原点。

用户可以使用默认原点，或使用新的原点，该原点可以通过单击来确定，也可以设置成由默认的边界范围来确定，包括左上、右上、左下、右下、正中。拾取的原点可以保存。

4. 边界

① 添加：拾取点：通过拾取点的方式来自动产生一围绕该拾取点的边界。默认该边界必须是封闭的，可以在"允许的间隙"中设置。单击该按钮时，暂时返回绘图界面供拾取点，拾取点完毕后返回该对话框。

② 添加：选择对象：通过选择对象的方式来产生一封闭的填充边界。单击该按钮时暂时关闭该对话框，选择对象后返回。

③ 删除边界：从边界定义中删除以前添加的对象，同样要返回绘图界面进行选择。命令行出现以下提示。

选择对象或 [添加边界(A)]:

此时可以选择删除的对象或输入 A 来添加边界，如果输入 A，则出现以下提示。

拾取内部点或 [选择对象(S)/删除边界(B)]:

此时可以通过拾取内部点或选择对象的方式形成边界，输入 B 则返回删除边界功能。

④ 重新创建边界：重新产生围绕选定的图案填充或填充对象的多段线或面域，即边界。并可设置该边界是否与图案填充对象相关联。单击该按钮时，对话框暂时关闭，命令行提示如下。

输入边界对象类型 [面域(R)/多段线(P)] <当前>:

输入 R 创建面域或输入 P 创建多段线。

是否将图案填充与新边界重新关联？ [是(Y)/否(N)] <当前>:

输入 Y 或 N 来确定是否要关联。

⑤ 查看选择集：定义了边界后，该按钮才可用。单击该按钮时，暂时关闭该对话框，在绘图界面上显示定义的边界。

5. 选项

① 关联：设置图案填充和边界是否关联，如果关联，则用户修改边界时，填充图案同时更改。

② 创建独立的图案填充：当指定的边界相互独立时，设置填充图案是各自独立的几个还是一个整体。

③ 绘图次序：设置图案填充和其他对象的绘图次序。

● 不指定——使用默认值。
● 前置——放置在最前面。
● 后置——放置在最后面。
● 置于边界之前——放置在填充边界的前面。
● 置于边界之后——放置在填充边界的后面。

④ 图层：设置填充图案摆放的图层。

使用当前项——使用当前图层。也可以选择其他图层放置填充图案。

⑤ 透明度：设置填充图案的透明度。

● 使用当前项——使用当前默认的透明度。

● ByLayer——随层。

● ByBlock——随块。

● 指定值——通过下面的滑块来设置特定的透明度。

6. 继承特性

选择一个现有的图案填充，欲填充的图案将继承该现有图案的特性。单击继承特性按钮时，对话框将暂时关闭，命令行将提示选择源对象（填充图案）。在选定要继承其特性的图案填充对象之后，可以在绘图区中右击，在快捷菜单的"选择对象"和"拾取内部点"命令之间进行切换以创建边界。

7. 孤岛

孤岛检测的区别如图 5.4 所示。

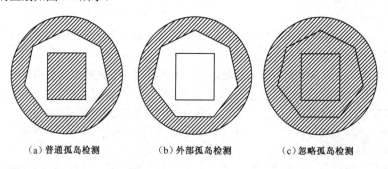

（a）普通孤岛检测　　　（b）外部孤岛检测　　　（c）忽略孤岛检测

图 5.4　孤岛检测的区别

8. 边界保留

边界保留有两种功能。

① 保留边界：勾选则保留边界。该边界是图案填充的临时边界，并被添加到图形中。

② 对象类型：选择边界的类型，可以是多段线或面域。

9. 边界集

定义当使用"指定点"方式定义边界时要分析的对象集。如果使用"选择对象"定义边界，则选定的边界集无效。

① 当前视口：根据当前视口范围中的所有对象定义边界集，同时将放弃当前的任何边界集。

② 现有集合：根据使用"新建"按钮选定的对象定义边界集。如果还没有用"新建"按钮创建边界集，则"现有集合"选项不可用。

③ 新建：选择对象用来定义边界集。

10. 允许的间隙

设置将对象用作图案填充边界时可以忽略的最大间隙。默认值为 0，表示对象必须封闭，没有间隙。可以在 0～5000 范围内设置一个值。

11. 继承选项

使用继承特性创建图案填充时，下面这些设置将控制图案填充原点的位置。

① 使用当前原点：使用当前的图案填充原点。

② 用源图案填充原点：以源图案填充原点为原点。

【例 5.1】 在如图 5.5 所示的多边形和圆之间填充图案 ANSI31，比例为 2。预先绘制一圆，半径为 20，用 POLYGON 命令绘制一个七边形，内接于半径为 40 的圆，如图 5.5（a）所示。

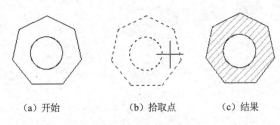

(a) 开始　　　　　(b) 拾取点　　　(c) 结果

图 5.5　填充图案示例

命令：**_bhatch**
拾取内部点或 [选择对象(S)/设置(T)]：单击需要绘制剖面线的范围内任意点
正在选择所有对象…
正在选择所有可见对象…
正在分析所选数据…
正在分析内部孤岛…
拾取内部点或 [选择对象(S)/设置(T)]：t↵
(弹出"图案填充和渐变色"对话框)，在对话框中设置图案为 **ANSI31**，将比例改成 **2**，单击确定按钮

将剖面线颜色改成 CYAN，结果如图 5.5（c）所示。

5.1.2　渐变色 GRADIENT

图案填充是使用预定义图案进行填充，可以使用当前线型定义简单的填充图案，也可以创建更复杂的填充图案。有一种图案类型称为实体（SOLID），它使用实体颜色填充区域。渐变填充是在一种颜色的不同灰度之间或两种颜色之间使用过渡，可以用来增强演示图形的效果，类似于光源反射到对象上的一种效果。

命令：GRADIENT

功能区：常用→绘图→渐变色

执行 GRADIENT 命令后首先出现如下提示。

拾取内部点或 [选择对象(S)/设置(T)]

与此同时，在功能区出现如图 5.1 所示的"图案填充创建"选项板。

选择设置填充模式选项后弹出如图 5.2 所示的"图案填充和渐变色"对话框。此时直接打开"渐变色"选项卡，如图 5.6 所示。

在该对话框中，左侧部分主要用于设置渐变色的颜色，包括单色和双色，同时可以设置渐变格式、方向、角度等。右侧的部分和"图案填充"选项卡一致，不再重复介绍。

选择颜色时，单击颜色后的按钮，弹出"选择颜色"对话框，从中选择渐变填充的颜色即可。

在中间的 9 种填充类型中选择一种合适的渐变方式。

在下方的角度中选择一个填充方向，同时可以设置方向是否居中。

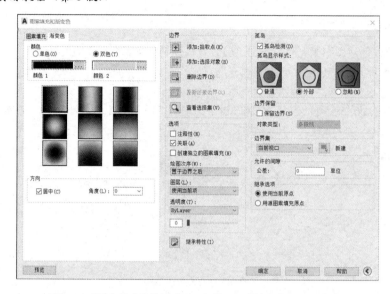

图 5.6 "图案填充和渐变色"对话框（"渐变色"选项卡）

【例 5.2】 实体填充和渐变色填充练习。

如图 5.7 所示，绘制一个矩形和圆，并复制成 3 组，分别进行实体填充、单色渐变居中填充和双色渐变不居中填充。选择 9 种方式中左下角的类型。

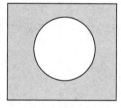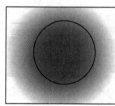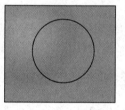

图 5.7 实体填充和渐变色填充

1）实体填充
① 绘制一个圆和矩形，如图 5.7 所示。
② 复制成 3 组。
③ 单击"图案填充"按钮，弹出如图 5.8 所示的"图案填充"选项卡。
④ 设置类型为预定义，图案为 SOLID，样例为青色。
⑤ 单击拾取点按钮，在图形上单击矩形和圆之间的任意点。
⑥ 单击确定按钮完成实体填充。

2）单色渐变居中填充
① 单击渐变色按钮，弹出"渐变填充—单色"对话框。
② 单击"颜色 1"上的选择按钮，弹出"选择颜色"对话框，选择蓝色。单击确定按钮返回。
③ 单击左下角的圆形填充模式。
④ 单击添加：选择对象按钮，选择圆和矩形，按【Enter】键返回对话框。
⑤ 单击确定按钮，完成单色渐变居中填充。

3）双色渐变不居中填充
① 单击渐变色按钮，弹出如图 5.9 所示的"渐变色"选项卡，选择双色。

② 分别单击"颜色 1"和"颜色 2"上的选择按钮，在"选择颜色"对话框中分别选择两种颜色，单击 确定 按钮返回。

③ 选择左下角的填充方式。

④ 取消选中"居中"复选框。

⑤ 单击 添加：选择对象 按钮，在绘图界面上选择圆和矩形，按【Enter】键返回。

⑥ 单击 确定 按钮完成双色渐变不居中填充。

结果如图 5.7 所示。

图 5.8　"图案填充"选项卡

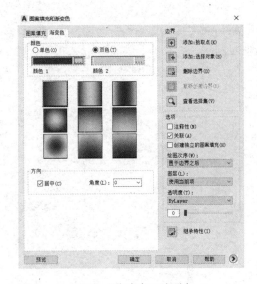

图 5.9　"渐变色"选项卡

5.1.3　边界 BOUNDARY

可以通过封闭区域来创建面域或多段线。

命令：BOUNDARY

功能区：常用→边界

执行该命令后弹出如图 5.10 所示的"边界创建"对话框。

① 拾取点：通过拾取点来确定边界。

② 孤岛检测：设置是否进行孤岛检测。

③ 边界保留：设置是否保留原有边界。如果保留则可以设置边界的类型，在多段线和面域中选择。

④ 对象类型：选择边界类型为多段线或面域。

⑤ 边界集：当通过定义点方式创建边界时进行边界集的分析。选择对象创建边界时，该边界集无效。

图 5.10　"边界创建"对话框

5.2　图案填充和渐变色编辑 HATCHEDIT

绘制完的填充图案可以通过 HATCHEDIT 命令编辑。通过 HATCHEDIT 命令可以修改填充图案的所有特性。

命令：HATCHEDIT

功能区：常用→修改→编辑图案填充

如果在命令提示下选择填充图案，则功能区出现"图案填充编辑器"选项板，如图 5.11 所示。

图 5.11 "图案填充编辑器"选项板

执行 HATCHEDIT 命令后会首先要求选择编辑的填充图案，选择后弹出"图案填充编辑"对话框，如图 5.12 所示。

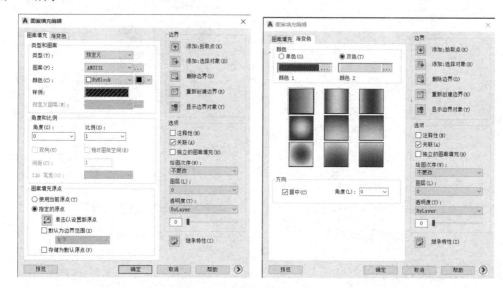

图 5.12 "图案填充编辑"对话框

该对话框和创建的对话框基本相同，只是其中一些选项被禁用，其他选项均可用，其结果反映在选择的填充图案上。

对关联和不关联图案的编辑，其中一些参数（如图案类型、比例、角度等）的修改基本一致，如果修改影响到边界，则其结果不相同。

将如图 5.13 所示的圆通过夹点更改其半径。从图中可以看出，关联图案填充和边界密切相关，而不关联则和边界无关，成为一个独立的对象。

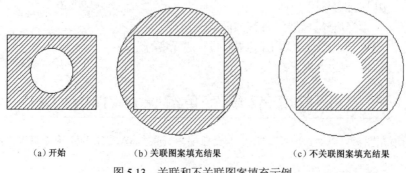

（a）开始　　　　　　（b）关联图案填充结果　　　　　（c）不关联图案填充结果

图 5.13 关联和不关联图案填充示例

5.3　图案填充分解

　　填充图案不论多么复杂，通常情况下都是一个整体。一般情况下，不会对其中的图线进行单独编辑，如果需要编辑，可采用 HATCHEDIT 命令。但在一些特殊情况下，需要将填充图案分解，然后进行相关的操作。

　　用分解命令 EXPLODE 分解后的填充图案变成了各自独立的实体，如图 5.14 所示为图案填充分解前和分解后的不同夹点。

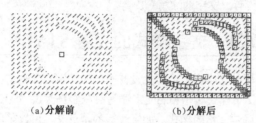

（a）分解前　　　　　　　　（b）分解后

图 5.14　图案填充分解前和分解后的不同夹点

渐变色填充不可以分解。

习　　题

（1）什么是孤岛？删除孤岛的含义是什么？

（2）关联图案填充和不关联图案填充的区别是什么？

（3）设定填充边界的方法有哪些？

（4）填充边界的定义有几种方式？

（5）填充边界如果保留下来是什么类型的图线？

（6）渐变色填充和实体填充有什么区别？

第6章 文字

文字普遍存在于工程图样中，如技术要求、标题栏、明细栏的内容，在尺寸标注时注写的尺寸数值等。本章介绍文字样式的设置、文字的注写等内容。

6.1 文字样式的设置 STYLE

在不同的场合会使用不同的文字样式，可见设置不同的文字样式是文字注写的首要任务。当设置好文字样式后，可以利用该文字样式和相关的文字注写命令 DTEXT、TEXT 和 MTEXT 来注写文字。

要注写文字，首先应该确定文字的样式。如果注写的是英文，可以采用某种英文字体；如果注写的是汉字，必须采用 AutoCAD 2022 中文版支持的某种汉字字体或大字体。否则，在屏幕上出现的可能是问号（？）。

命令：STYLE

功能区：注释→文字→管理文字样式（文字样式下拉菜单）、文字样式（文字面板右侧箭头）

　　　　默认→注释→文字样式

执行该命令后，系统将显示如图 6.1 所示的"文字样式"对话框。

图 6.1 "文字样式"对话框

在该对话框中，可以新建文字样式或修改已有文字样式。该对话框包含样式、字体、大小、效果、预览等选项区。

1. 样式

显示当前文字样式，单击对应的样式后，其他对应的项目相应显示该样式的设置。其中 Standard 样式为默认的文字样式，采用的字体为 txt.shx，该文字样式不可以被删除。

2. 字体

① 字体名：可以在该下拉列表框中选择某种字体，只有已注册的 TrueType 字体和编译过的形文件才会显示在该下拉列表框中。

② 字体样式：指定字体格式，如斜体、粗体或常规。如果选择使用大字体，则为大字体样式列表。图 6.2 显示了设定"txt.shx"字体后使用大字体的情况。

③ 使用大字体：在选择了相应的字体后，该复选框有效，用于指定某种大字体。

图 6.2　设定大字体示例

3. 大小

① 注释性：该复选框确定是否设置成注释性特性，即是否根据注释比例设置进行缩放。

② 使文字方向与布局匹配：如果选择了注释性，则该复选框有效，指定图纸空间视口中的文字方向与布局方向匹配。

③ 高度（或图纸文字高度）：用于设置字体的高度。如果设定了大于 0 的高度，则在使用该种文字样式注写文字时统一使用该高度，不再提示输入高度。如果设定的高度为 0，则在使用该种样式注写文字时将出现高度提示。每使用一次就会提示一次，同一种字体可以输入不同高度。

4. 效果

① 颠倒：以水平线作为镜像轴线的垂直镜像效果。

② 反向：以垂直线作为镜像轴线的水平镜像效果。

③ 垂直：文字垂直书写。

以上三种效果中有些效果对一些特殊字体是不可选的。

④ 宽度因子：设定文字的宽和高的比例。

⑤ 倾斜角度：设定文字的倾斜角度，正值向右倾斜，负值向左倾斜，范围为-84°～84°。

5. 预览

在预览框内直观显示了文字样式的效果。

6. 置为当前按钮

用该按钮将指定的文字样式设定为当前文字样式。

7. 新建按钮

该按钮用于新建文字样式，单击该按钮后，弹出如图 6.3 所示的对话框，要求输入样式名。

输入文字样式名，该名称最好具有一定的代表意义，与随后选择的字体对应起来或和它的用途对应起来，这样使用

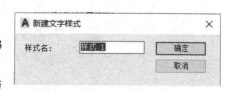

图 6.3　"新建文字样式"对话框

时比较方便，不至于混淆。当然也可以使用默认的样式名。单击 确定 按钮后返回"文字样式"对话框。

8. 删除 按钮

该按钮用于删除文字样式，在图形中使用过的文字样式无法删除，同样 STANDARD 样式是无法删除的。

9. 应用 按钮

该按钮用于将设置的文字样式应用到图形中。单击该按钮后，取消 按钮变成 关闭 按钮。

10. 关闭 按钮

该按钮用于关闭"文字样式"对话框，完成文字样式的设置。

11. 取消 按钮

在应用之前可以通过该按钮放弃前面的设定。应用之后，该按钮变成 关闭 按钮。

12. 帮助 按钮

该按钮提供"文字样式"对话框的帮助信息。

【例6.1】 建立文字样式"宋体字"，其字体为"宋体"，高度为0。

① 执行功能区"默认→注释→文字样式"，弹出"文字样式"对话框。

② 单击 新建 按钮，弹出"新建文字样式"对话框。将样式名设为"宋体字"。

③ 单击 确定 按钮，回到"文字样式"对话框。取消选中"使用大字体"复选框。

④ "字体名"选择"宋体"，结果如图6.4所示。

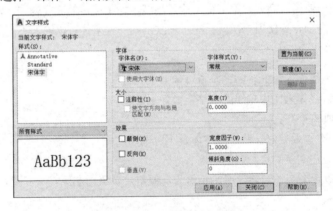

图6.4　新建文字样式"宋体字"

⑤ 先单击 应用 按钮，再单击 关闭 按钮，这样不仅建立了"宋体字"这一新的文字样式，而且使该字体样式变成当前的字体样式。

如图6.5所示为几种文字样式效果。

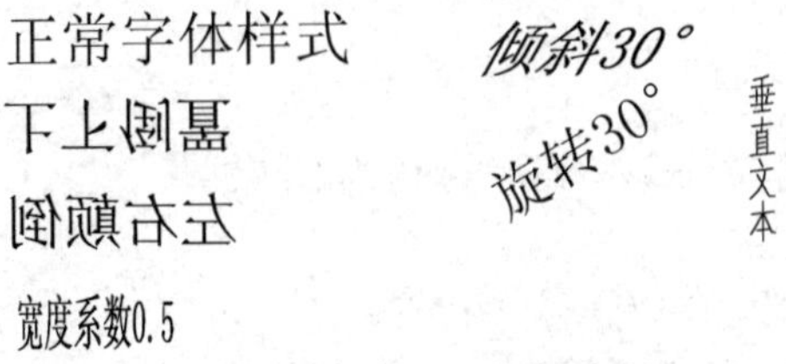

正常字体样式

下上倒置

倒顺古式

倾斜30°

旋转30°

垂直文本

宽度系数0.5

图6.5　几种文字样式效果

◉◉ 注意：

① 文字样式的改变直接影响 TEXT 和 DTEXT 命令注写的文字，而 MTEXT 注写的文字可以单独设置文字样式，具体示例参见 6.5 节。

② 如果要同时采用多种字体，中间应以逗号（,）分隔。

6.2 文字注写命令

文字注写命令分为单行文字输入 TEXT、DTEXT 命令和多行文字输入 MTEXT 命令。也可以将外部文本文件导入 AutoCAD 2020 中文版中。还可以对文本进行拼写检查。

6.2.1 单行文字输入 TEXT 或 DTEXT

在 AutoCAD 2022 中文版中，TEXT 和 DTEXT 命令功能相同，都可以输入单行文字。

命令：TEXT

　　　DTEXT

功能区：默认→注释→单行文字

　　　　注释→文字→单行文字

命令及提示如下。

```
命令：dtext
当前文字样式："宋体字"　文字高度：2.5000　注释性：否　对正：左
指定文字的起点或 [对正(J)/样式(S)]：s
输入样式名或 [?] <宋体字>：
当前文字样式："宋体字"　文字高度：2.5000　注释性：否　对正：左
指定文字的起点或 [对正(J)/样式(S)]：j
输入选项
[左(L)/居中(C)/右(R)/对齐(A)/中间(M)/布满(F)/左上(TL)/中上(TC)/右上(TR)/左中(ML)/正中(MC)/右中(MR)/
左下(BL)/中下(BC)/右下(BR)]：
```

参数如下。

① 起点：定义文本输入的起点，默认为文字左对齐。如果前面输入过文本，此处以按【Enter】键响应起点提示，则跳过随后的高度和旋转角度的提示，直接提示输入文字，此时使用前面设定好的参数，同时将起点自动定义为最后输入的文本的下一行。

② 对正（J）：输入对正参数，出现以下不同的对正类型供选择。

● 对齐（A）——确定文本的起点和终点，系统自动调整文本的高度，将文本放置在两点之间，即保持字体的高和宽之比不变。

● 布满（F）——确定文本的起点和终点，系统调整文字的宽度以便将文本放置在两点之间，此时文字的高度不变。

● 居中（C）——确定文本基线的水平中点。

● 中间（M）——确定文本基线的水平和垂直中点。

● 右（R）——确定文本基线的右侧终点。

● 左上（TL）——文本以第 1 个字符的左上角为对齐点。

● 中上（TC）——文本以字串的顶部中间为对齐点。

● 右上（TR）——文本以最后一个字符的右上角为对齐点。

● 左中（ML）——文本以第 1 个字符的左侧垂直中点为对齐点。

- 正中（MC）——文本以字串的水平和垂直中点为对齐点。
- 右中（MR）——文本以最后一个字符的右侧中点为对齐点。
- 左下（BL）——文本以第1个字符的左下角为对齐点。
- 中下（BC）——文本以字串的底部中间为对齐点。
- 右下（BR）——文本以最后一个字符的右下角为对齐点。

③ 样式（S）：选择该选项，提示输入样式名，输入随后注写文字的样式名称。如果不清楚已经设定的样式，可输入"？"，则在命令窗口列表中显示已经设定的样式。

如图6.6所示为对齐和调整比较，如图6.7所示为不同的对齐类型比较。

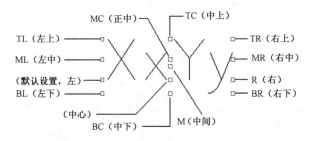

（a）对齐　　　　　（b）调整

图6.6　对齐和调整比较

图6.7　不同的对齐类型比较

【例6.2】　文字注写练习。

① 注写如图6.8所示的文字。

```
命令：text↵
当前文字样式：宋体字 当前文字高度：2.5000 注释性：否 对正：左      提示当前文字样式
指定文字的起点或 [对正(J)/样式(S)]：单击文字左下角      指定文字的左对齐点
指定高度 <2.5000>：↵                  按【Enter】键使用默认值
指定文字的旋转角度 <0>：↵             按【Enter】键定义角度为0
表面渗碳0.2mm↵                        通过键盘输入文字并按【Enter】键结束本行
进行正火处理↵                         按【Enter】键结束本行文字输入
↵                                    按【Enter】键结束文字注写命令，此处不可以按空格键
                                     结束
```

结果如图6.8所示。

② 接着上例注写"未注圆角R5"。

```
命令：dtext↵
当前文字样式：宋体字 当前文字高度：2.5000 注释性：否 对正：左   提示当前文字样式
指定文字的起点或 [对正(J)/样式(S)]：↵    按【Enter】键，起点定义为上一次输入文本的下一行
未注圆角R5↵                            通过键盘输入文字并按【Enter】键结束本行
↵                                      按【Enter】键结束文字输入，此处不可以按空格键结束
```

结果如图6.9所示。

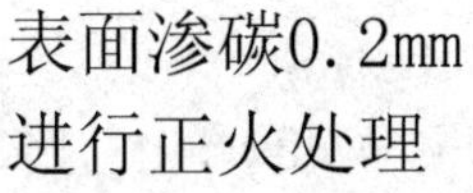

表面渗碳0.2mm
进行正火处理

表面渗碳0.2mm
进行正火处理
未注圆角R5

图 6.8　注写文本示例 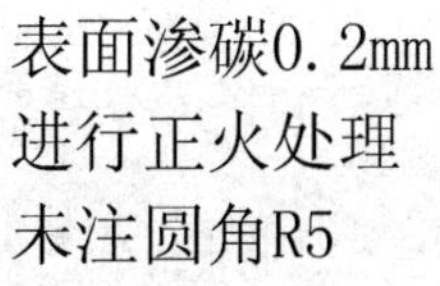　　　　　　图 6.9　以按【Enter】键响应起点示例

6.2.2　加速文字显示 QTEXT

图形中存在太多的文字会影响图形的重画、缩放和刷新速度，尤其在使用了 PostScrip 字体、TrueType 字体及其他一些复杂字体时，这一影响会比较明显。针对这种情况，为了减少不必要的时间浪费，AutoCAD 2022 中文版提供了 QTEXT 命令以加速文字的显示。

QTEXT 命令其实是一个开关，控制了文字的显示速度。

命令及提示如下。

命令：qtext
输入模式 [开(ON)/关(OFF)] <OFF>：

参数如下。

① 开（ON）：QTEXT 处于打开状态。

② 关（OFF）：QTEXT 处于关闭状态。

【例 6.3】 接着上例测试文字加速显示效果。

执行 QTEXT 命令，将其打开，并执行 REGEN 命令。

如图 6.10（a）所示，在关闭 QTEXT 时（默认状态），文字正常显示。当打开 QTEXT 时，用小矩形来替代每行文字，如图 6.10（b）所示。要正常显示文字，需要关闭 QTEXT，并执行 REGEN 命令。

表面渗碳0.2mm
进行正火处理
未注圆角R5

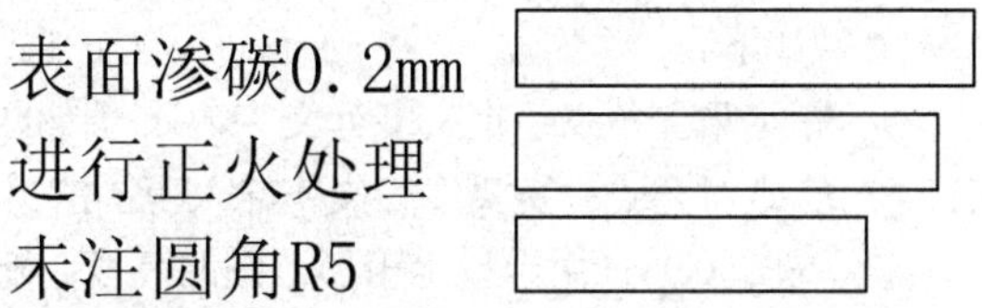

（a）QTEXT 关闭状态　　　　（b）QTEXT 打开状态

图 6.10　QTEXT 关闭和打开时的两种显示方式

在 QTEXT 处于打开状态时输入文字，在输入的过程中，文字正常显示，一旦按【Enter】键，结束该行文字输入后，该行文字即由矩形替代。如果先输入文字，再打开 QTEXT，则原先输入的文字只有在重生成后才会变成小矩形。强制图形重生成的命令为 REGEN。

注意：
另一种处理方法为首先设定简单的字体，如 TXT 字体，分别定义成不同的样式名，用于绘图过程。在最后需要绘图输出时，再通过"文字样式"对话框更改成复杂和精美的字体样式。在使用该方法时，采用单行文字输入方式比较方便。

6.2.3　多行文字输入 MTEXT

可以一次输入多行文字，而且可以设定其中的不同文字具有不同的字体或样式、颜色、高度等特性。还可以输入一些特殊字符和堆叠式分数，设置不同的行距，进行文本的查找与替换，导入外部文件等。

命令：MTEXT
功能区：默认→注释→多行文字
　　　　注释→文字→多行文字
命令及提示如下。

```
命令：_mtext
当前文字样式："宋体字"  文字高度：360.8612  注释性：否
指定第一角点：
指定对角点或 [高度(H)/对正(J)/行距(L)/旋转(R)/样式(S)/宽度(W)/栏(C)]：h↵
指定高度 <>：
指定对角点或 [高度(H)/对正(J)/行距(L)/旋转(R)/样式(S)/宽度(W)/栏(C)]：j↵
输入对正方式 [左上(TL)/中上(TC)/右上(TR)/左中(ML)/正中(MC)/右中(MR)/左下(BL)/中下(BC)/右下(BR)] <左上(TL)>：
指定对角点或 [高度(H)/对正(J)/行距(L)/旋转(R)/样式(S)/宽度(W)/栏(C)]：l↵
输入行距类型 [至少(A)/精确(E)] <至少(A)>：
输入行距比例或行距 <1x>：
指定对角点或 [高度(H)/对正(J)/行距(L)/旋转(R)/样式(S)/宽度(W)/栏(C)]：r↵
指定旋转角度 <0>：
指定对角点或 [高度(H)/对正(J)/行距(L)/旋转(R)/样式(S)/宽度(W)/栏(C)]：s↵
输入样式名或 [?] <>：
指定对角点或 [高度(H)/对正(J)/行距(L)/旋转(R)/样式(S)/宽度(W)/栏(C)]：w↵
指定宽度：
指定对角点或 [高度(H)/对正(J)/行距(L)/旋转(R)/样式(S)/宽度(W)/栏(C)]：c↵
输入栏类型 [动态(D)/静态(S)/不分栏(N)] <动态(D)>：
指定栏宽：<XXX>：
指定栏间距宽度：<XX>：
指定栏高：<X>：
```

参数如下。

① 指定第一角点：定义多行文字输入范围的一个角点。

② 指定对角点：定义多行文字输入范围的另一个角点。

③ 高度（H）：用于设定矩形范围的高度。随后出现以下提示。

指定高度<>——定义高度。

④ 对正（J）：设置对正方式。对正方式提示如下。

● 左上（TL）——左上角对齐。

● 中上（TC）——中上对齐。

● 右上（TR）——右上角对齐。

● 左中（ML）——左侧中间对齐。

● 正中（MC）——正中对齐。

● 右中（MR）——右侧中间对齐。

● 左下（BL）——左下角对齐。

● 中下（BC）——中间下方对齐。

● 右下（BR）——右下角对齐。

⑤ 行距（L）：设置行距类型，出现以下提示。

● 至少（A）——确定行间距的最小值。按【Enter】键出现输入行距比例或行距的提示。

● 输入行距比例或行距——输入行距或比例。

● 精确（E）——精确确定行距。

⑥ 旋转（R）：指定旋转角度。

指定旋转角度——输入旋转角度。

⑦ 样式（S）：指定文字样式。

输入样式名或[?] <>——输入已定义的文字样式名，输入"?"则列表显示已定义的文字样式。

⑧ 宽度（W）：定义矩形宽度。

指定宽度——输入宽度或直接单击一点来确定宽度。

⑨ 栏（C）：显示用于设置栏的选项，如类型、列数、高度、宽度及栏间距大小。

在设定了矩形的两个顶点后，弹出如图 6.11 所示的"文字编辑器"选项板。

图 6.11 "文字编辑器"选项板

该选项板包含了样式、格式、段落、插入、拼写检查、工具、选项、关闭等面板，可以通过下拉列表框、文本框及按钮完成文本的编辑、排版工作。限于篇幅，本书不对文本的编辑做过多的介绍。

> 注意：
>
> 多行文字经分解后变成多个单行文字。

6.2.4 外部文本文件导入

可以将外部的文本文件（.rtf 和.txt）直接导入，单击"选项"按钮，在弹出的菜单中选择"输入文字"，弹出"选择文件"对话框，如图 6.12 所示。文件大小不得超过 32KB。

图 6.12 "选择文件"对话框

6.2.5 拼写检查 SPELL

AutoCAD 2022 中文版不仅提供了常用的文字编辑功能，还提供了拼写检查功能。用户可以通过拼写检查，减少文字输入错误。可以通过命令或菜单来执行拼写检查。

命令：SPELL

功能区：注释→文字→拼写检查

首先要选择文本或属性，然后执行该命令，如果系统认为没有错误，将弹出对话框提示检查完成。当怀疑有错误时，将弹出如图 6.13 所示的"拼写检查"对话框。

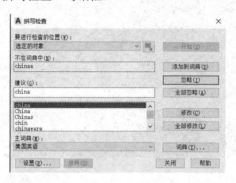

图 6.13 "拼写检查"对话框

6.3 特殊文字输入

有些字符是不方便通过标准键盘直接输入的，这些字符为特殊字符。特殊字符主要包括：上画线、下画线、度符号（°）、正负号（±）等。在输入多行文字时可以通过符号按钮或选项中的符号菜单来输入常用的符号。输入单行文字时，必须采用特定的编码，即通过输入控制代码或 Unicode 字符串来输入一些特殊字符或符号。

表 6.1 列出了工程图中常用的几种特殊字符的代码，其大小写通用。

表 6.1 特殊字符代码

代　码	对　应　字　符
%%o	上画线
%%u	下画线
%%d	度符号 " °"
%%c	直径符号 "Ø"
%%p	正负号 "±"
%%%	%
%%nnn	ASCII nnn 码对应的字符

在 DTEXT 或 TEXT 命令中，如在"输入文本"提示后输入"%%u 特殊字符 %%O 输入示例 %%U%%O：角度%%D，直径%%c，公差%%p0.020，通过率 98%%%"，屏幕上会出现：

特殊字符输入示例：角度°，直径∅，公差±0.020，通过率98%

在文字编辑器中单击 @ 按钮或在选项菜单中选择"符号",弹出如图 6.14 所示的符号列表。从中可以选择需要的特殊符号。

单击符号列表最下方的"其他",弹出如图 6.15 所示的"字符映射表"对话框,从中可以选择特殊符号插入。

图 6.14　符号列表

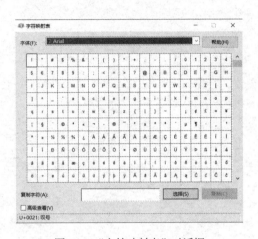

图 6.15　"字符映射表"对话框

特殊符号不支持在垂直文字中使用,而且一般只支持部分 TrueType(TTF)字体和 SHX 字体,包括 Simplex、RomanS、Isocp、Isocp2、Isocp3、Isoct、Isoct2、Isoct3、Isocpeur(仅 TTF 字体)、Isocpeur italic(仅 TTF 字体)、Isocteur(仅 TTF 字体)、Isocteur italic(仅 TTF 字体)。

> ◉◉注意:
> 应该注意字体和特殊字符的兼容。如果一些特殊字符(包括汉字)使用的字体无法辨认,则会显示若干"?"来替代输入的字符,更改字体可以恢复正确显示。

6.4　文字编辑 DDEDIT

可以对已经输入的文字进行编辑。根据选择的文字对象是单行文字还是多行文字,弹出相应的对话框来编辑文字。如果采用特性编辑器,还可以同时修改文字的其他特性,如样式、位置、图层、颜色等。

命令:DDEDIT

执行文字编辑命令后,首先要求选择欲编辑的文字(如果一次只编辑一个文字对象,用户也可以通过双击文字来执行该命令,如果同时选择了多个对象,一般会弹出"特性"对话框),如果选择的对象为单行文字,单击后将和输入单行文字类似,直接编辑即可。

如果选择的对象为多行文字,则操作和输入多行文字相同。

用户也可以通过"对象特性"对话框来编辑文字及特性。在"对象特性"对话框中,用户不仅可以修改文字内容,而且可以重新选择该文字的样式、对正类型、高度、旋转角度、宽度比例、倾斜角度、位置及颜色等特性。

6.5　缩放文字 SCALETEXT

在 AutoCAD 2022 中文版中可以在注写文字后修改文字的大小。

命令：SCALETEXT

功能区：注释→文字→缩放

命令及提示如下。

命令：**scaletext**
选择对象：找到 X 个
选择对象：
输入缩放的基点选项
[现有(E)/左(L)/中心(C)/中间(M)/右(R)/左上(TL)/中上(TC)/右上(TR)/左中(ML)/正中(MC)/右中(MR)/左下(BL)/中下(BC)/右下(BR)] <现有>：
指定新模型高度或 [图纸高度(P)/匹配对象(M)/比例因子(S)] <500>：**p↵**
指定新图纸高度 <XX>：XXX
X 个对象已更改
[现有(E)/左(L)/中心(C)/中间(M)/右(R)/左上(TL)/中上(TC)/右上(TR)/左中(ML)/正中(MC)/右中(MR)/左下(BL)/中下(BC)/右下(BR)] <现有>：
指定新模型高度或 [图纸高度(P)/匹配对象(M)/比例因子(S)] <XX>：**m↵**
选择具有所需高度的文字对象：
高度=当前
命令：**_scaletext**
找到 X 个
输入缩放的基点选项
[现有(E)/左(L)/中心(C)/中间(M)/右(R)/左上(TL)/中上(TC)/右上(TR)/左中(ML)/正中(MC)/右中(MR)/左下(BL)/中下(BC)/右下(BR)] <现有>：
指定新模型高度或 [图纸高度(P)/匹配对象(M)/比例因子(S)] <XX>：**s↵**
指定缩放比例或 [参照(R)] <2>：
指定新模型高度或 [图纸高度(P)/匹配对象(M)/比例因子(S)] <XX>：**s↵**
指定缩放比例或 [参照(R)] <2>：**r↵**
指定参照长度 <1>：
指定新长度：

参数如下。

提示中有关缩放基点的选项和注写文字时基本相同，相当于 SCALE 中指定的缩放基点。不同的是以下几点。

① 现有：保持原有的绘制基点不变，或者修改为其他的对正方式。

② 指定新模型高度：输入新的高度替代原先指定的文字高度。

③ 图纸高度：对于注释性文字，可以设置新的图纸高度作为文字高度。

④ 匹配对象：选择一个已有的文字对象，使用该对象的高度来替代原先的高度。

⑤ 选择具有所需高度的文字对象：选择欲修改文本高度的文字对象。

⑥ 比例因子：定义一个系数来修改文字的高度。

⑦ 指定缩放比例：输入系数，文字高度变成该系数和原先高度的乘积。

⑧ 参照：通过定义参照长度来修改文字的高度。

⑨ 指定参照长度：输入参照的长度。

⑩ 指定新长度：输入新的长度，通过和参照长度相比得到新的高度。

6.6　对正文字 JUSTIFYTEXT

在 AutoCAD 2022 中文版中可以在注写文字后修改文字的对正基准。

命令：JUSTIFYTEXT

功能区：注释→文字→对正

命令及提示如下。

```
命令: _justifytext
选择对象: 找到 1 个
选择对象:
输入对正选项
[左(L)/对齐(A)/调整(F)/中心(C)/中间(M)/右(R)/左上(TL)/中上(TC)/右上(TR)/左中(ML)/正中(MC)/右中(MR)/
左下(BL)/中下(BC)/右下(BR)] <左>:
```

该命令的作用是调整原先注写文字的基点。如果原先注写的文字采用左对齐方式，则采用该命令并输入 R 后，将该文字的对齐方式调整为右对齐，而文字本身的位置不变。用户可以通过执行该命令后查看夹点的变化来体会该命令的效果。

6.7　对齐 TEXTALIGN

可以将多个文本通过对齐命令对齐。

命令：**TEXTALIGN**

功能区：注释→文字→对齐

命令及提示如下。

```
命令: _textalign
当前设置: 对齐 = 左对齐，间距模式 = 当前水平
选择要对齐的文字对象 [对齐(I)/选项(O)]: O↵
输入选项 [分布(D)/设置间距(S)/当前垂直(V)/当前水平(H)] <当前水平>: D↵
当前设置: 对齐 = 左对齐，间距模式 = 平均分布
选择要对齐的文字对象 [对齐(I)/选项(O)]: O↵
输入选项 [分布(D)/设置间距(S)/当前垂直(V)/当前水平(H)] <分布>: S↵
设置间距 <0.000000>:
当前设置: 对齐 = 左对齐，间距模式 = 设置间距(0.000000)
选择要对齐的文字对象 [对齐(I)/选项(O)]: O↵
输入选项 [分布(D)/设置间距(S)/当前垂直(V)/当前水平(H)] <设置间距>: V↵
当前设置: 对齐 = 左对齐，间距模式 = 当前垂直
选择要对齐的文字对象 [对齐(I)/选项(O)]: O↵
输入选项 [分布(D)/设置间距(S)/当前垂直(V)/当前水平(H)] <当前垂直>: H↵
当前设置: 对齐 = 左对齐，间距模式 = 当前水平
选择要对齐的文字对象 [对齐(I)/选项(O)]: I↵
选择对齐方向 [左对齐(L)/居中(C)/右对齐(R)/左上(TL)/中上(TC)/右上(TR)/左中(ML)/正中(MC)/右中(MR)/左
下(BL)/中下(BC)/右下(BR)] <左对齐>:
选择要对齐的文字对象 [对齐(I)/选项(O)]: 找到 X 个
选择要对齐的文字对象 [对齐(I)/选项(O)]: 找到 XX 个，总计 XXX 个
选择要对齐的文字对象 [对齐(I)/选项(O)]:
```

选择要对齐到的文字对象 [点(P)]:
间距模式: 当前水平
拾取第二个点或 [选项(O)]:

参数如下。

① 文字对象：设定编辑对象。

● 选择要对齐的文字对象——选择需要对齐的对象。

● 选择要对齐到的文字对象——选择对齐的目标对象。

● 点（P）——拾取对齐的点。

● 拾取第二个点——在指定对齐的基础对象后，指定第二个点来设定目标对象的位置。

② 对齐（I）：设置对齐方式，具体参照图 6.7，这里不再赘述。

③ 选项（O）：设置对齐方式。对齐方式提示如下。

● 分布（D）——将对象在两个选定的点之间均匀隔开。

● 设置间距（S）——指定文字对象的范围之间的距离。

● 当前垂直（V）——设置要对齐文字对象的当前垂直位置，即沿水平方向可移动。

● 当前水平（H）——设置要对齐文字对象的当前水平位置。

6.8　查找 FIND

与一般的文字编辑软件一样，AutoCAD 2022 中文版中也可以查找特定字符串。

命令：FIND

功能区：注释→文字→查找文字

可以在功能区文字面板中输入欲查找的字符串，单击查找按钮进行查找。如果没有找到匹配对象，则会弹出如图 6.16 所示的对话框。如果找到，则会亮显找到的字符串，并弹出如图 6.17 所示的"查找和替换"对话框。

通过该对话框，输入要查找的字符串，指定搜索范围，就可以进行查找操作。如果要进行字符串替换，则在"替换为"文本框中输入改成的字符串，单击替换按钮即可。其他操作和文字编辑器中的基本一致。

图 6.16　提示没有匹配对象　　　　　　　图 6.17　"查找和替换"对话框

6.9 改变文字样式

文字样式的改变在一般情况下会直接影响采用该样式输入的文字。

对于 DTEXT 和 TEXT 输入的单行文字，由于在输入时均指定了文字样式，所以一旦改变该样式，输入的文字会自动更新。

对多行文字而言，有两种情况：如果在输入时采用了多行文字编辑器的"样式"中设置的多行文字样式，一旦改变该样式，输入的多行文字会自动根据新的样式修改；如果输入时独立设置字体直接产生文本，则后来修改某种文字样式不会影响多行文字编辑器输入的文字。

【例 6.4】 修改如图 6.18 所示的字体为宋体，观察对单行文字和多行文字的影响。

① 如图 6.18 所示，原先在文字样式中设定的样式"Standard"采用的字体是隶书，并且采用 TEXT 命令输入前两行文字。采用 MTEXT 命令输入第 3 行和第 4 行文字，其中第 3 行通过"特性"选项卡，设定输入的文字样式为"Standard"，第 4 行则直接在"字符"选项卡中设定为"宋体"。

② 打开"文字样式"对话框，选择"Standard"样式，在字体中选择"宋体"来替代原先的"隶书"，如图 6.19 所示。

TEXT文本示例
DTEXT文本示例
MTEXT：使用特性中设定的文字样式
MTEXT：单独设置字体

图 6.18 修改样式前的文字

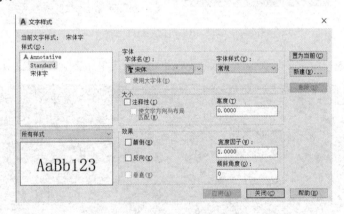

图 6.19 "文字样式"对话框

③ 单击 应用 和 关闭 按钮，退出"文字样式"对话框，结果如图 6.20 所示。

TEXT文本示例
DTEXT文本示例
MTEXT：使用特性中设定的文字样式
MTEXT：单独设置字体

图 6.20 修改样式后的文字

从图 6.18 和图 6.20 的比较中可以看出，文字样式的改变会影响采用该样式注写的文字，和输入的方法无关。

6.10　表格 TABLE

在 AutoCAD 2022 中文版中也可以插入表格，使用表格编辑标题栏、明细栏等十分方便。

命令：TABLE

功能区：注释→表格→表格

　　　　　默认→注释→表格

执行该命令后，弹出如图 6.21 所示的"插入表格"对话框。

在该对话框中可以设置表格样式、插入方式、数据行数、列数、行高、列宽等。

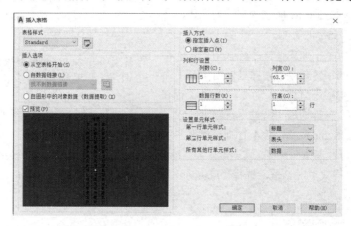

图 6.21　"插入表格"对话框

在图形中插入表格后，立即就可以输入数据，也可以双击单元格输入数据，如图 6.22 所示。

图 6.22　在表格中输入数据

习　　题

（1）单行文字输入和多行文字输入有哪些主要区别？各适用于什么场合？

（2）特殊字符如何输入？

（3）如何输出精美的文字并保证文字的显示速度？

（4）文字样式中的倾斜和旋转的含义是什么？

（5）是否可以设定一种文字样式包含多种字体？

（6）143,152 修改已经使用的文字样式对原文字有何影响？这种情况对单行文字和多行文字的影响是否相同？

（7）绘制如图 6.23 所示的表格。

表格样本		
第一行，第一列，左对齐		
第二行，第一列，右对齐		
	居中	
	南京师范大学	
宋体字，加粗		宽度比例2

图 6.23　习题.dwg

第7章 块及外部参照

块指一个或多个对象的集合，它是一个整体，即单一的对象。利用块可以简化绘图过程并可以系统地组织任务。例如一张装配图，可以分成若干块，由不同的人员分别绘制，最后通过块的插入及更新形成装配图。

在图形中插入块是对块的引用，不论该块多么复杂，在图形中只保留块的引用信息和定义，所以使用块可以减小图形的存储空间，尤其在一张图中多次引用同一块时十分明显。一幅图形本身可以作为块被引用。

块可以减少不必要的重复劳动，如每张图上都有的标题栏可以制成块，在输出时插入。可以通过块的方式建立标准件图库。块可以附加属性，可以通过外部程序和指定的格式提取图形中的数据。

外部参照是一幅图形对另一幅图形的引用，功能类似于块。

本章将介绍块的建立、插入、编辑的方法及外部参照等知识。

7.1 创建块 BLOCK

要使用块，必须先创建块。可以通过以下方法创建块。

命令：BLOCK

功能区：默认→块→创建

插入→块定义→创建块

命令及提示如下。

命令：-block
输入块名或 [?]:
指定插入基点或 [注释性(A)]: a
创建注释性块 [是(Y)/否(N)] <Y>:
相对于图纸空间视口中图纸的方向 [是(Y)/否(N)] <N>:
选择对象：

参数如下。

① 块名：块的名称，在使用块时要求输入块名。

② ？：列出图形中已经定义的块名。

③ 插入基点：设置插入块时控制块的位置的基点。

④ 注释性（A）：设置成注释性的块。

⑤ 相对于图纸空间视口中图纸的方向：设置是否和图纸空间视口中图纸方向一致。

⑥ 选择对象：定义块中包含的对象。

执行创建块命令后，弹出如图7.1所示的"块定义"对话框。该对话框中包含名称、基点、对象、设置等选项。各选项含义如下。

1. 名称

名称是块的标识，新建块可以直接输入名称。单击向下的小箭头可以弹出该图形中已定义的块名称列表。

图 7.1 "块定义"对话框

2. 基点

定义块的基点。

① 在屏幕上指定：在屏幕上指定一个点作为基点。

② 拾取点：返回绘图界面，要求单击某点作为基点，此时自动获取拾取点的坐标并分别填入下面的 X、Y、Z 文本框中。

③ X、Y、Z：在文本框中分别输入坐标。默认基点是原点。

3. 对象

定义块中包含的对象。

① 在屏幕上指定：关闭对话框时将提示选择对象。

② 选择对象：返回绘图界面，要求用户选择图形作为块中包含的对象。

③ 快速选择：弹出"快速选择"对话框。用户可以通过"快速选择"对话框来设定块中包含的对象。

④ 保留：在选择了组成块的对象后，保留被选择的对象不变。

⑤ 转换为块：在选择了组成块的对象后，将被选择的对象转换成块。

⑥ 删除：在选择了组成块的对象后，将被选择的对象删除。

4. 设置

① 块单位：单击下拉列表框后可以选择块的单位。

② 超链接：将块和某个超链接对应。

5. 方式

① 注释性：是否作为注释性的块。如果是，还要定义方向。

② 按统一比例缩放：确定是否按统一比例缩放块。

③ 允许分解：指定块是否可以分解。

6. 在块编辑器中打开

允许在块编辑器中打开该块的定义。

【例 7.1】 通过对话框将图 7.2 所示的图形创建成块，名称为"lw1"。

首先在屏幕上绘制一圆及与之外切的正六边形，如图 7.2 所示。

① 在"绘图"工具栏中单击创建块按钮，进入"块定义"对话框，在其中输入名称"lw1"。
② 单击 拾取点 按钮，在绘图区利用"圆心"的对象捕捉方式单击圆心。
③ 单击 选择对象 按钮，在绘图区选择圆和正六边形并按【Enter】键，如图 7.3 所示。
④ 在"说明"文本框中输入"螺纹俯视"或其他的说明。
⑤ 单击 确定 按钮，完成块"lw1"的建立。

图 7.2　块中组成对象　　　　　　　　　　图 7.3　创建块示例

👀 **注意**：

采用 BLOCK 命令创建的块只属于该图形文件。

7.2　插入块 INSERT

块的建立是为了引用。引用块可以通过对话框进行，也可以通过命令行在命令提示下进行。还可以阵列插入块，将块作为尺寸终端或等分标记引用。

命令：INSERT

功能区：默认→块→插入（→更多选项）

　　　　插入→块→插入（→更多选项）

单击插入下拉按钮后，弹出本图包含的块缩略图，可以直接选择对应的块。命令参数如下：

指定插入点或 [基点(B)/比例(S)/X/Y/Z/旋转(R)]:

用户设置插入点、基点、比例、旋转角度等后，即可完成插入。

如果单击更多选项按钮，将弹出如图 7.4 所示的"插入"对话框。

该对话框中包含名称、插入点、比例、旋转、分解等选项。各选项含义如下。

1. 名称

名称文本框用于设置插入的块名。

2. 浏览按钮

单击该按钮后，弹出如图 7.5 所示的"选择要插入的文件"对话框。

图 7.4　"插入"对话框　　　在该对话框中，用户可以选择某图形文件作为块插入当前文件，具体的
用法和其他选择文件对话框相同。

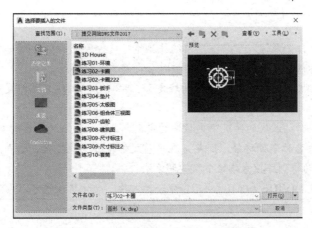

图 7.5　"选择要插入的文件"对话框

3. 插入点

在绘图区中单击插入点，有相应的命令行提示。

4. 比例

用户可以设定缩放比例。

5. 旋转

设定旋转角度。

6. 分解

如果选择该复选框，则块在插入时自动分解成独立的对象，不再是一个整体。默认情况下不选择该复选框。以后需要编辑块中的对象时，可以采用分解命令将其分解。

【例 7.2】　通过对话框插入如图 7.6 所示的块"lw1"，X 方向比例为 2，Y 方向比例为 1，角度为 30°。

① 单击更多选项按钮，弹出如图 7.7 所示的"插入"对话框。

图 7.6　插入"lw1"示例

图 7.7　"插入"对话框

② 单击名称后的向下小箭头，在列表中选择"lw1"。

③ 在"比例"中设定 X 方向为 2，Y 方向为 1。

④ 设定旋转角度为 30°，如图 7.7 所示。

⑤ 在"指定插入点或[比例(S)/X/Y/Z/旋转(R)]:"的提示下单击绘图区中某一点，结果如图 7.6 所示。

👁👁 注意：

① 输入块名称时，如果输入"~"，则系统将显示"选择要插入的文件"对话框。

② 如果在块名称前加"*"，则在插入该块时会自动将其分解。

③ 如果要用外部文件替换当前文件中的块定义，则提示输入块名称时要在块名称和替换的文件名之间加"="。

④ 如果要在不重新插入块的情况下更新块的定义，则提示输入块名称时要在块名称后加"="。

⑤ 如果输入的块名称不带路径，则首先在当前文件中查找块定义，如果当前文件中不存在该名称的块定义，则自动转到库搜索路径中搜索同名文件。

⑥ 同样可以通过 DIVIDE 和 MEASURE 命令插入块，尺寸标注也可以设定成自定义的块。

7.3 写块 WBLOCK

通过 BLOCK 命令创建的块只能存在于定义该块的图形中。如果要在其他的图形文件中使用该块，最简单的方法即采用 WBLOCK 建立块。

WBLOCK 命令和 BLOCK 命令一样可以定义块，只是前者定义的块将作为一个图形文件单独存储在磁盘上。事实上，WBLOCK 命令更像赋名存盘，同时可以选择保存的对象。WBLOCK 命令建立的块本身是一个图形文件，可以被其他的图形引用，也可以单独打开。

命令：WBLOCK

命令及提示如下。

命令：**WBLOCK**
指定插入基点：
选择对象：
选择对象：↵

参数如下。

① 指定插入基点：定义插入块时的基点。

② 选择对象：选择组成块的对象。

执行该命令后，弹出如图 7.8 所示的"写块"对话框。

图 7.8 "写块"对话框

该对话框中包含"源"和"目标"选项区。"源"选项区中还包含"基点"和"对象"选项区。各选项含义如下。

1. 源

① 块：可以从右侧的下拉列表框中选择已经定义的块作为写块时的源。

② 整个图形：以整个图形作为写块的源。

③ 对象：可以在随后的操作中设定基点并选择对象。

④ 基点：定义写块的基点。

● 拾取点——返回绘图界面，要求单击某点作为基点，此时自动获取拾取点的坐标并分别填入下面的 X、Y、Z 文本框中。

● X、Y、Z——在文本框中输入基点坐标。默认基点是原点。

⑤ 对象：定义块中包含的对象。

● 选择对象——返回绘图界面，要求用户选择对象作为块中包含的对象。

● 快速选择——弹出"快速选择"对话框，用户可以通过"快速选择"对话框来设定块中包含的对象。如果没有选择任何对象，将在下面出现"⚠未选定对象"的警告信息。

● 保留——选择组成块的对象后，保留被选择的对象不变。

● 转换为块——选择组成块的对象后，将被选择的对象转换成块。

● 从图形中删除——选择组成块的对象后，将被选择的对象删除。

2. 目标

① 文件名和路径：用于输入写块的文件名及路径。

② ▇按钮：弹出"浏览图形文件"对话框，在该对话框中可以选择目标位置，如图 7.9 所示。

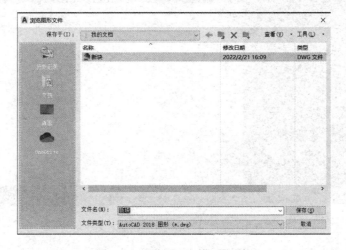

图 7.9 "浏览图形文件"对话框

③ 插入单位：用于指定新文件插入时所使用的单位。

【例 7.3】通过"写块"对话框将前面定义成"lw1"块的图形写成块"lw2"，存储位置为"C:\AutoCAD 2022"。

① 在"命令："提示后输入"WBLOCK"，弹出"写块"对话框。

② 选中"对象"单选按钮。

③ 单击"拾取点"按钮，在绘图区单击欲选图形的中心点，此时返回"写块"对话框，坐标自动填入相应的文本框中。

④ 单击"选择对象"按钮，在绘图区选择圆和正六边形并回车，返回"写块"对话框。

⑤ 单击"保留"单选按钮。

⑥ 在"文件名及路径"文本框中输入"C:\AutoCAD 2022\lw2"。

⑦ 在"插入单位"下拉列表框中选择"毫米"。

⑧ 单击 确定 按钮，结束写块操作。

经过以上操作，将会在"C:\ AutoCAD 2022"目录下产生文件"lw2.dwg"。本例中的目标位置可以更改。

7.4　在图形文件中引用另一图形文件

要在图形文件中引用另一图形文件，有两种方法：一种是采用插入命令，另一种是采用外部参照。插入图形文件有两种操作方法：一种是使用 INSERT 命令，选择需要插入的图形即可；另一种是采用多文档拖动。

拖动图形文件到绘图区，其本质也是插入。

【例 7.4】　拖动插入图形文件"D:\CAD2022\AutoCAD 2022\Sample\Mechanical Sample\ Mechanical - Multileaders.dwg"。

① 同时打开资源管理器窗口和 AutoCAD 2022 中文版，并使活动的资源管理器窗口不要将 AutoCAD 2022 中文版窗口全部遮挡住，如图 7.10 所示。

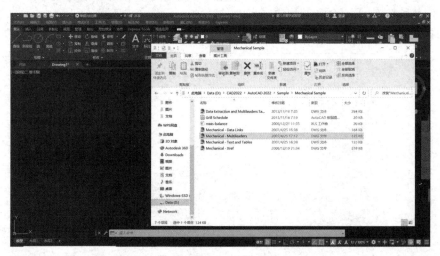

图 7.10　拖动插入示例（找到插入文件）

② 找到欲插入的文件，拖动该文件到 AutoCAD 2022 中文版的绘图区。

③ 在命令行中出现以下提示。

命令：_insert
输入块名或[?]："D:\CAD2022\AutoCAD 2022
\Sample\Mechanical Sample\Mechanical - Multileaders.dwg"
融入 外部参照 "Mechanical - Xref"：D:\CAD2022\AutoCAD 2022
\Sample\Mechanical Sample\Mechanical - Xref.dwg
"Mechanical - Xref" 已加载。
"Mechanical - Xref" 参照文件在宿主图形最近一次保存之后已被更改。
单位：无单位　转换：　　1.0000
指定插入点或 [基点(B)/比例(S)/X/Y/Z/旋转(R)]：拾取插入点
输入 X 比例因子，指定对角点，或 [角点(C)/XYZ(XYZ)] <1>：

输入 Y 比例因子或 <使用 X 比例因子>:
指定旋转角度 <0>:

④ 设定以上各参数。

⑤ 结果如图 7.11 所示，在绘图区插入了所选的图形文件。

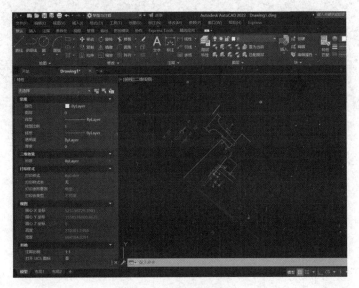

图 7.11　拖动插入结果

注意:

以图形文件作为插入对象时，不像插入块那样预先定义了插入基点，为此，AutoCAD 2022 中文版提供了 BASE 命令为图形文件设定基点。BASE 命令可以通过菜单或命令行执行。

【例 7.5】 重新定义基点为（100,400）。

命令：_base	下达 BASE 命令
输入基点<0.0000,0.0000,0.0000>: **100,400↵**	重新输入坐标（100,400）作为基点，存盘后，该图形文件的基点变为（100,400,0）

【例 7.6】 采用设计中心符号库中的现有符号绘制如图 7.12 所示的图形，墙宽为 240。

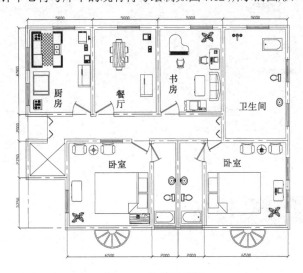

图 7.12　块使用示例

① 按【Ctrl+N】组合键新建图形。

② 按照图 7.13 设置图层。

图 7.13　设置图层

③ 在轴线层绘制轴线，如图 7.14 所示。

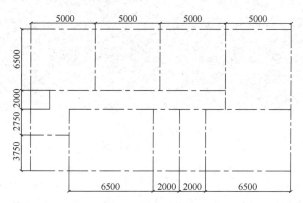

图 7.14　绘制轴线

④ 修改多线样式。

执行 MLSTYLE 命令，弹出如图 7.15 所示的对话框。

单击修改按钮，弹出如图 7.16 所示的对话框。将"直线"的"起点"和"端点"复选框选中。单击确定按钮退出多线样式的设定。

图 7.15　"多线样式"对话框

图 7.16　"修改多线样式"对话框

⑤ 鈣嶙偶斕呪盞奶缛缴劒垚。馴冤廳屢徯助坚岞斕三垚岞。

哙佀：**mline**
徯助谚翊：展殿 = 书，氰佉 = 20.00，梓彫 = STANDARD
搗竇跓焕拎 [展殿(J)/氰佉(S)/梓彫(ST)]： **s↵**　　设置墙宽
迯涷奶缛氰佉 <20.00>： **240↵**
徯助谚翊：展殿 = 书，氰佉 =240.00，梓彫 = STANDARD
搗竇跓焕拎 [展殿(J)/氰佉(S)/梓彫(ST)]： **j↵**　　设置对齐方式
迯涷展殿糗埧 [书(T)/昼(Z)/艺(B)] <书>： **z↵**
徯助谚翊：展殿 = 昼，氰佉 = 240.00，梓彫 = STANDARD
搗竇跓焕拎 [展殿(J)/氰佉(S)/梓彫(ST)]：**鈣嶙筋焕弄接昕彫洛争怟运缛缴劒垚侯**　　绘制墙体
搗竇芝乜焕：**鈣嶙筋焕弄接昕彫洛争怟运缛缴劒垚侯**
搗竇芝乜焕拎 [箪蘐(U)]：**鈣嶙筋焕弄接昕彫洛争怟运缛缴劒垚侯**
搗竇芝乜焕拎 [陉呤(C)/箪蘐(U)]：**鈣嶙筋焕弄接昕彫洛争怟运缛缴劒垚侯……**　　依次绘制墙体
搗竇芝乜焕拎 [陉呤(C)/箪蘐(U)]： **↵**

⑥ 署迭垚侯睔仫鄻剢。

柞袨 MLEDIT 哙佀，徕剖姞坚 7.17 拔祼盞展竑梢。

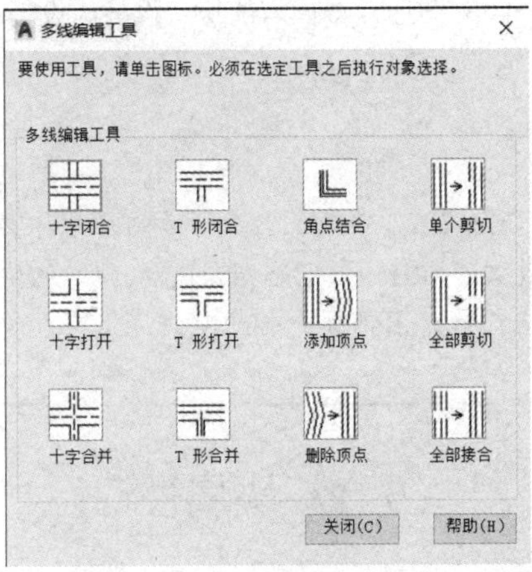

坚 7.17 “奶缛署迭幁溧”展竑梢

鈣嶙幁溧争盞 T 徹扭彛、訮焕缯呤否凄鄻眆剣幁溧屢垚侯署迭扬姞坚 7.18 拔祼盞缯柸。垄幂芝侩翊缴劒仫吥睐缛。

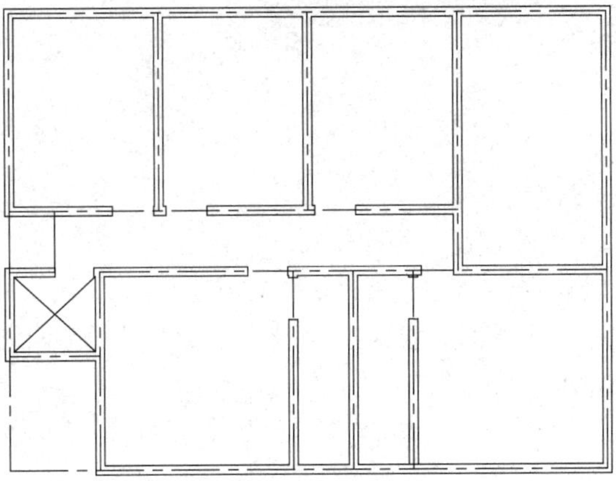

坚 7.18　垚侯署迭缯柸

⑦ 单击功能区"插入→内容→设计中心"，或执行 ADCENTER 命令，弹出如图 7.19 所示的"设计中心"选项板。

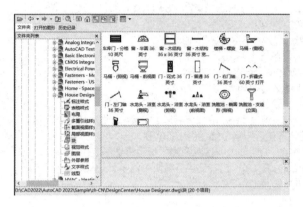

图 7.19 "设计中心"选项板

找到"House Designer.dwg"中的图形，将插入的块（设备、设施、家具）进行比例缩放和旋转等编辑，并通过移动命令摆放到合适的位置。

结果如图 7.12 所示。

> 👀 **注意：**
>
> 从该例中可以发现，AutoCAD 2022 中文版本身所带的符号库其实是存放在相应的图形文件中的块。例如本例中调用的其实是文件"House Designener.dwg"中的块。因此，用户可以很方便地将平时需要的组件或部件，以及常用的元器件按比例绘制好，保存在特定的文件中，以后需要时直接通过拖动插入的方式来调用。

7.5 块属性

属性就像附在商品上面的标签一样，包含该商品的各种信息，如商品的原材料、型号、制造商、价格等。在一些场合，定义属性的目的在于提高输入图形时的方便性；在另一些场合，定义属性的目的是在其他程序中应用这些数据，如在数据库中计算设备的成本等。

7.5.1 属性定义 ATTDEF、DDATTDEF

属性需要先定义后使用。

命令：ATTDEF

　　　　DDATTDEF

功能区：默认→块→定义属性

　　　　插入→块定义→定义属性

执行该命令后，弹出"属性定义"对话框，如图 7.20 所示。

该对话框中包含了"模式""属性""插入点""文字设置"四个选项区，各选项含义如下。

① 模式：通过复选框设定属性的模式。

可以设定属性为"不可见""固定""验证""预设""锁定位置""多行"模式。

② 属性：设置属性。

● 标记——属性的标签，该项是必须填写的。

- 提示——用于输入时提示用户的信息。
- 默认——指定默认的属性值。
- 插入字段按钮——弹出"字段"对话框，供插入字段。

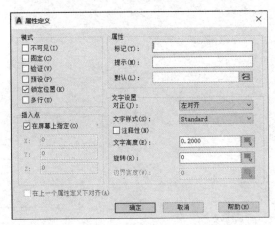

图 7.20 "属性定义"对话框

③ 插入点：设置属性插入点。
- 在屏幕上指定——单击某点作为插入点。
- X、Y、Z 文本框——设定插入点坐标值。

④ 文字设置：设置属性文字。
- 对正——下拉列表框中包含了所有的文本对正类型，可以从中选择一种。
- 文字样式——下拉列表框中包含了该图形中设定好的文字样式，可以选择某种文字样式。
- 注释性——设置是否为注释性文字。
- 文字高度——设定文字的高度，可以直接输入高度，也可以单击文字高度按钮，回到绘图区，通过单击两点来确定高度或直接在命令行中输入高度。
- 旋转——设定文字的旋转角度，可以直接输入旋转角度，也可以单击旋转按钮，回到绘图区，通过单击两点来定义旋转角度或直接在命令行中输入旋转角度。
- 边界宽度——换行前指定多行文字属性中行的最大长度。0 表示对行的长度没有限制。此选项不适用于单行文字属性。

⑤ 在上一个属性定义下对齐：如果前面定义过属性，则该复选框可以使用。选中该复选框，当前属性定义的插入点和文字样式继承自上一个属性，不用再定义。

【例 7.7】 通过属性定义及插入带属性的块的方法完成立柱绘制及编号。

① 首先在屏幕上绘制图 7.21 所示的立柱编号图形。

② 单击功能区"默认→块→属性定义"，进入"属性定义"对话框，如图 7.22 所示。

③ 在"属性定义"对话框中的"标记"文本框中输入"a"，在"提示"文本框中输入"立柱标号"，在"默认"文本框中输入"A"，如图 7.22 所示。

图 7.21 立柱编号图形

④ 单击确定按钮，在如图 7.23 所示的圆中间偏左下的位置单击，结果如图 7.24 所示。

图 7.22 "属性定义"对话框

图 7.23 拾取点位置 　　　　　　　　图 7.24 增加属性后的图形

⑤ 单击功能区"默认→块→创建"，进入"块定义"对话框，如图 7.25 所示。

⑥ 在"块定义"对话框中进行设定。首先在"名称"文本框中输入"lz"。

⑦ 单击拾取点按钮，在绘图区通过端点捕捉模式单击水平直线的右侧端点。

⑧ 单击选择对象按钮，将圆、直线及字符 A 全部选中，回车进入"块定义"对话框。

⑨ 单击确定按钮结束块定义，弹出如图 7.26 所示的"编辑属性"对话框。

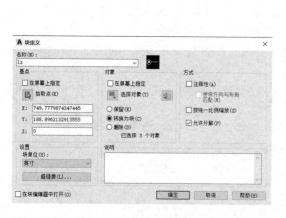

图 7.25 "块定义"对话框

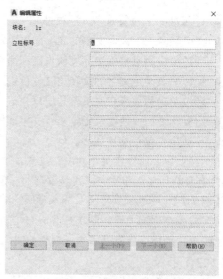

图 7.26 "编辑属性"对话框

⑩ 在"编辑属性"对话框中单击确定按钮退出。

⑪ 在屏幕上绘制如图 7.27 所示的图形。绘制方法：先绘制中心线，再复制成 5 条，然后绘制双线，编辑成图示结果。

⑫ 单击功能区"插入→块→插入→更多选项"，进入"插入"对话框，如图 7.28 所示。

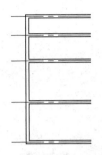

图 7.27　欲增加立柱编号的图形

图 7.28　"插入"对话框

⑬ 在"插入"对话框中选择块"lz"，然后单击 确定 按钮，回到绘图区。命令行出现以下提示。

命令：_insert
指定插入点或 [基点(B)/比例(S)/X/Y/Z/旋转(R)]：

⑭ 在如图 7.27 所示图形的最下面水平点画线的左侧，采用端点捕捉方式单击其端点，出现以下提示。

输入属性值
输入立柱编号 <A>：

⑮ 回车接受默认属性值。

⑯ 用同样的方法插入块，分别在"设置立柱编号："后输入 B、C、D、E，结果如图 7.29 所示。

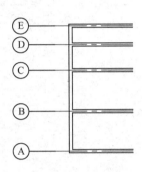

图 7.29　插入带属性的块

7.5.2　单个属性编辑 EATTEDIT

修改某属性可以通过属性编辑来完成。在 AutoCAD 2022 中文版中，属性编辑命令分为单个属性编辑命令和多个属性编辑命令，也可以通过"块属性管理器"来编辑属性。首先介绍单个属性的编辑。

命令：EATTEDIT

功能区：默认→块→单个

　　　　插入→块→编辑属性→单个

【例 7.8】 属性编辑练习。编辑单个属性：将上例中的属性"E"改成"D1"。

在功能区中选择"插入→块→编辑属性→单个"，提示选择属性，在绘图区中单击属性"E"后，弹出如图 7.30 所示的"增强属性编辑器"对话框。

在"值"文本框中输入"D1"，单击 确定 按钮退出该对话框，结果如图 7.31 所示。

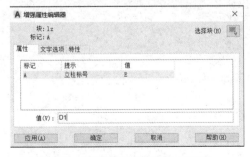

图 7.30　"增强属性编辑器"对话框

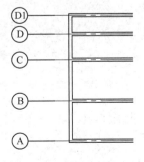

图 7.31　编辑单个属性示例

7.5.3　多个属性编辑 ATTEDIT

下面介绍多个属性的编辑。

命令：ATTEDIT

功能区：插入→块→编辑属性→多个

　　　　默认→块→多个

该命令可实现独立于块的属性和特性的编辑。

【例 7.9】　属性编辑练习。如图 7.32 和图 7.33 所示，将属性 C、D、E 修改成 B1、C、D。

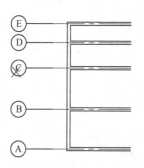

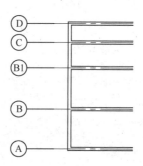

图 7.32　依次编辑属性　　　　　　　图 7.33　编辑属性后的结果

命令：-attedit	下达属性编辑命令
是否一次编辑一个属性？[是(Y)/否(N)] <Y>：↵	回车一次编辑一个属性
输入块名定义 <*>：↵	
输入属性标记定义 <*>：↵	
输入属性值定义 <*>：↵	
选择属性：单击 C 找到 1 个	
选择属性：单击 D 找到 1 个	
选择属性：单击 E 找到 1 个	
选择属性：↵	回车结束属性选择
已选择 3 个属性	此时被选择的第一个属性亮显并提示属性基点

结果如图 7.32 所示。

输入选项 [值(V)/位置(P)/高度(H)/角度(A)/样式(S)/图层(L) /颜色(C)/下一个(N)]<下一个>：v↵	修改属性值
输入值修改的类型 [修改(C)/替换(R)] <替换>：↵	选择替换
a 输入新属性值：B1↵	
输入选项 [值(V)/位置(P)/高度(H)/角度(A)/样式(S)/图层(L) /颜色(C)/下一个(N)] <下一个>：↵	回车选择下一个属性
输入选项 [值(V)/位置(P)/高度(H)/角度(A)/样式(S)/图层(L) /颜色(C)/下一个(N)]<下一个>：v↵	修改属性值
输入值修改的类型 [修改(C)/替换(R)] <替换>：↵	选择替换
输入新属性值：C↵	
输入选项 [值(V)/位置(P)/高度(H)/角度(A)/样式(S)/图层(L) /颜色(C)/下一个(N)]<下一个>：↵	回车选择下一个属性
输入选项 [值(V)/位置(P)/高度(H)/角度(A)/样式(S)/图层(L) /颜色(C)/下一个(N)] <下一个>：v↵	修改属性值
输入值修改的类型 [修改(C)/替换(R)] <替换>：↵	选择替换
输入新属性值：D↵	
输入选项 [值(V)/位置(P)/高度(H)/角度(A)/样式(S)/图层(L) /颜色(C)/下一个(N)]<下一个>：↵	回车退出属性编辑

结果如图 7.33 所示。

如果在出现"是否一次编辑一个属性？[是(Y)/否(N)] <Y>："时选择了"否"，则提示如下。

命令：**-attedit**
是否一次编辑一个属性？[是(Y)/否(N)] <Y>：**n**
正在执行属性值的全局编辑。
是否仅编辑屏幕可见的属性？[是(Y)/否(N)] <Y>：
输入块名定义 <*>：
输入属性标记定义 <*>：
输入属性值定义 <*>：
选择属性：找到 X 个
选择属性：
已选择 X 个属性
输入要修改的字符串：
输入新字符串：

以上执行结果类似于替换，用新字符串替代要修改的字符串。

7.5.4　块属性管理器 BATTMAN

通过"块属性管理器"来修改属性的方法如下。

命令：BATTMAN

功能区：插入→块定义→管理属性

　　　　默认→块→属性、块属性管理器

执行该命令后弹出如图 7.34 所示的"块属性管理器"对话框。

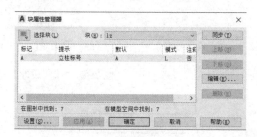

图 7.34　"块属性管理器"对话框

① 选择块按钮：让用户在绘图区的图形中选择一个带有属性的块。选择后将出现在下面的列表中。如果修改了块的属性，未保存所做的更改，并选择一个新块，系统将提示在选择其他块之前先保存。

② "块"下拉列表框：将具有属性的块列出。用户可以从中选择需要编辑的块。选择后出现在下面的列表中。

③ 同步按钮：更新具有当前定义属性的选定块的全部引用。这不会影响在每个块中指定给属性的任何值。

④ 上移按钮：在提示序列的早期移动选定的属性标签。选定固定属性时，上移按钮不可使用。

⑤ 下移按钮：在提示序列的后期移动选定的属性标签。选定固定属性时，下移按钮不可使用。

⑥ 编辑按钮：打开"编辑属性"对话框，进行属性编辑。

⑦ 删除按钮：从块定义中删除选定的属性。如果单击该按钮之前选择了"设置"对话框中的"将修改应用到现有的参照"，将删除当前图形中全部块引用的属性。对于仅具有一个属性的块，删除按钮不可使用。

⑧ 选择列表中的块后单击设置按钮或右击后选择"设置"菜单项，将弹出如图 7.35 所示的"块

属性设置"对话框。

⑨ 如果在图 7.34 中单击 编辑 按钮，则弹出如图 7.36～图 7.38 所示的"编辑属性"对话框。该对话框包括三个选项卡，分别是"属性""文字选项""特性"。用户可以修改当前活动的块的模式和数据属性，以及文字样式、高度、对正、旋转、宽度因子、倾斜角度、反向、倒置等属性。

图 7.35 "块属性设置"对话框

图 7.36 "编辑属性"对话框（"属性"选项卡）

⑩ 应用 按钮：如果在图 7.34 中单击 应用 按钮，即使用所完成的属性更新图形，同时将"块属性管理器"对话框保持为打开状态。

图 7.37 "编辑属性"对话框（"文字选项"选项卡）

图 7.38 "编辑属性"对话框（"特性"选项卡）

7.6 块编辑

要编辑块，首先应该了解块的一些特性。

7.6.1 块中对象的特性

块中对象的特性不论采用何种方式设置，都有以下几种结果。

① 随层 BYLAYER：块在建立时颜色和线型被设置为随层。如果插入块的图形中有同名图层，则块中对象的颜色和线型均被该图形中的同名图层设置的颜色和线型替代；如果插入块的图形中没有同名图层，则块中的对象保持原有的颜色和线型，并且为当前的图形增加相应的图层定义。

② 随块 BYBLOCK：如果块在建立时颜色和线型被设置为随块，则它们在插入前没有明确的颜色和线型。当它们插入后，如果图形中没有同名图层，则块中的对象采用当前图层的颜色和线型；如果图形中有同名图层存在，则块中的对象采用当前图形文件中的同名图层的颜色和线型设置。

③ 显式特性：如果在建立块时明确指定其中的对象的颜色和线型，则为显式设置。将该块插入其他任何图形文件时，不论该文件中有无同名图层，均采用原有的颜色和线型。

④ 0 层上的特殊性质：在 0 层上建立的块，不论是随层或随块，均在插入时自动使用当前图层的设置。如果在 0 层上显式地指定了颜色和线型，则不会改变。

7.6.2　块编辑器 BEDIT

块本身是一个整体，在以前的版本中，如果要编辑块中的单个元素，必须将块分解。新的版本提供了块编辑器，可以对块进行详细的编辑。同时，可以通过参数化、添加约束、动作等建立动态块。

命令：BEDIT

功能区：默认→块→编辑

　　　　　插入→块定义→块编辑器

执行该命令后，首先弹出如图 7.39 所示的"编辑块定义"对话框，选择需要编辑的块后，在界面上增加块编辑器选项卡，如图 7.40 所示。

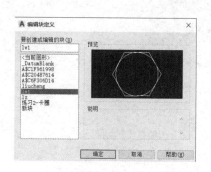

图 7.39　"编辑块定义"对话框

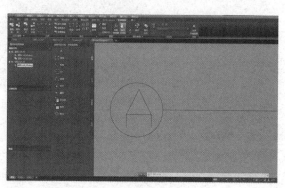

图 7.40　块编辑器选项卡

下面通过示例说明建立动态块的过程。

【例 7.10】　建立一个螺钉头部图形的动态块，其尺寸在 20、40、60、80、100、120 中进行选择。插入时图形大小根据尺寸表自动换算。

1）启动块编辑器

单击功能区"默认→块→编辑"，启动块编辑器。弹出如图 7.39 所示的"编辑块定义"对话框。在其中输入或选择"lwt"，单击确定按钮退出。显示的图形如图 7.41 所示。

2）添加参数

如图 7.42 所示，在块编辑选项板中选择"参数"选项卡，单击"线性"，采用"交点"捕捉方式，在图上标注线性尺寸"距离 1"。

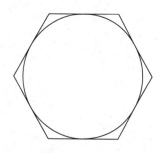

图 7.41　几何图形

3）添加动作

如图 7.43 所示，选择"动作"选项卡后单击"缩放"，然后选择刚标注的"距离 1"，并在选择对象的提示下，选择图中的六边形和圆。

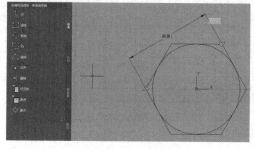

图 7.42　添加参数

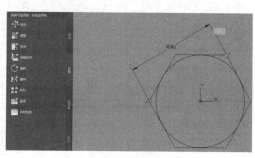

图 7.43　添加动作

4）添加查寻表

选择"参数"选项卡，单击"查寻"，在提示"指定参数位置"时，在图形的右上方单击。

单击"动作"选项卡中的"查寻"，在提示"选择查寻参数"时单击如图7.44所示的"查寻1"。此时弹出如图7.45所示的"特性查寻表"对话框，在其中添加特性。单击 确定 按钮退出。

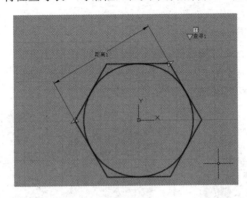

图7.44　添加查寻参数

5）保存并测试

单击"保存块"。单击"测试块"，结果如图7.46所示。单击动态块的勾号标记，显示一列表，选择其中的任一数据，插入的块的直径将变成所选择的数据。

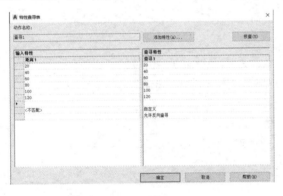

图7.45　"特性查寻表"对话框

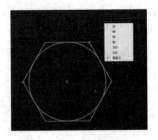

图7.46　测试结果

> 👀👀 **注意：**
> ① 块也可以在分解后进行修改，但分解后就成了单独的图元，不具有块的属性，也不具备动态特性。分解命令为 EXPLODE。
> ② 块是可以嵌套的。所谓嵌套是指在创建新块时所包含的对象中有块。块可以多次嵌套，但不可以自包含。要分解一个嵌套的块直至原始的对象，必须进行若干次分解。每次分解只会取消最后一次块定义。
> ③ 分解带有属性的块时，任何原定的属性值都将失去，并且重新显示属性定义。

7.7　外部参照

外部参照是一种类似于块的图形引用方式，它和块最大的区别在于块在插入后，其图形数据会存储在当前图形中，而使用外部参照，其数据并不在当前图形中，始终存储在原始文件中，当前文件只包含对外部文件的一个引用。因此，不可以在当前图形中编辑一个外部参照，也不可以分解一个外部参照。要编辑外部参照，只能编辑原始图形。

7.7.1 外部参照插入 XREF

可以通过 XREF 命令来附加、覆盖、连接或更新外部参照。

命令：XREF

功能区：插入→参照→附着

下面介绍插入外部参照的过程。

执行"插入→参照→附着"命令，将弹出如图 7.47 所示的"选择参照文件"对话框。可以附着多种类型的文件。选择欲参照的文件并单击打开按钮后，弹出如图 7.48 所示的"附着外部参照"对话框。

单击确定按钮后将在命令行出现"指定插入点或[比例（S）/X/Y/Z/旋转（R）/预览比例（PS）/PX/PY/PZ/预览旋转（PR）]："的提示，和插入块一样，设定了相应的参数后，当前图形中将出现被参照的文件内容。

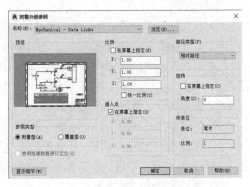

图 7.47 "选择参照文件"对话框　　　　图 7.48 "附着外部参照"对话框

7.7.2 外部参照绑定 XBIND

命令：XBIND

执行该命令后，弹出如图 7.49 所示的"外部参照绑定"对话框。在该对话框中，用户可以选择已经参照的图形中的各种设置，然后进行绑定或删除，绑定后可以直接使用。

图 7.49 "外部参照绑定"对话框

7.7.3 剪裁 CLIP

图形作为外部参照附着或者插入块后，可以重新定义一个剪裁边界来确定显示范围。

该命令可以处理外部参照、插入的图像、视口或参考底图。

命令：CLIP

功能区：插入→参照→剪裁

命令及提示如下。

```
命令：_clip
选择要剪裁的对象：找到 1 个
输入剪裁选项
[开(ON)/关(OFF)/剪裁深度(C)/删除(D)/生成多段线(P)/新建边界(N)] <新建边界>：n
外部模式 - 边界外的对象将被隐藏。
指定剪裁边界或选择反向选项：
[选择多段线(S)/多边形(P)/矩形(R)/反向剪裁(I)] <矩形>：r
指定第一个角点：
指定对角点：
```

参数如下。

① 开（ON）：不显示外部参照或块的剪裁边界以外的部分。

② 关（OFF）：显示外部参照或块的全部几何信息，忽略剪裁边界。

③ 剪裁深度（C）：设置前剪裁平面和后剪裁平面，由边界和指定深度所定义的区域外的对象将不显示。随后提示定义前后剪裁平面。

④ 删除（D）：删除剪裁边界。

⑤ 生成多段线（P）：自动绘制一条与剪裁边界重合的多段线。

⑥ 新建边界（N）：定义一个矩形或多边形剪裁边界，或者用多段线生成一个多边形剪裁边界。如果原有边界已存在，则提示是否删除，在删除后方可继续。

⑦ 选择多段线：使用选定的多段线定义边界。此多段线可以是开放的，但是它必须由直线段组成且不能自相交。

⑧ 多边形：使用指定的多边形顶点中的三个或更多点定义多边形剪裁边界。

⑨ 矩形：使用指定的对角点定义矩形边界。

⑩ 反向剪裁：反转剪裁边界的模式，剪裁边界外部或边界内部的对象。

剪裁的对象不同，提示略有不同，基本类似。

【例7.11】 如图7.50所示，将附着的参照剪裁后只显示参照图形的一部分。

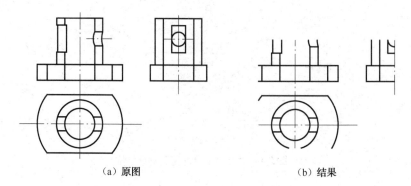

（a）原图 （b）结果

图7.50 剪裁外部参照

命令：**_xclip**
选择对象：**选择外部参照 找到 1 个**
选择对象：↵
输入剪裁选项[开(ON)/关(OFF)/剪裁深度(C)/删除(D)/生成多段线(P)/新建边界(N)] <新建边界>：**n**↵
是否删除旧边界？[是(Y)/否(N)] <是>：**y**↵
指定剪裁边界：
[选择多段线(S)/多边形(P)/矩形(R)] <矩形>：**r**↵
指定第一个角点：**单击定义剪裁矩形的对角点**
指定对角点：

还可以对外部参照进行边框控制、淡入度控制、捕捉点设置等操作。

习　题

（1）若 X、Y、Z 方向比例不同，插入的块能否分解？

（2）写块和块存盘有哪些区别？图形文件是否可以理解为块？

（3）阵列插入块和插入块后再阵列有什么区别？

（4）0 层上的块有哪些特殊性？如何控制在 0 层建立的块的颜色和线型等？

（5）块和外部参照有哪些区别？

（6）如何识别外部参照的图层和图形自身建立的图层？

（7）建立块时为什么要设置基点？

（8）块中能否包含块？嵌入块能否分解？

（9）块中的对象能否单独进行编辑？

（10）定义块时如果图形消失，可以通过什么命令来恢复而不取消块定义？

（11）建立一螺栓轴向视图的动态块，可变参数为头部尺寸、直径、长度。

第8章 尺寸、公差及注释

尺寸、公差和注释在图样中的作用甚至比图形本身更加重要。不论是机械图还是建筑图，这些要素都是不可缺少的组成部分。本章介绍尺寸的组成要素、标注规则、尺寸样式设置的方法、各种尺寸标注的方法、尺寸公差和形位公差的标注方法，以及注释的添加、编辑方式。

8.1 尺寸组成及尺寸标注规则

要了解尺寸的标注方法，首先应该了解尺寸的组成要素，尤其在设置尺寸样式时，必须了解尺寸的各部分定义。

8.1.1 尺寸组成

一个完整的尺寸包含4个组成要素：尺寸线、尺寸界线、尺寸线终端、尺寸数值，如图8.1所示。

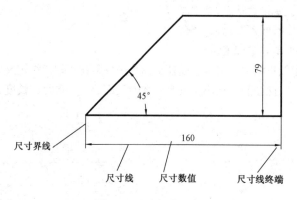

图8.1 尺寸组成要素

一般情况下，存在两条尺寸界线和两个尺寸线终端，但在某些场合，尺寸界线可以用图中的轮廓线替代。尺寸界线可能只有一条，但尺寸线不可缺少。

8.1.2 尺寸标注规则

尺寸标注必须满足相应的技术标准。

1. 尺寸标注的基本规则

尺寸标注要遵守以下基本规则。

① 图形对象的大小以尺寸数值所表示的大小为准，与图线绘制的精度和输出时的精度无关。

② 一般情况下，采用毫米（mm）为单位时不用注写单位，否则应明确注写尺寸所用单位。

③ 尺寸标注所用字符的大小和格式必须满足国家标准。在同一图形中，尺寸线终端应相同，尺寸数字大小应相同，尺寸线间隔应相同。

④ 尺寸数字和图线重合时，必须将图线断开。当图线不便于断开来表达对象时，应调整尺寸标注的位置。

2. 尺寸标注的其他规则

一般情况下，为了保证尺寸标注的统一和绘图的方便，标注尺寸时应遵守以下规则。

① 为尺寸标注建立专用的图层。建立专用的图层，可以控制尺寸的显示和隐藏，和其他图线可以迅速分开，便于修改、浏览。

② 为尺寸数字建立专门的文字样式。对照国家标准，应设定好字符的高度、宽度系数、倾斜角度等。

③ 设定好尺寸标注样式。按照我国的国家标准，创建系列尺寸标注样式，内容包括直线和终端、文字样式、调整对齐特性、单位、尺寸精度、公差格式和比例因子等。

④ 保存尺寸格式及格式簇，必要时使用替代标注样式。

⑤ 采用 1:1 的比例绘图。由于尺寸标注时可以自动测量尺寸大小，所以采用 1:1 的比例绘图，绘图时无须换算，在标注尺寸时也无须再输入尺寸大小。如果最后统一修改了绘图比例，应相应地修改尺寸标注的全局比例因子。

⑥ 标注尺寸时应充分利用对象捕捉功能，从而获得正确的尺寸数值。为了便于修改，尺寸标注应设定成关联的。

⑦ 标注尺寸时，为了减少其他图线的干扰，应将不必要的图层关闭，如剖面线层等。

8.2　尺寸样式设定 DIMSTYLE

一般情况下，尺寸标注的步骤如下。

① 设置尺寸标注图层。

② 设置供尺寸标注用的文字样式。

③ 设置尺寸标注样式。

④ 标注尺寸。

⑤ 设置尺寸公差样式。

⑥ 标注带公差尺寸。

⑦ 设置形位公差样式。

⑧ 标注形位公差。

⑨ 修改、调整尺寸标注。

首先应设定好符合国家标准的尺寸标注格式，然后进行尺寸标注。进入尺寸样式设定的方法有以下几种。

命令：DIMSTYLE，DDIM

功能区：默认→注释→标注样式

　　　　注释→注释→标注样式

以上方法均会弹出"标注样式管理器"对话框，如图 8.2 所示。"标注样式管理器"对话框中各选项含义如下。

① 样式：列表显示了目前图形中定义的标注样式。

② 预览：图形显示设置的结果。

③ 列出：可以选择列出"所有样式"或只列出"正在使用的样式"。

④ 置为当前：将所选的样式置成当前的样式，在随后的标注中，将采用该样式标注尺寸。

⑤ 新建：新建一种标注样式。单击该按钮，将弹出如图 8.3 所示的"创建新标注样式"对话框。

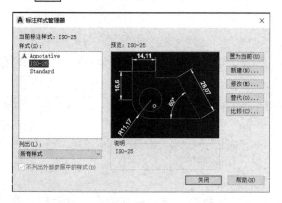

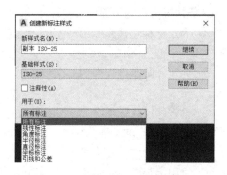

图 8.2 "标注样式管理器"对话框　　　　　图 8.3 "创建新标注样式"对话框

可以在"新样式名"文本框中输入创建标注的名称；在"基础样式"下拉列表框中选择一种已有的样式作为该新样式的基础样式；单击"用于"下拉列表框，可以选择该新样式适用的标注类型。

单击"创建新标注样式"对话框中的继续按钮，将弹出如图 8.4 所示的"新建标注样式"对话框。

⑥ 修改：修改选择的标注样式。单击该按钮后，将弹出类似图 8.4 但标题为"修改标注样式"的对话框。

⑦ 替代：为当前标注样式定义替代标注样式。在特殊的场合需要对某个细小的地方进行修改，而又不想创建一种新的样式，可以为该标注定义替代标注样式。单击该按钮后，将弹出类似图 8.4 但标题为"替代当前样式"的对话框。

图 8.4 "新建标注样式"对话框

⑧ 比较：列表显示两种样式设定的区别。如果没有区别，则显示尺寸变量值，否则显示两个样式之间变量的区别，如图 8.5 所示。

虽然有新建、替代、修改等不同的设定形式，但对话框形式基本相同，操作方式也相同，下面具体介绍的各选项设定方法对它们都适用。

图 8.5 "比较标注样式"对话框

8.2.1 线设定

直线是尺寸中的重要组成部分，对它的设置可以在"线"选项卡中进行。"线"选项卡如图 8.4 所示。该选项卡中有尺寸线和尺寸界线选项区，各选项含义如下。

1. 尺寸线

尺寸线选项区包括以下各选项。

① 颜色：通过下拉列表框可以选择尺寸线的颜色。

② 线型：设置尺寸线的线型。

③ 线宽：通过下拉列表框可以选择尺寸线的线宽。

④ 超出标记：设置当用斜线、建筑、积分和无标记作为尺寸终端时尺寸线超出尺寸界线的大小。

⑤ 基线间距：设定在基线标注方式下尺寸线之间的距离。可以直接输入，也可以通过上下箭头来增减。

⑥ 隐藏：可以在"尺寸线 1"和"尺寸线 2"两个复选框中选择是否隐藏尺寸线 1、尺寸线 2。

如图 8.6 所示为基线间距和隐藏的含义。

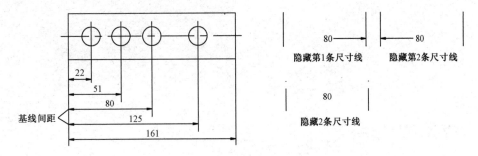

图 8.6 基线间距和隐藏的含义

2. 尺寸界线

尺寸界线选项区包括以下各选项。

① 颜色：通过下拉列表框可以选择尺寸界线的颜色。

② 尺寸界线 1 的线型：设置尺寸界线 1 的线型。

③ 尺寸界线 2 的线型：设置尺寸界线 2 的线型。

④ 线宽：通过下拉列表框可以选择尺寸界线的线宽。

⑤ 隐藏：设定隐藏尺寸界线 1 或尺寸界线 2，甚至将它们全部隐藏。

⑥ 超出尺寸线：设定尺寸界线超出尺寸线部分的长度。

⑦ 起点偏移量：设定尺寸界线和标注尺寸时的拾取点之间的偏移量。

⑧ 固定长度的尺寸界线：设置成长度固定的尺寸界线。在随后的长度编辑框中输入设定的长度值。

尺寸界线的部分设定如图 8.7 所示。

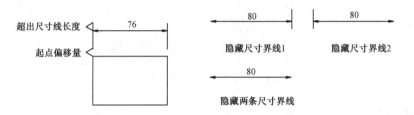

图 8.7　尺寸界线的部分设定

8.2.2　符号和箭头设定

"符号和箭头"选项卡如图 8.8 所示，包括箭头、圆心标记、弧长符号及半径折弯标注等选项区。

图 8.8　"符号和箭头"选项卡

1. 箭头

箭头选项区包括以下内容。

① 第一个：设定第一个尺寸终端的形式。

② 第二个：设定第二个尺寸终端的形式。

③ 引线：设定引线终端的形式。

④ 箭头大小：设定终端符号的大小。

在 AutoCAD 2022 中文版中有 20 种不同的终端形式可供选择。一般情况下以箭头、短斜线和小圆点使用居多。用户可以设定其他形式，以块的方式调用。绘制该终端时应注意以一个单位的大小来绘制，这样在设置箭头大小时可以直接控制其大小。

2. 圆心标记

圆心标记选项区包括以下内容。

① 控制圆心标记的类型为"无""标记""直线"。

② 设定圆心标记的大小。如果类型为标记，则指标记的长度大小；如果类型为直线，则指中间的标记长度及直线超出圆或圆弧轮廓线的长度。

圆心标记的两种不同类型如图 8.9 所示。

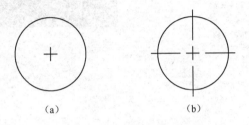

（a）　　　　　　　　　（b）

图 8.9　圆心标记的两种不同类型

3. 弧长符号

控制弧长标注中圆弧符号的显示。

① 标注文字的前缀：将弧长符号放置在标注文字之前。

② 标注文字的上方：将弧长符号放置在标注文字的上方。

③ 无：不显示弧长符号。

各种效果如图 8.10 所示。

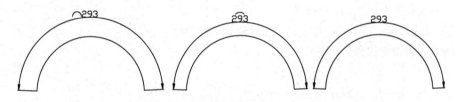

图 8.10　弧长符号放置位置的各种效果

4. 半径折弯标注

控制半径折弯（Z 字形）标注的显示。当中心点位于图纸之外不便于直接标注时，往往采用折弯标注的方法。

折弯角度：确定折弯半径标注中尺寸线的横向线段的角度。

8.2.3　文字设定

文字设定决定了尺寸标注中尺寸数值的形式，可以在"文字"选项卡中进行设置。"文字"选项卡如图 8.11 所示。

该选项卡中包含了"文字外观""文字位置""文字对齐" 3 个选项区。各选项含义如下。

1. 文字外观

文字外观选项区包括以下内容。

① 文字样式：设定注写尺寸时使用的文字样式。该样式必须通过文字样式设定命令设置好，才会出现在下拉列表框中。一般情况下，由于尺寸标注的特殊性，往往需要为尺寸标注设定专用的文字

样式。如果未预先设定好文字样式，可以单击按钮 ，弹出"文字样式"对话框进行设定。详细的文字样式设定方法见第 6 章。

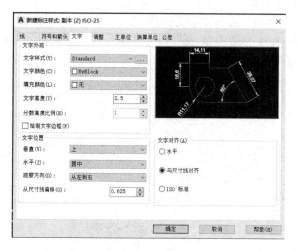

图 8.11 "文字"选项卡

② 文字颜色：设定文字的颜色。

③ 填充颜色：设置文字背景的颜色。

④ 文字高度：设定文字的高度。该高度值仅在选择的文字样式中文字高度设定为 0 时才起作用。如果所选文字样式的高度不为 0，则尺寸标注中的文字高度即文字样式中设定的固定高度。

⑤ 分数高度比例：用来设定分数和公差标注中分数和公差部分文字的高度。该值为一系数，具体的高度等于该系数和文字高度的乘积。

⑥ 绘制文字边框：该复选框控制是否在绘制文字时增加边框。

文字外观各种设定的含义如图 8.12 所示。

| 高度比例为1 | 高度比例为1.5 | 绘制文字边框 |

图 8.12 文字外观各种设定的含义

2. 文字位置

文字位置选项区包括以下内容。

① 垂直：设置文字在垂直方向上的位置。可以选择置中、上、外部或 JIS。如图 8.13 所示为垂直文字的不同位置。

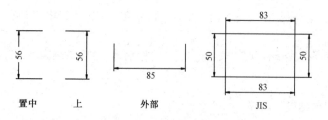

置中　　上　　外部　　JIS

图 8.13 垂直文字的不同位置

② 水平：设置文字在水平方向上的位置。可以选择居中、第一条尺寸界线、第二条尺寸界线、第一条尺寸线上方、第二条尺寸线上方等位置。如图 8.14 所示为水平文字的不同位置。

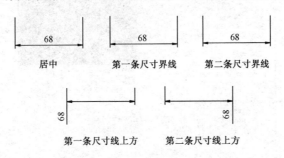

图 8.14　水平文字的不同位置

③ 从尺寸线偏移：设置文字和尺寸线的间隔。如图 8.15 所示为从尺寸线偏移的含义。

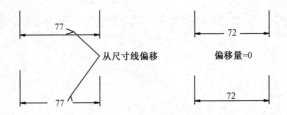

图 8.15　从尺寸线偏移的含义

3. 文字对齐

文字对齐选项区包括以下内容。

① 水平：文字一律水平放置。

② 与尺寸线对齐：文字方向与尺寸线平行。

③ ISO 标准：当文字在尺寸界线内时，文字与尺寸线对齐；当文字在尺寸界线外时，文字水平放置。文字对齐效果如图 8.16 所示。

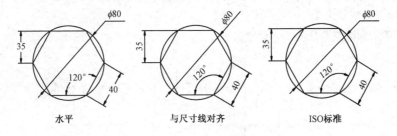

图 8.16　文字对齐效果

8.2.4　调整设定

标注尺寸时，由于尺寸线间的距离、文字大小、箭头大小不同，因此标注尺寸的形式要适应各种情况，势必要进行适当的调整。利用"调整"选项卡，可以确定在尺寸线间距较小时文字、尺寸数字、箭头、尺寸线的注写方式；当文字不在默认位置时，确定注写在什么位置，是否需要引线；设定标注的特征比例；控制是否强制绘制尺寸线，是否可以手动放置文字等。"调整"选项卡如图 8.17 所示。

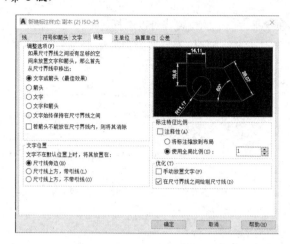

图 8.17 "调整"选项卡

该选项卡包含 4 个选项区，分别是调整选项、文字位置、标注特征比例和优化。该选项卡的各选项含义如下。

1. 调整选项

调整选项选项区包括以下内容。

① 文字或箭头（最佳效果）：当尺寸界线之间的空间不够放置文字和箭头时，自动选择最佳放置效果。该项为默认设置。

② 箭头：当尺寸界线之间的空间不够放置文字和箭头时，首先将箭头从尺寸界线间移出去。

③ 文字：当尺寸界线之间的空间不够放置文字和箭头时，首先将文字从尺寸界线间移出去。

④ 文字和箭头：当尺寸界线之间的空间不够放置文字和箭头时，将文字和箭头从尺寸界线间同时移出去。

⑤ 文字始终保持在尺寸界线之间：不论尺寸界线之间的空间是否足够放置文字和箭头，文字始终在尺寸界线之间。

⑥ 若箭头不能放在尺寸界线内，则将其消除：该复选框设定当尺寸界线之间的空间不够放置文字和箭头时，将箭头消除。

如图 8.18 所示为调整选项的不同设置效果。

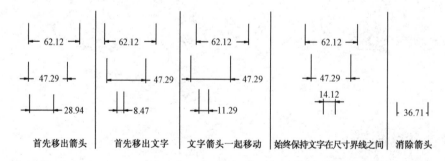

图 8.18 调整选项的不同设置效果

2. 文字位置

文字位置选项区包括以下内容。

① 尺寸线旁边：当文字不在默认位置时，将文字放置在尺寸线旁。

② 尺寸线上方，带引线：当文字不在默认位置时，将文字放置在尺寸线上方，带引线。

③ 尺寸线上方，不带引线：当文字不在默认位置时，将文字放置在尺寸线上方，不带引线。

文字位置的不同设置效果如图8.19所示。

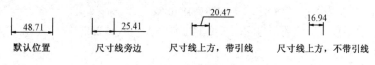

图 8.19　文字位置的不同设置效果

3. 标注特征比例

标注特征比例选项区包括以下内容。

① 使用全局比例：设置尺寸元素的比例因子，使之与当前图形的比例因子相符。例如，绘图时设定了文字、箭头的高度为5，要求输出时也严格等于5，而输出的比例为1:2，则全局比例因子应设置成2。

② 将标注缩放到布局：按照当前模型空间和图纸空间的比例设置比例因子。

4. 优化

优化选项区包括以下内容。

① 手动放置文字：根据需要，手动放置文字。

② 在尺寸界线之间绘制尺寸线：不论尺寸界线之间的空间如何，强制在尺寸界线之间绘制尺寸线。

8.2.5　主单位设定

标注尺寸时，可以选择不同的单位格式，设置不同的精度，控制前缀、后缀，设置角度单位格式等，这些均可通过"主单位"选项卡进行，如图8.20所示。

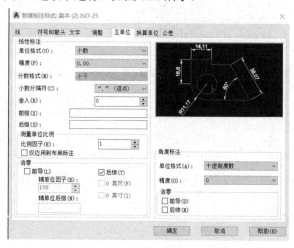

图 8.20　"主单位"选项卡

"主单位"选项卡中包括两种标注的设置：线性标注和角度标注。各选项含义如下。

1. 线性标注

线性标注选项区包括以下内容。

① 单位格式：设置除角度外标注类型的单位格式。可选项为科学、小数、工程、建筑、分数及Windows桌面。

② 精度：设置精度位数。

③ 分数格式：在单位格式为分数时有效，设置分数的堆叠格式，有水平、对角、非堆叠等供选择。

④ 小数分隔符：设置小数部分和整数部分的分隔符，有句点、逗点、空格等供选择。例如 18.888 对应这 3 种分隔符的结果分别为 18.888、18,888、18 888。

⑤ 舍入：设定小数精确位数，将超出长度的小数舍去。例如 2.3333，当设定舍入为 0.01 时，标注结果为 2.33。

⑥ 前缀：用于设置数字前的字符。例如设定前缀为 "4×"，表示该结构有 4 个。一般在有多处用到同样的前缀时设置，否则，可以在标注时手工输入。

⑦ 后缀：用于设置数字后的字符。例如设定后缀为 "m"，则在标注的单位为 "m" 而非 "mm" 时，直接增加单位符号。又如设定后缀为 "K6"，则可以在标注尺寸时直接注写尺寸公差代号，不必手工输入。一般在多处用到时设置，否则，可以在标注时手工输入。

⑧ 测量单位比例：设置单位比例并可以控制该比例是否仅应用到布局标注中。"比例因子" 设定了除角度外的所有标注测量值的比例因子。例如设定比例因子为 0.5，则在标注尺寸时，自动将测量的值乘上 0.5 标注。"仅应用到布局标注" 设定了该比例因子仅在布局中创建的标注上有效。

⑨ 消零：控制前导和后续零及英尺和英寸中的零是否显示。设定了 "前导"，则使得输出数值没有前导零。例如 0.25，结果为.25。设定了 "后续"，则使得输出数值没有后续零。例如 2.500，结果为 2.5。

2. 角度标注

角度标注选项区包括以下内容。

① 单位格式：设置角度的单位格式。选择项有十进制角度、度/分/秒、百分度角度和弧度。

② 精度：设置角度精度位数。

③ 消零：设置是否显示前导和后续零。

如图 8.21 所示为 "主单位" 选项卡的部分设定效果。

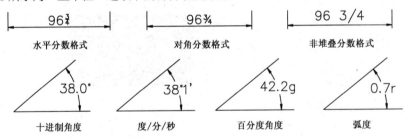

图 8.21 "主单位" 选项卡的部分设定效果

8.2.6 换算单位设定

不同单位（如公制和英制等）之间常常需要进行换算。单位换算对技术人员而言是比较麻烦的。AutoCAD 2022 中文版在标注尺寸时同时提供不同单位的标注方式，可以满足使用公制和英制单位的用户的需求。"换算单位" 选项卡如图 8.22 所示。

该选项卡包含 "显示换算单位" 复选框和换算单位、清零、位置选项区。各选项含义如下。

① 显示换算单位：控制是否显示经换算后标注文字的值。只有选中该复选框，以下各项设置才有效。

② 换算单位：通过和其他选项卡相近的设置来控制换算单位格式、精度、舍入精度、前缀、后

缀，并可以设置换算单位倍数，即主单位和换算单位之间的比例因子。例如主单位为公制的毫米，换算单位为英制，其间的换算单位倍数应该是 1/25.4，即 0.03937007874016。标注尺寸为 100，精度为 0.1 时，结果为 100[3.9]。

图 8.22 "换算单位"选项卡

③ 清零：和其他选项卡中的含义相同，控制前导和后续零及英尺和英寸零显示与否。

④ 位置：设定换算后的数值放置在主值的后面或前面。

8.2.7 公差设定

尺寸公差是经常碰到的需要标注的内容，尤其在机械图中，公差是必不可少的。要标注公差，首先应在"公差"选项卡中进行相应的设置。"公差"选项卡如图 8.23 所示。

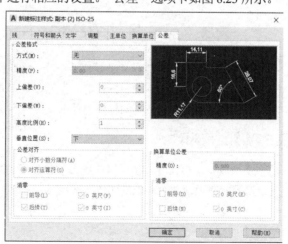

图 8.23 "公差"选项卡

该选项卡中包含了公差格式和换算单位公差两个选项区。各选项含义如下。

1. 公差格式

公差格式选项区包括以下内容。

① 方式：设定公差标注方式，包含无、对称、极限偏差、极限尺寸、基本尺寸等标注方式。

② 精度：设置公差精度位数。

③ 上偏差：设置公差的上偏差。

④ 下偏差：设置公差的下偏差。对于对称公差，无下偏差设置。

⑤ 高度比例：设置公差相对于尺寸的高度比例。

⑥ 垂直位置：控制公差在垂直位置上和尺寸的对齐方式。

⑦ 清零：设置是否显示前导和后续零及英尺和英寸零。

"公差"选项卡中的部分设定效果如图 8.24 所示。

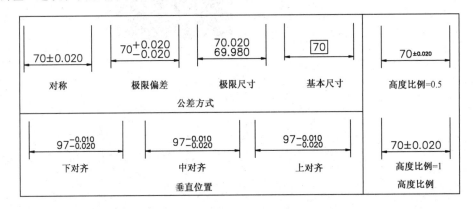

图 8.24 "公差"选项卡中的部分设定效果

2. 换算单位公差

换算单位公差选项区包括以下内容。

① 精度：设置换算单位公差精度位数。

② 清零：设置是否显示换算单位公差的前导和后续零。

8.3 尺寸标注 DIM

在设定好尺寸样式后，可以采用设定好的尺寸样式进行尺寸标注。按照所标注对象的不同，可以将尺寸分成长度尺寸、半径、直径、坐标、引线、圆心标记等。按照尺寸形式的不同，可以将尺寸分成水平、垂直、对齐、连续、基线等。下面按照不同的标注方法介绍尺寸标注命令。

8.3.1 线性尺寸标注 DIMLINEAR

线性尺寸指两点之间的水平或垂直距离尺寸，也可以是旋转一定角度的直线尺寸。定义两点可以通过指定两点、选择直线或圆弧等能够识别两个端点的对象来完成。

命令：DIMLINEAR

功能区：注释→标注→线性

　　　　默认→注释→线性

命令及提示如下。

```
命令：_dimlinear
指定第一条尺寸界线原点或 <选择对象>：
指定第二条尺寸界线原点：
指定尺寸线位置或[多行文字(M)/文字(T)/角度(A)/水平(H)/垂直(V)/旋转(R)]：
```

命令：_dimlinear
指定第一条尺寸界线原点或 <选择对象>：↵
选择标注对象：
指定尺寸线位置或[多行文字(M)/文字(T)/角度(A)/水平(H)/垂直(V)/旋转(R)]：**m**↵

指定第一条尺寸界线原点或 <选择对象>：↵
选择标注对象：
指定尺寸线位置或[多行文字(M)/文字(T)/角度(A)/水平(H)/垂直(V)/旋转(R)]：**t**↵
输入标注文字 <>：

指定尺寸线位置或[多行文字(M)/文字(T)/角度(A)/水平(H)/垂直(V)/旋转(R)]：**a**↵
指定标注文字的角度：

指定尺寸线位置或[多行文字(M)/文字(T)/角度(A)/水平(H)/垂直(V)/旋转(R)]：**h**↵
指定尺寸线位置或 [多行文字(M)/文字(T)/角度(A)]：

指定尺寸线位置或[多行文字(M)/文字(T)/角度(A)/水平(H)/垂直(V)/旋转(R)]：**r**↵
指定尺寸线的角度 <0>：

指定尺寸线位置或[多行文字(M)/文字(T)/角度(A)/水平(H)/垂直(V)/旋转(R)]：**v**↵
指定尺寸线位置或 [多行文字(M)/文字(T)/角度(A)]：

参数如下。

① 指定第一条尺寸界线原点：定义第一条尺寸界线的位置，如果直接按【Enter】键，则出现选择对象的提示。

② 指定第二条尺寸界线原点：在定义了第一条尺寸界线原点后，定义第二条尺寸界线的位置。

③ 选择对象：定义线性尺寸的大小。

④ 指定尺寸线位置：定义尺寸线的位置。

⑤ 多行文字（M）：打开多行文字编辑器，用户可以通过多行文字编辑器来编辑注写的文字。测量的数值用"<>"来表示，用户可以将其删除，也可以在其前后增加其他文字。

⑥ 文字（T）：单行文字输入。测量值同样在"<>"中。

⑦ 角度（A）：设定文字的倾斜角度。

⑧ 水平（H）：强制标注两点间的水平尺寸。否则，系统通过尺寸线的位置来决定标注水平尺寸或垂直尺寸。

⑨ 垂直（V）：强制标注两点间的垂直尺寸。否则，由系统根据尺寸线的位置来决定标注水平尺寸或垂直尺寸。

⑩ 旋转（R）：设定一旋转角度来标注该方向的尺寸。

【例 8.1】 对如图 8.25 所示的图形标注尺寸。

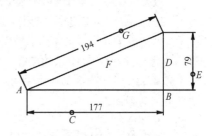

图 8.25 线性标注示例

命令：_dimlinear
指定第一条尺寸界线原点或 <选择对象>：单击 *A* 点
指定第二条尺寸界线原点：单击 *B* 点
指定尺寸线位置或[多行文字(M)/文字(T)/角度(A)/水平(H)/垂直(V)/旋转(R)]：单击 *C* 点
标注文字=177   标注尺寸 177

命令：↵
DIMLINEAR

指定第一条尺寸界线原点或 <选择对象>：↵　　　　选择对象
选择标注对象：**单击直线 D**
指定尺寸线位置或[多行文字(M)/文字(T)/角度(A)/水平(H)/垂直(V)/旋转(R)]：**单击 E 点**
标注文字=79

命令：↵
DIMLINEAR
指定第一条尺寸界线原点或 <选择对象>：↵
选择标注对象：**单击直线 F**
指定尺寸线位置或[多行文字(M)/文字(T)/角度(A)/水平(H)/垂直(V)/旋转(R)]：**r↵**　　　　选择旋转选项
指定尺寸线的角度 <0>：**24↵**
指定尺寸线位置或[多行文字(M)/文字(T)/角度(A)/水平(H)/垂直(V)/旋转(R)]：**单击 G 点**
标注文字=194

结果如图 8.25 所示。

8.3.2　连续尺寸标注 DIMCONTINUE

对于首尾相连排成一排的连续尺寸，可以进行连续标注，无须手动单击其基点位置。
命令：DIMCONTINUE
功能区：注释→标注→连续
命令及提示如下。

命令：_dimcontinue
选择连续标注：需要线性、坐标或角度关联标注。
指定第二条尺寸界线原点或 [放弃(U)/选择(S)] <选择>：
指定点坐标或 [放弃(U)/选择(S)] <选择>：

参数如下。
① 选择连续标注：选择以线性标注、坐标标注或角度标注为连续标注的基准标注。如果上一个标注为以上几种标注，则不出现该提示，自动以上一个标注为基准标注。否则，应先进行一次符合要求的标注。
② 指定第二条尺寸界线原点：定义连续标注中第二条尺寸界线，第一条尺寸界线由标注基准确定。
③ 放弃（U）：放弃上一个连续标注。
④ 选择（S）：重新选择一线性尺寸或角度标注为连续标注的基准。
⑤ 指定点坐标：如果选择了坐标标注，则出现该提示，要求指定点坐标。该选项效果相当于连续输入坐标标注命令 DIMORDINATE。

【**例 8.2**】 对如图 8.26（a）所示的图形进行线性尺寸连续标注，对如图 8.26（b）所示的图形进行角度尺寸连续标注。

命令：_dimlinear　　　　　　　　　　　　　标注线性尺寸，作为连续标注的基准
指定第一条尺寸界线原点或 <选择对象>：**单击 A 点**　采用对象捕捉方式捕捉 A 点
指定第二条尺寸界线原点：
指定尺寸线位置或[多行文字(M)/文字
(T)/角度(A)/水平(H)/垂直(V)/旋转(R)]：**单击 B 点**　采用对象捕捉方式捕捉 B 点，下同
标注文字 =28
命令：_dimcontinue　　　　　　　　　　　进行连续尺寸标注
指定第二条尺寸界线原点或 [放弃(U)/选择(S)] <选择>：**单击 C 点**
标注文字=43
指定第二条尺寸界线原点或 [放弃(U)/选择(S)] <选择>：**单击 D 点**
标注文字=46
指定第二条尺寸界线原点或 [放弃(U)/选择(S)] <选择>：**单击 E 点**

标注文字=78
指定第二条尺寸界线原点或 [放弃(U)/选择(S)] <选择>：**单击 F 点**
标注文字=56
指定第二条尺寸界线原点或 [放弃(U)/选择(S)] <选择>：↵
选择连续标注：↵   *结束连续标注*

结果如图 8.26（a）所示。如图 8.26（b）所示为连续标注角度的示例。

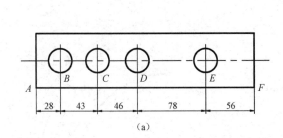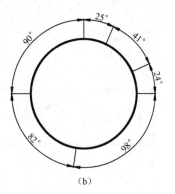

(a)   (b)

图 8.26　连续尺寸标注示例

8.3.3　基线尺寸标注 DIMBASELINE

对于从一条尺寸界线出发的基线尺寸标注，可以快速进行标注，无须手动设置两条尺寸界线的间隔。

命令：DIMBASELINE

功能区：注释→标注→基线

命令及提示如下。

命令：_dimbaseline
选择基准标注：需要线性、坐标或角度关联标注。
指定第二条尺寸界线原点或 [放弃(U)/选择(S)] <选择>：
指定点坐标或 [放弃(U)/选择(S)] <选择>：

参数如下。

① 选择基准标注：选择基线标注的基准标注，后面的尺寸以此为基准进行标注。如果上一个命令进行了线性尺寸或角度标注，则不出现该提示，除非在随后的参数中输入了"选择"项。

② 指定第二条尺寸界线原点：定义第二条尺寸界线的位置，第一条尺寸界线由基准确定。

③ 放弃（U）：放弃上一个基线尺寸标注。

④ 选择（S）：选择基线标注基准。

⑤ 指定点坐标：如果选择了坐标标注，则出现该提示，要求指定点坐标。该选项同样相当于连续输入坐标标注命令 DIMORDINATE。

【例 8.3】 采用基线标注方式标注如图 8.27 所示的尺寸。其中图 8.27（a）为线性基线标注，图 8.27（b）为角度基线标注。

命令：_dimlinear   *进行线性尺寸标注，作为基线标注的基准*
指定第一条尺寸界线原点或 <选择对象>：**单击 A 点**
指定第二条尺寸界线原点：指定尺寸线位置或[多行文字(M)/文字(T)
/角度(A)/水平(H)/垂直(V)/旋转(R)]：**单击 B 点**
标注文字 =28
命令：_dimbaseline
指定第二条尺寸界线原点或 [放弃(U)/选择(S)] <选择>：**单击 C 点**

标注文字 =71
指定第二条尺寸界线原点或 [放弃(U)/选择(S)] <选择>：**单击 *D* 点**
标注文字 =116
指定第二条尺寸界线原点或 [放弃(U)/选择(S)] <选择>：**单击 *E* 点**
标注文字 =194
指定第二条尺寸界线原点或 [放弃(U)/选择(S)] <选择>：**单击 *F* 点**
标注文字 =250
指定第二条尺寸界线原点或 [放弃(U)/选择(S)] <选择>：↵
选择基线标注：↵   **退出基线标注**

结果如图 8.27 所示。

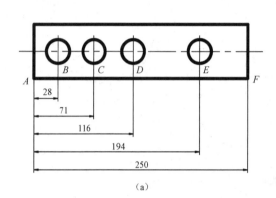
（a）

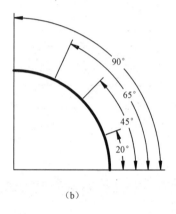
（b）

图 8.27　基线标注示例

8.3.4　对齐尺寸标注 DIMALIGNED

对于倾斜的线性尺寸，可以通过对齐尺寸标注自动获取其大小进行平行标注。

命令：DIMALIGNED

功能区：注释→标注→已对齐

　　　　默认→注释→对齐

命令及提示如下。

命令：**_dimaligned**
指定第一条尺寸界线原点或 <选择对象>：↵
选择标注对象：
指定尺寸线位置或[多行文字(M)/文字(T)/角度(A)]：

参数如下。

① 指定第一条尺寸界线原点：定义第一条尺寸界线的起点。如果直接按【Enter】键，则出现"选择标注对象"的提示，不出现"指定第二条尺寸界线原点"的提示。

② 指定第二条尺寸界线原点：如果定义了第一条尺寸界线的起点，则要求定义第二条尺寸界线的起点。

③ 选择标注对象：如果不定义第一条尺寸界线原点，则选择标注的对象来确定两条尺寸界线。

④ 指定尺寸线位置：定义尺寸线的位置。

⑤ 多行文字（M）：通过多行文字编辑器输入文字。

⑥ 文字（T）：输入单行文字。

⑦ 角度（A）：定义文字的旋转角度。

【例 8.4】　采用对齐尺寸标注方式标注如图 8.28 所示的边长。

命令：_dimaligned
指定第一条尺寸界线原点或 <选择对象>：↵
选择标注对象：**单击直线 *A***
指定尺寸线位置或[多行文字(M)/文字(T)/角度(A)]：**单击 *B* 点**
标注文字 =59
指定第一条尺寸界线原点或 <选择对象>：↵
选择标注对象：**单击直线 *C***
指定尺寸线位置或[多行文字(M)/文字(T)/角度(A)]：a↵
指定标注文字的角度：**30↵**
指定尺寸线位置或[多行文字(M)/文字(T)/角度(A)]：**单击 *D* 点**
标注文字 =59

结果如图 8.28 所示。

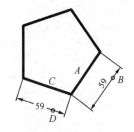

图 8.28　对齐尺寸标注示例

8.3.5　直径尺寸标注 DIMDIAMETER

对于直径尺寸，可以通过直径尺寸标注命令直接进行标注，系统自动增加直径符号"ϕ"。

命令：DIMDIAMETER

功能区：注释→标注→直径
　　　　默认→注释→直径

命令及提示如下。

命令：_dimdiameter
选择圆弧或圆：
标注文字=XX
指定尺寸线位置或 [多行文字(M)/文字(T)/角度(A)]：

参数如下。

① 选择圆弧或圆：选择标注直径的对象。

② 指定尺寸线位置：定义尺寸线的位置，尺寸线通过圆心。确定尺寸线的位置的拾取点对文字的位置有影响，与尺寸样式对话框中文字、直线、箭头的设置有关。

③ 多行文字（M）：通过多行文字编辑器输入标注文字。

④ 文字（T）：输入单行文字。

⑤ 角度（A）：定义文字旋转角度。

【例 8.5】　标注如图 8.29 所示的圆和圆弧的直径。

命令：_dimdiameter
选择圆弧或圆：**单击圆 *A***
标注文字=90
指定尺寸线位置或 [多行文字(M)/文字(T)/角度(A)]：**单击 *B* 点**
命令：↵
DIMDIAMETER
选择圆弧或圆：**单击圆弧 *C***
标注文字 =65
指定尺寸线位置或 [多行文字(M)/文字(T)/角度(A)]：**单击 *D* 点**

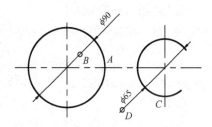

图 8.29　直径尺寸标注示例

结果如图 8.29 所示。

8.3.6　半径尺寸标注 DIMRADIUS

对于半径尺寸，可以自动获取半径大小进行标注，并且自动增加半径符号"*R*"。

命令：DIMRADIUS

功能区：注释→标注→半径
　　　　默认→注释→半径
命令及提示如下。

命令：**_dimradius**
选择圆弧或圆：
标注文字 =XX
指定尺寸线位置或 [多行文字(M)/文字(T)/角度(A)]:

参数如下。

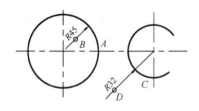

图 8.30　半径尺寸标注示例

① 选择圆弧或圆：选择标注半径的对象。

② 指定尺寸线位置：定义尺寸线的位置，尺寸线通过圆心。确定尺寸线的位置的拾取点对文字的位置有影响，与尺寸样式对话框中文字、直线、箭头的设置有关。

③ 多行文字（M）：通过多行文字编辑器输入标注文字。

④ 文字（T）：输入单行文字。

⑤ 角度（A）：定义文字旋转角度。

【例 8.6】　标注如图 8.30 所示的圆和圆弧的半径。

命令：**_dimradius**
选择圆弧或圆：**单击圆 A**
标注文字 =45
指定尺寸线位置或 [多行文字(M)/文字(T)/角度(A)]: **单击 B 点**
命令：↵
DIMRADIUS
选择圆弧或圆：**单击圆弧 C**
标注文字 =32
指定尺寸线位置或 [多行文字(M)/文字(T)/角度(A)]: **单击 D 点**

结果如图 8.30 所示。

8.3.7　圆心标记 CENTERMARK

一般情况下，先定圆和圆弧的圆心位置，再绘制圆或圆弧，但有时却先有圆或圆弧，再标记其圆心，如用 TTR 或 TTT 方式绘制的圆等。系统可以在选择圆或圆弧后，自动找到圆心并进行指定的标记。

命令：CENTERMARK
功能区：注释→中心线→圆心标记
命令及提示如下。

命令：**_centermark**
选择要添加圆心标记的圆或圆弧：

参数如下。

选择要添加圆心标记的圆或圆弧：选择欲加标记的圆或圆弧。

【例 8.7】　在如图 8.31 所示的圆弧中间增加圆心标记。

命令：**_centermark**
选择要添加圆心标记的圆或圆弧:**单击圆弧**

结果如图 8.31 所示。

图 8.31　圆心标记示例

8.3.8　中心线 CENTERLINE

一般情况下，先画中心线，再在两侧绘制图形。AutoCAD 2022 中文版提供了先完成图形再画中心线的简便做法。也可以利用中心线功能，绘制角平分线等。

命令：CENTERLINE

功能区：注释→中心线→中心线

命令及提示如下。

命令: _centerline
选择第一条直线:
选择第二条直线:

参数如下。

选择第一条直线：选择要加中心线的第一条直线。

选择第二条直线：选择要加中心线的第二条直线。

【例8.8】 在如图8.32所示的矩形中增加垂直的中心线。

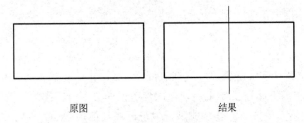

原图   结果

图 8.32   中心线示例

命令: _centerline
选择第一条直线:拾取矩形左侧垂直线
选择第二条直线:拾取矩形右侧垂直线

结果如图8.32右侧图形所示。

【例8.9】 绘制如图8.33所示的两直线的角平分线。

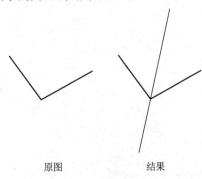

原图   结果

图 8.33   绘制角平分线示例

命令: _centerline
选择第一条直线:拾取其中一条直线
选择第二条直线:拾取另一条直线

结果如图8.33右侧图形所示。

8.3.9 角度标注 DIMANGULAR

对于不平行的两条直线、圆弧或圆及指定的3个点，可以自动测量它们的角度并进行角度标注。

命令：DIMANGULAR

功能区：注释→标注→角度

        默认→注释→角度

命令及提示如下。

> 命令：_dimangular
> 选择圆弧、圆、直线或 <指定顶点>：
> 指定角的顶点：
> 指定角的第一个端点：
> 指定角的第二个端点：
> 选择第二条直线：
> 指定标注弧线位置或 [多行文字(M)/文字(T)/角度(A)/象限点(Q)]：

参数如下。

① 选择圆弧、圆、直线：选择角度标注的对象。如果直接按【Enter】键，则指定顶点确定标注角度。

② 指定角的顶点：指定角度的顶点和两个端点来确定角度。

③ 指定角的第一个端点：如果选择了圆，则出现该提示。角度以圆心为顶点，以选择圆弧时的拾取点为第一个端点。

④ 指定标注弧线位置：定义圆弧尺寸线摆放位置。

⑤ 多行文字（M）：打开多行文字编辑器，用户可以通过多行文字编辑器来编辑注写的文字。测量的数值用"<>"来表示，用户可以将其删除，也可以在其前后增加其他文字。

⑥ 文字（T）：进行单行文字输入。测量值同样在"<>"中。

⑦ 角度（A）：设定文字的倾斜角度。

⑧ 象限点（Q）：指定标注应锁定到的象限。打开象限后，将标注文字放置在角度标注外时，尺寸线会延伸超过尺寸界线。

【例8.10】 标注如图8.34所示的角度。

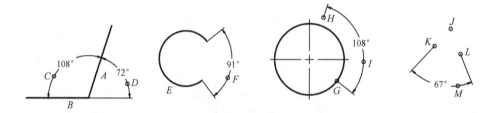

图8.34 角度标注示例

> 命令：_dimangular
> 选择圆弧、圆、直线或 <指定顶点>：**单击直线 A**
> 选择第二条直线：**单击直线 B**
> 指定标注弧线位置或 [多行文字(M)/文字(T)/角度(A)]：**单击 C 点**
> 标注文字 =108
> 命令：↵
> **DIMANGULAR**
> 选择圆弧、圆、直线或 <指定顶点>：**单击直线 A**
> 选择第二条直线：**单击直线 B**
> 指定标注弧线位置或 [多行文字(M)/文字(T)/角度(A)]：**单击 D 点**
> 标注文字 =72
> 命令：↵
> **DIMANGULAR**
> 选择圆弧、圆、直线或 <指定顶点>：**单击圆弧 E**
> 指定标注弧线位置或 [多行文字(M)/文字(T)/角度(A)]：**单击 F 点**

标注文字 =91

命令：↵

DIMANGULAR

选择圆弧、圆、直线或 <指定顶点>：**单击圆上 G 点**

指定角的第二个端点：**单击 H 点**

指定标注弧线位置或 [多行文字(M)/文字(T)/角度(A)]：**单击 I 点**

标注文字 =108

选择圆弧、圆、直线或 <指定顶点>：↵

指定角的顶点：**单击 J 点**

指定角的第一个端点：**单击 K 点**

指定角的第二个端点：**单击 L 点**

指定标注弧线位置或 [多行文字(M)/文字(T)/角度(A) /象限点(Q)]：**单击 M 点**

标注文字 =67

结果如图 8.34 所示。

8.3.10　坐标尺寸标注 DIMORDINATE

坐标尺寸标注是从一个公共基点出发，标注指定点相对于基点的偏移量的标注方法。坐标尺寸标注不带尺寸线，有一条尺寸界线和文字引线。

进行坐标尺寸标注时其基点即当前 UCS 的坐标原点。可见在进行坐标尺寸标注之前，应该设定基点为坐标原点。

命令：DIMORDINATE

功能区：注释→标注→坐标

　　　　默认→注释→坐标

命令及提示如下。

命令：_dimordinate

指定点坐标：

指定引线端点或 [X 基准(X)/Y 基准(Y)/多行文字(M)/文字(T)/角度(A)]：

标注文字=XX

参数如下。

① 指定点坐标：指定需要标注坐标的点。

② 指定引线端点：指定坐标标注中引线的端点。

③ X 基准（X）：强制标注 X 坐标。

④ Y 基准（Y）：强制标注 Y 坐标。

⑤ 多行文字（M）：通过多行文字编辑器输入文字。

⑥ 文字（T）：输入单行文字。

⑦ 角度（A）：指定文字旋转角度。

【例 8.11】 用坐标标注如图 8.35 所示的圆孔位置，左下角设定为坐标原点。

① 为了使最终的坐标对齐在一条直线上，绘制对齐坐标用的辅助直线 A 和 B。

② 坐标标注必须相对于本身的某点测量坐标大小，通过 UCS 命令将坐标原点设定在 C 点。

③ 标注坐标时为了快速捕捉到指定点和辅助线上的垂足，打开对象捕捉，设定端点、垂足捕捉方式。

④ 进行坐标尺寸标注。

命令：_dimordinate

指定点坐标：**单击 C 点**

指定引线端点或 [X 基准(X)/Y 基准(Y)/多行文字(M)/文字(T)/角度(A)]：**移动光标到 C 点下方直线 A 上，出**

现"垂足"提示时单击

标注文字 =0

命令：↵

DIMORDINATE

指定点坐标：单击 *D* 点

用同样的方法标注其他坐标 73、109、151、196。

……

命令：↵

DIMORDINATE

指定点坐标：单击 *C* 点

指定引线端点或 [X 坐标(X)/Y 坐标(Y)/多行文字(M)/文字(T)/角度(A)]：移动光标到 *C* 点左侧直线 *B* 上，出现"垂足"提示时单击

标注文字 =0

命令：_dimordinate

指定点坐标：单击 *E* 点

指定引线端点或 [X 坐标(X)/Y 坐标(Y)/多行文字(M)/文字(T)/角度(A)]：移动光标到 *E* 点左侧直线 *B* 上，出现"垂足"提示时单击

标注文字 =22

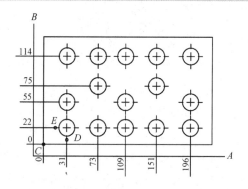

图 8.35　坐标尺寸标注示例

用同样的方法标注 55、75、114。结果如图 8.35 所示。

⑤ 删除辅助线 *A*、*B*。

8.3.11　快速标注 QDIM

快速标注是 AutoCAD 2022 中文版提供的尺寸标注方法。快速标注可以在一个命令下对多个同样的尺寸（如直径、半径、基线、连续、坐标等）进行标注，而且自动对齐坐标位置。

命令：QDIM

功能区：注释→标注→快速标注

命令及提示如下。

命令：_qdim

选择要标注的几何图形：

指定尺寸线位置或 [连续(C)/并列(S)/基线(B)/坐标(O)/半径(R)/直径(D)/基准点(P)/编辑(E)/设置(T)] <半径>：

t↵

关联标注优先级 [端点(E)/交点(I)] <端点>：

指定尺寸线位置或 [连续(C)/并列(S)/基线(B)/坐标(O)/半径(R)/直径(D)/基准点(P)/编辑(E)/设置(T)] <半径>：

e↵

指定要删除的标注点或 [添加(A)/退出(X)] <退出>：

参数如下。

① 选择要标注的几何图形：选择对象用于快速标注。如果选择的对象不单一，在标注某种尺寸时，将忽略不可标注的对象。例如同时选择了直线和圆，标注直径时，将忽略直线对象。

② 指定尺寸线位置：定义尺寸线的位置。

③ 连续（C）：采用连续方式标注所选图形。

④ 并列（S）：采用并列方式标注所选图形。

⑤ 基线（B）：采用基线方式标注所选图形。

⑥ 坐标（O）：采用坐标方式标注所选图形。

⑦ 半径（R）：对所选圆或圆弧标注半径。

⑧ 直径（D）：对所选圆或圆弧标注直径。

⑨ 基准点（P）：设定坐标标注或基线标注的基准点。

⑩ 编辑（E）：对标注点进行编辑。

● 指定要删除的标注点——删除标注点，否则由系统自动设定标注点。

● 添加（A）——添加标注点，否则由系统自动设定标注点。

● 退出（X）——退出编辑提示，返回上一级提示。

⑪ 设置（T）：为指定尺寸界线原点设置默认对象捕捉。

● 端点（E）——将关联标注优先级设置为端点。

● 交点（I）——将关联标注优先级设置为交点。

【例 8.12】 快速标注练习。

1）采用快速标注方式标注如图 8.36 所示的尺寸

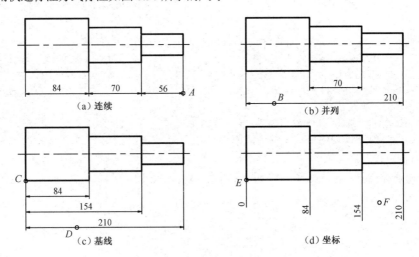

图 8.36 快速标注示例 1

```
命令：_qdim
选择要标注的几何图形：窗口方式选择 3 条水平线
定义对角点：找到 3 个
选择要标注的几何图形：↵                                    结束图形对象选择
指定尺寸线位置或[连续(C)/并列(S)/基线(B)/坐标(O)/半径(R)/直径(D)
/基准点(P)/编辑(E)] <坐标>：c↵                           进行连续标注
指定尺寸线位置或[连续(C)/并列(S)/基线(B)/坐标(O)/半径(R)/直径(D)
/基准点(P)/编辑(E)] <连续>：单击 A 点
```

命令：↵

QDIM

选择要标注的几何图形：**窗口方式选择 3 条水平线**

定义对角点：找到 3 个

选择要标注的几何图形：↵   结束图形对象选择

指定尺寸线位置或[连续(C)/并列(S)/基线(B)/坐标(O)/半径(R)

/直径(D)/基准点(P)/编辑(E)]<并列>：**单击 B 点**   进行并列标注

命令：↵

QDIM

选择要标注的几何图形：**窗口方式选择 3 条水平线**

定义对角点：找到 3 个

选择要标注的几何图形：↵   结束图形对象选择

指定尺寸线位置或[连续(C)/并列(S)/基线(B)/坐标(O)/半径(R)

/直径(D)/基准点(P)/编辑(E)]<并列>：**b**↵   进行基线标注

指定尺寸线位置或[连续(C)/并列(S)/基线(B)/坐标(O)/半径(R)

/直径(D)/基准点(P)/编辑(E)]<基线>：**p**↵   设定基准点

选择新的基准点：**单击 C 点**

指定尺寸线位置或[连续(C)/并列(S)/基线(B)/坐标(O)/半径(R)

/直径(D)/基准点(P)/编辑(E)]<基线>：**单击 D 点**

命令：↵

QDIM

选择要标注的几何图形：**窗口方式选择 3 条水平线**

定义对角点：找到 3 个

选择要标注的几何图形：↵   结束图形对象选择

指定尺寸线位置或[连续(C)/并列(S)/基线(B)/坐标(O)/半径(R)

/直径(D)/基准点(P)/编辑(E)]<基线>：**o**↵   进行坐标标注

指定尺寸线位置或[连续(C)/并列(S)/基线(B)/坐标(O)/半径(R)

/直径(D)/基准点(P)/编辑(E)]<坐标>：**p**↵   设定新的基准点

选择新的基准点：**单击 E 点**

指定尺寸线位置或[连续(C)/并列(S)/基线(B)/坐标(O)/半径(R)

/直径(D)/基准点(P)/编辑(E)]<坐标>：**单击 F 点**

结果如图 8.36 所示。

2）采用快速标注方式标注如图 8.37 所示的半径和直径尺寸

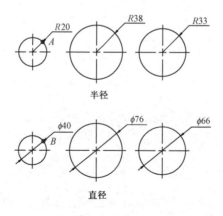

图 8.37   快速标注示例 2

命令：_qdim
选择要标注的几何图形：**单击圆　找到 1 个**
选择要标注的几何图形：**单击圆　找到 1 个，总共 2 个**
选择要标注的几何图形：**单击圆　找到 1 个，总共 3 个**
选择要标注的几何图形：↵
指定尺寸线位置或[连续(C)/并列(S)/基线(B)/坐标(O)/半径(R)/直径(D)/基准点(P)/编辑(E)] <连续>：**r↵**
指定尺寸线位置或[连续(C)/并列(S)/基线(B)/坐标(O)/半径(R)/直径(D)/基准点(P)/编辑(E)] <半径>：**单击 A 点**
命令：_qdim
选择要标注的几何图形：**单击圆　找到 1 个**
选择要标注的几何图形：**单击圆　找到 1 个，总共 2 个**
选择要标注的几何图形：**单击圆　找到 1 个，总共 3 个**
选择要标注的几何图形：↵
指定尺寸线位置或[连续(C)/并列(S)/基线(B)/坐标(O)/半径(R)/直径(D)/基准点(P)/编辑(E)] <连续>：**d↵**
指定尺寸线位置或[连续(C)/并列(S)/基线(B)/坐标(O)/半径(R)/直径(D)/基准点(P)/编辑(E)] <直径>：**单击 B 点**

结果如图 8.37 所示。

8.3.12　弧长标注 DIMARC

AutoCAD 2022 中文版可以自动测量弧的长度并进行标注。

命令：DIMARC

功能区：注释→标注→弧长

　　　　默认→注释→弧长

命令及提示如下。

命令：_dimarc
选择弧线段或多段线弧线段：
指定弧长标注位置或 [多行文字(M)/文字(T)/角度(A)/部分(P)/引线(L)]：**p↵**
指定弧长标注的第一个点：
指定弧长标注的第二个点：
标注文字 ＝**XX**

参数如下。

① 选择弧线段或多段线弧线段：选择要标注的弧线段。
② 指定弧长标注位置：拾取标注的弧长数字位置。
③ 多行文字（M）：打开多行文字编辑器，输入多行文字。
④ 文字（T）：在命令行输入标注的单行文字。
⑤ 角度（A）：设置标注文字的角度。
⑥ 部分（P）：缩短弧长标注的长度，即只标注圆弧中部分弧线的长度。
● 指定弧长标注的第一个点——设定标注圆弧的起点。
● 指定弧长标注的第二个点——设定标注圆弧的终点。
⑦ 引线（L）：添加引线对象。仅当圆弧（或圆弧段）大于 90°时才会显示此选项。引线是按径向绘制的，指向所标注圆弧的圆心。
⑧ 无引线（N）：创建引线之前取消"引线"选项。
要删除引线，可删除弧长标注，然后重新创建不带"引线"选项的弧长标注。
【例 8.13】　对如图 8.38 所示的圆弧进行标注，其中有部分弧长需要单独进行标注。

命令：_dimarc
选择弧线段或多段线弧线段：**单击圆弧**
指定弧长标注位置或 [多行文字(M)/文字(T)/角度(A)/部分(P)/ 引线(L)]：**单击文字摆放位置**

标注文字 =344.8
命令：↵

命令：_dimarc
指定弧长标注位置或 [多行文字(M)/文字(T)/角度(A)/部分(P)/ 引线(L)]：**p↵** 进行部分标注
指定圆弧长度标注的第一个点：**单击弧上的一个点**
指定圆弧长度标注的第二个点：**单击弧上的另一个点**
指定弧长标注位置或 [多行文字(M)/文字(T)/角度(A)/部分(P)/ 引线(L)]：**单击文字摆放位置**
标注文字 = 87.2

结果如图 8.38 所示。

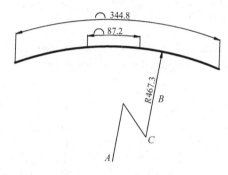

图 8.38 弧长标注示例

8.3.13 折弯标注 DIMJOGGED

在图形中经常碰到有些圆弧或圆半径很大，圆心超出了图纸范围。此时进行半径标注，往往要采用折弯标注的方法。AutoCAD 2022 中文版提供了折弯标注的简便方法。

命令：DIMJOGGED
功能区：注释→标注→折弯
    默认→注释→折弯

命令及提示如下。

命令：_dimjogged
选择圆弧或圆：
指定图示中心位置：
标注文字 = xx
指定尺寸线位置或 [多行文字(M)/文字(T)/角度(A)]：
指定折弯位置：

参数如下。

① 选择圆弧或圆：选择需要标注的圆或圆弧。

② 指定图示中心位置：指定一个点以便取代正常半径标注的圆心。

③ 指定尺寸线位置：指定尺寸线摆放的位置。

④ 多行文字（M）：打开多行文字编辑器，输入多行文字。

⑤ 文字（T）：在命令行输入标注的单行文字。

⑥ 角度（A）：设置标注文字的角度。

⑦ 指定折弯位置：指定折弯的中点。

【例 8.14】 采用折弯标注方式标注如图 8.38 所示圆弧的半径。

命令：_dimjogged
选择圆弧或圆：**单击圆弧**

指定图示中心位置：单击如图 **8.38** 所示的 *A* 点

标注文字 = 467.3

指定尺寸线位置或 [多行文字(M)/文字(T)/角度(A)]：单击 *B* 点

指定折弯位置：单击 *C* 点

结果如图 8.38 所示。

8.4　尺寸编辑

对已经标注的尺寸可以进行编辑。尺寸编辑命令主要有：DIMSTYLE、DIMOVERRIDE、DIMTEDIT、DIMEDIT 等，还可以通过 EXPLODE 命令将尺寸分解成文本、箭头、直线等单一对象。

8.4.1　尺寸变量替换 DIMOVERRIDE

尺寸变量替换命令可以在不影响当前尺寸类型的前提下，覆盖某一尺寸变量。要正确使用该命令，应知道欲修改的尺寸变量名。

命令：DIMOVERRIDE

功能区：注释→标注→替代

命令及提示如下。

> 命令：**dimoverride**
> 输入要替代的标注变量名或 [清除替代(C)]：
> 输入标注变量的新值 <XX1>：**XX2**
> 输入要替代的标注变量名或 [清除替代(C)]：c
> 选择对象：

参数如下。

① 输入要替代的标注变量名：输入欲替代的尺寸变量名。

② 清除替代（C）：清除替代，恢复原来的变量值。

③ 选择对象：选择欲修改的尺寸对象。

【例 8.15】 采用尺寸变量替换的方式将如图 8.39 所示的尺寸 84 的字高由 10 改为 15。

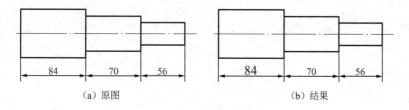

（a）原图　　　　　　　　　　（b）结果

图 8.39　尺寸变量替换示例

> 命令：**dimoverride**
> 输入要替代的标注变量名或 [清除替代(C)]：**dimtxt↵**　　　覆盖变量 DIMTXT
> 输入标注变量的新值 <10.0000>：**15↵**　　　输入 15，替代 10
> 输入要替代的标注变量名：↵　　　结束，不修改其他变量
> 选择对象：单击尺寸 **84**

结果如图 8.39 所示。

8.4.2　尺寸编辑 DIMEDIT

尺寸编辑命令可以指定新文本、调整文本到默认或指定位置、旋转文本和倾斜尺寸界线。

命令：DIMEDIT

功能区：注释→标注→倾斜，相当于命令行中的"倾斜"选项。

命令及提示如下。

命令：**_dimedit**
输入标注编辑类型 [默认(H)/新建(N)/旋转(R)/倾斜(O)] <默认>：
选择对象：

参数如下。

① 默认（H）：修改指定的尺寸文字到默认位置，即回到原始点。

② 新建（N）：通过文字编辑器输入新的文本。

③ 旋转（R）：按指定的角度旋转文字。

④ 倾斜（O）：将尺寸界线倾斜指定的角度。

⑤ 选择对象：选择欲修改的尺寸对象。

【例 8.16】 将图 8.40（a）所示的尺寸标注修改成图 8.40（b）所示的尺寸标注形式。

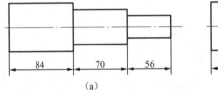 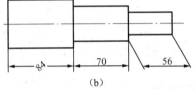

| (a) | (b) |

图 8.40 尺寸编辑示例

命令：**_dimedit**
输入标注编辑类型 [默认(H)/新建(N)/旋转(R)/倾斜(O)] <默认>：**r↵**
　　　　　　　　　　　　　　　　　　　　　　　　　旋转尺寸，相当于 DIMTEDIT 中的 A 选项
指定标注文字的角度：**30↵**
选择对象：单击尺寸 **84**
找到 1 个
选择对象：↵　　　　　　　　　　　　　　　　　　　结束对象选择
命令：↵
DIMEDIT
输入标注编辑类型 [默认(H)/新建(N)/旋转(R)/倾斜(O)] <默认>：**o↵**　　　倾斜尺寸
选择对象：单击尺寸 **56**
找到 1 个
输入倾斜角度 (按【Enter】键表示无)：**−60↵**

结果如图 8.40 所示。

8.4.3 尺寸文字修改 TEXTEDIT

尺寸文字内容可以通过 TEXTEDIT 命令修改，和修改其他多行文字的方式一样。

命令： TEXTEDIT
选中欲修改的尺寸文字，双击后可以修改。

【例 8.17】 通过尺寸文字修改命令修改尺寸文字。

执行命令，弹出如图 8.41 所示的文字编辑器。

反选的内容为选取尺寸的原始文字，用户可以在该文字前后增加其他文字，也可以将原始文字删除，输入新的文字，还可以调整对齐方式等。

图 8.41　文字编辑器

8.4.4　尺寸文字位置修改 DIMTEDIT

尺寸文字位置有时会根据图形具体情况的不同进行适当调整，如覆盖了图线或尺寸文字相互重叠等。

尺寸文字位置不仅可以通过夹点直接修改，而且可以使用 DIMTEDIT 命令进行精确修改。

命令：**DIMTEDIT**

功能区：注释→标注→左对正

注释→标注→居中对正

注释→标注→右对正

注释→标注→角度

命令及提示如下。

命令：**dimtedit**
选择标注：
为标注文字指定新位置或 [左对齐(L)/右对齐(R)/居中(C)/默认(H)/角度(A)]：

参数如下。

① 选择标注：选择标注的尺寸进行修改。

② 新位置：在屏幕上指定文字的新位置。

③ 左对齐（L）：沿尺寸线左对齐文字（对线性尺寸、半径、直径尺寸适用）。

④ 右对齐（R）：沿尺寸线右对齐文字（对线性尺寸、半径、直径尺寸适用）

⑤ 居中（C）：将尺寸文字放置在尺寸线的中间。

⑥ 默认（H）：将尺寸文字放置在默认位置。

⑦ 角度（A）：将尺寸文字旋转指定的角度，相当于 DIMEDIT 中的 R 选项。

【例 8.18】 按照图 8.42 调整尺寸位置。首先在图样上进行尺寸标注，提示文字摆放位置时参照左图放置，然后进行下面的练习。

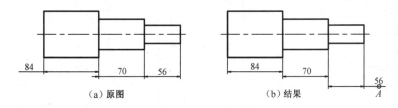

（a）原图　　　　　　　　　（b）结果

图 8.42　尺寸文字位置修改示例

命令：**dimtedit**
选择标注：**选择尺寸 56**
为标注文字指定新位置或 [左对齐(L)/右对齐(R)/居中(C)/默认(H)/角度(A)]：**单击 A 点** 移到新位置
命令：**Dimtedit**
选择标注：**选择尺寸 84**
为标注文字指定新位置或 [左对齐(L)/右对齐(R)/居中(C)/默认(H)/角度(A)]：**h↵** 放置到默认位置
命令：**Dimtedit**
选择标注：**选择尺寸 70**
为标注文字指定新位置或 [左对齐(L)/右对齐(R)/居中(C)/默认(H)/角度(A)]：**l↵** 沿尺寸线左对齐

结果如图 8.42 所示。

8.4.5 重新关联标注 DIMREASSOCIATE

标注的尺寸应和几何图形对象相关联，否则在图形改变时尺寸却没有得到更新。AutoCAD 2022 中文版允许在标注的尺寸和图形对象之间补充关联关系或修改关联关系。

命令：DIMREASSOCIATE

功能区：注释→标注→重新关联

命令及提示如下。

命令：**dimreassociate**
选择要重新关联的标注…
选择对象：
…（以下提示和具体的标注类型相关，限于篇幅，不一一列举。）

依次亮显每个选定的标注，并显示适于选定标注的关联点的提示。每个关联点提示都显示一个标记。如果当前标注的定义点与几何对象没有关联，标记将显示为 X，但是如果定义点与其相关联，标记将显示为包含在框内的 X。

> 👀 注意：
> 如果使用鼠标进行平移或缩放，标记将消失。

参数如下。

① 选择对象：选择标注的尺寸进行关联操作，可以连续选择多个，随后依次进行关联。按【Enter】键结束尺寸标注对象的选择。

② 其他参数和具体的标注类型相关。线性尺寸需要指定图形对象的两个点分别和尺寸的两个端点对应，角度尺寸需要指定两条直线或 3 个点，直径需要指定圆或圆弧，和在图线上进行尺寸标注类似，在此不一一描述。

8.4.6 标注更新 DIMSTYLE

AutoCAD 2022 中文版允许使用一种尺寸样式来更新另一种尺寸样式。

命令：DIMSTYLE

功能区：注释→标注→更新

命令及提示如下。

命令：**dimstyle**
当前标注样式：XXXXXX
输入标注样式选项
[注释性(AN)/保存(S)/恢复(R)/状态(ST)/变量(V)/应用(A)/?] <恢复>：**s↵**
输入新标注样式名或 [?]：
[注释性(AN)/保存(S)/恢复(R)/状态(ST)/变量(V)/应用(A)/?] <恢复>：**r↵**

输入标注样式名，[?] 或 <选择标注>：
[注释性(AN)/保存(S)/恢复(R)/状态(ST)/变量(V)/应用(A)/?] <恢复>：**v↵**
输入标注样式名，[?] 或 <选择标注>：
[注释性(AN)/保存(S)/恢复(R)/状态(ST)/变量(V)/应用(A)/?] <恢复>：**_apply**
选择对象：找到 1 个
选择对象：
[保存(S)/恢复(R)/状态(ST)/变量(V)/应用(A)/?] <恢复>：**st**

参数如下。

① 当前标注样式：提示当前的标注样式，该样式可取代随后选择的标注尺寸样式。

② 注释性（AN）：创建注释性标注样式。指定创建的标注样式是不是注释性的。当标注是注释性的时，缩放注释对象的过程是自动的。

③ 保存（S）：将标注系统变量的当前设置保存到标注样式。

④ 恢复（R）：将标注系统变量设置恢复为选定标注样式的设置。

⑤ 状态（ST）：显示所有标注系统变量的当前值。

⑥ 变量（V）：列出某个标注样式或选定标注的标注系统变量设置，但不改变当前设置。

⑦ 应用（A）：自动使用当前的样式取代随后选择的尺寸样式。

【例 8.19】 设置两个不同的标注样式，并用其中一个样式更新另一个样式。如图 8.43 所示的尺寸标注，分别设置两个样式 ISO-25 和 NEW ISO-25。ISO-25 采用默认设置，NEW ISO-25 中将字高改为 5。采用 NEW ISO-25 更新 ISO-25 标注的尺寸。

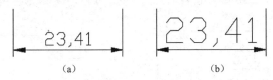

(a)　　　　　　　(b)

图 8.43　标注更新示例

① 输入 DIMSTYLE 命令，弹出"创建新标注样式"对话框，新建标注样式"NEW ISO-25"，如图 8.44 所示。

② 单击 继续 按钮，在随后的"文字"选项卡中，将字体高度改为 5。

③ 退出"创建新标注样式"对话框。

④ 如图 8.43（a）所示，标注一尺寸。

⑤ 如图 8.45 所示，选择标注样式"NEW ISO-25"。

⑥ 单击标注更新按钮 🔲，选择标注的尺寸，结果如图 8.43（b）所示。

图 8.44　新建标注样式

图 8.45　选择标注样式

8.4.7　尺寸分解

关联尺寸其实是一种无名块，尺寸中的 4 个要素是一个整体。如果要对尺寸中的某个对象进行单独修改，必须通过分解命令将其分解。分解后的尺寸不再具有关联性。

分解命令：EXPLODE，XPLODE

8.4.8 调整间距 DIMSPACE

标注好的尺寸需要调整线性标注或角度标注之间的距离时，可以采用该命令实现。

命令：DIMSPACE

功能区：注释→标注→调整间距

命令及提示如下。

命令：_dimspace
选择基准标注：
选择要产生间距的标注： 找到 X 个
选择要产生间距的标注：↵
输入值或 [自动(A)]<自动>：

参数如下。

① 选择基准标注：选择调整间距的基准尺寸。

② 选择要产生间距的标注：选择要修改间距的尺寸。

③ 输入值：输入间距值。

④ 自动（A）：使用自动间距值，一般是文字高度的两倍。

【例8.20】 如图8.46（a）所示，设置水平标注的尺寸自动调整间距，垂直标注的尺寸对齐。

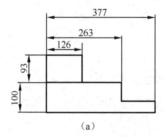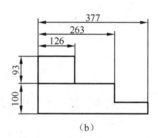

（a）   （b）

图8.46 调整间距示例

命令：_dimspace
选择基准标注：选择尺寸 126
选择要产生间距的标注：采用窗交方式同时选中尺寸 263 和 377 指定对角点：找到 2 个
选择要产生间距的标注：↵
输入值或 [自动(A)]<自动>：↵
命令：↵
DIMSPACE
选择基准标注：选择尺寸 93
选择要产生间距的标注：选择尺寸 100 找到 1 个
选择要产生间距的标注：↵
输入值或 [自动(A)]<自动>：0↵

结果如图8.46（b）所示。

8.4.9 打断标注 DIMBREAK

当标注好的尺寸和图形中的其他对象重叠，需要打断时，可以采用该命令实现。

命令：DIMBREAK

功能区：注释→标注→打断

命令及提示如下。

命令：DIMBREAK
选择要添加/删除打断的标注或 [多个(M)]：**m↵**
选择标注：找到 X 个
选择标注：↵
选择要打断标注的对象或 [自动(A)/手动(M)/删除(R)]<自动>：

参数如下。

① 选择要添加/删除打断的标注：选择需要修改的标注。

② 多个（M）：同时修改多个，随后的提示中没有手动选项。

③ 选择要打断标注的对象：选择和尺寸标注相交且需要断开的对象。

④ 自动（A）：自动放置打断标注。

⑤ 删除（R）：删除选中的打断标注。

⑥ 手动（M）：手工设置打断位置。

【例8.21】 如图8.47（a）所示，将两尺寸标注在和图形相交处断开。

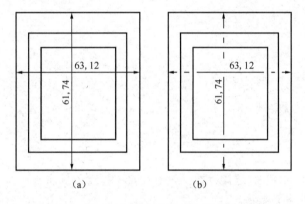

(a)   (b)

图8.47 将尺寸标注在和图形相交处断开示例

命令：_dimbreak
选择要添加/删除打断的标注或 [多个(M)]：**m↵**
选择标注：**采用窗交方式选择两个尺寸标注** 指定对角点：找到 2 个
选择标注：↵
选择要打断标注的对象或 [自动(A)/删除(R)]<自动>：↵
2 个对象已修改

结果如图8.47（b）所示。

8.4.10 检验 DIMINSPECT

采用该命令可为选定的标注添加或删除检验信息。

命令：DIMINSPECT

功能区：注释→标注→检验

执行该命令后弹出"检验标注"对话框，如图8.48所示。可在其中设置形状、标签、检验率等。单击 选择标注 按钮，在图形中选择需要添加检验标签的标注即可。如图8.49所示为添加检验标签的效果。

图 8.48　"检验标注"对话框

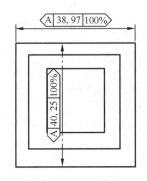

图 8.49　添加检验标签的效果

8.4.11　折弯线性 DIMJOGLINE

绘制的图形如果在某个方向很长且结构相同，一般要断开绘制，标注尺寸时也要求折弯尺寸线，标注的数值为真实大小。

命令：DIMJOGLINE

功能区：注释→标注→标注、折弯标注

命令及提示如下。

命令：**dimjogline**
选择要添加折弯的标注或 [删除(R)]：**R↵**
选择要删除的折弯：
选择要添加折弯的标注或 [删除(R)]：
指定折弯位置 (或按【Enter】键)：
标注已解除关联。

参数如下。

① 选择要添加折弯的标注：选择需要添加折弯的线性或对齐标注。

② 删除（R）：删除折弯标注。

③ 选择要删除的折弯：选择需要取消折弯的标注。

④ 指定折弯位置（或按【Enter】键）：定义折弯位置，回车则使用默认位置。

如图 8.50 所示为折弯线性的前后比照。

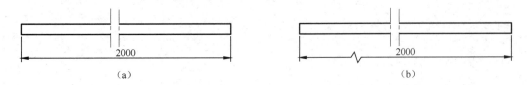

（a）　　　　　　　　　　　　　　　　　　　　　（b）

图 8.50　折弯线性的前后比照

8.5　形位公差标注与编辑

形位公差在机械图中是必不可少的，必须在"形位公差"对话框中设定后才可以标注。

8.5.1　形位公差标注 TORLERANCE

标注形位公差，可以通过引线标注中的公差参数进行，也可以通过公差命令进行。

命令：TORLERANCE

功能区：注释→标注→公差

执行公差命令后，弹出如图 8.51 所示的"形位公差"对话框。

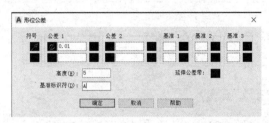

图 8.51 "形位公差"对话框

该对话框中各选项含义如下。

① 符号：单击符号下的小黑框，弹出"特征符号"对话框，如图 8.52 所示。

② 公差：左侧的小黑框为直径符号（ϕ）是否打开的开关。单击右侧的小黑框，弹出"附加符号"对话框，用于设置被测要素的包容条件，如图 8.53 所示。

图 8.52 "特征符号"对话框

图 8.53 "附加符号"对话框

③ 基准 1～3：单击小黑框，弹出包容条件，用于设置基准的包容条件。

④ 高度：用于设置最小的投影公差带。

⑤ 延伸公差带：单击小黑框，除指定位置公差外，还可以设定投影公差。

⑥ 基准标识符：设置该公差的基准标识符。

【例 8.22】 标注如图 8.54 所示轴的直线度公差。

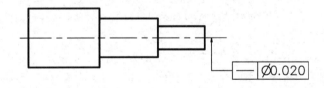

图 8.54 轴的直线度公差标注示例

① 执行 TORLERANCE 命令，弹出如图 8.55 所示的"形位公差"对话框。

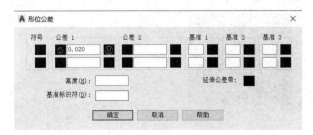

图 8.55 "形位公差"对话框

② 在该对话框中进行如图 8.55 所示的设定。

③ 在图样中标注该直线度公差，并绘制引线。

> 👀注意：
>
> 由于直接使用公差命令标注形位公差只有方框没有引线，所以应该补绘引线。最好使用引线命令来标注形位公差，可以同时绘制引线，并可以在"形位公差"对话框中进行设置。

8.5.2　形位公差编辑 DDEDIT

对形位公差的编辑可以通过 DDEDIT 命令来进行。执行 DDEDIT 命令并选择形位公差后，弹出"形位公差"对话框，用户可以进行相应的编辑。也可以通过"特性"对话框来修改，在"特性"对话框中，单击"文字替代"后的■按钮，同样可以打开"形位公差"对话框。

8.6　引线标注

引线在图样中使用比较频繁，如注释、零件序号等均需要绘制引线。从 AutoCAD 2010 开始增加了新的功能强大的多重引线命令（MLEADER），旧版本中的引线命令（LEADER）不推荐使用。

8.6.1　多重引线样式 MLEADERSTYLE

使用多重引线标注，首先应该设置多重引线样式。

命令：MLEADERSTYLE

功能区：注释→引线→多重引线样式

执行该命令后，弹出图 8.56 所示的"多重引线样式管理器"对话框。

① 当前多重引线样式：显示应用于所创建的多重引线的多重引线样式名称。

② 样式：显示多重引线样式列表，亮显当前样式。

③ 列出：过滤"样式"列表中的内容。如果选择"所有样式"，则显示图形中可用的所有多重引线样式。如果选择"正在使用的样式"，则仅显示当前图形中正在使用的多重引线样式。

④ 预览：显示"样式"列表中选定样式的预览图像。

⑤ 置为当前：将"样式"列表中选定的多重引线样式设置为当前样式。随后新的多重引线都将使用此多重引线样式进行创建。

⑥ 新建：如图 8.57 所示，弹出"创建新多重引线样式"对话框，可以定义新多重引线样式。单击继续按钮，则弹出"修改多重引线样式"对话框，如图 8.58 所示。该对话框包括"引线格式""引线结构""内容"三个选项卡。

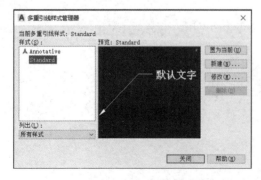

图 8.56　"多重引线样式管理器"对话框

图 8.57　"创建新多重引线样式"对话框

- 引线格式——在引线格式中，可设置引线的类型（直线、样条曲线、无）、引线的颜色、引线的线型、线的宽度等属性。还可以设置箭头的形式、大小，以及控制将折断标注添加到多重引线时使用的大小。
- 引线结构——设置多重引线的约束，包括引线中最大点数、两点的角度，设置自动包含基线、基线距离，并通过比例控制多重引线的缩放，如图 8.59 所示。

图 8.58 修改多重引线样式（引线格式）　　　　图 8.59 修改多重引线样式（引线结构）

- 内容——如图 8.60 所示，设置多重引线的内容。多重引线的类型包括：多行文字、块、无。

如果选择"多行文字"，如图 8.60 所示，则下方可以设置文字的各种属性，如默认文字、文字样式、文字角度、文字颜色、文字高度、文字对正方式，是否加文字加框，以及设置引线连接的特性，包括水平连接、垂直连接、连接位置、基线间隙等。如果选择"块"，则如图 8.61 所示，提示设置源块，包括提供的五种，也可以选择用户定义的块。同时设置附着、颜色、比例等特性。

　⑦ 修改：弹出如图 8.58 所示的"修改多重引线样式"对话框，可修改多重引线样式。

　⑧ 删除：删除"样式"列表中选定的多重引线样式。不能删除图形中正在使用的样式。

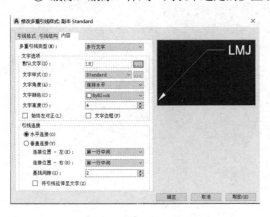
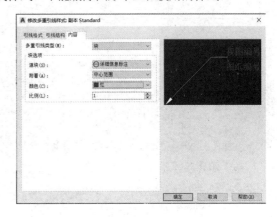

图 8.60 修改多重引线样式（类型为多行文字）　　图 8.61 修改多重引线样式（类型为块）

8.6.2 多重引线 MLEADER

设置好多重引线样式后，便可以进行多重引线的标注了。

命令：MLEADER

功能区：注释→引线→多重引线

命令及提示如下。

> 指定引线箭头的位置或 [引线基线优先(L)/内容优先(C)/选项(O)] <选项>：
> 输入选项 [引线类型(L)/引线基线(A)/内容类型(C)/最大节点数(M)/第一个角度(F)/第二个角度(S)/退出选项(X)] <退出选项>：
> 指定引线箭头的位置或 [引线基线优先(L)/内容优先(C)/选项(O)] <选项>：
> 指定引线基线的位置： <正交 关>
> 覆盖默认文字 [是(Y)/否(N)] <否>：**y**
> 定引线箭头的位置或 [引线基线优先(L)/内容优先(C)/选项(O)] <选项>：**l**
> 指定引线基线的位置或 [引线箭头优先(H)/内容优先(C)/选项(O)] <选项>：
> 指定引线箭头的位置：
> 指定引线基线的位置或 [引线箭头优先(H)/内容优先(C)/选项(O)] <选项>：**c**
> 指定文字的插入点或 [覆盖(OV)/引线箭头优先(H)/引线基线优先(L)/选项(O)] <选项>：
> 指定引线箭头的位置：

参数如下。

① 指定引线箭头的位置：在图形上定义箭头的起始点。

② 引线箭头优先（H）：首先确定箭头。

③ 引线基线优先（L）：首先确定基线。

④ 内容优先（C）：首先绘制内容。

⑤ 选项（O）：设置多重引线格式。

⑥ [引线类型（L）/引线基线（A）/内容类型（C）/最大节点数（M）/第一个角度（F）/第二个角度（S）/退出选项（X）]：同上小节。

⑦ 指定引线基线的位置：确定引线基线的位置。

⑧ 指定引线箭头的位置：确定引线箭头的位置。

⑨ 指定文字的插入点：确定文字的插入点。

⑩ 覆盖默认文字：如果选择"是"，则用新输入的文字作为引线内容。如果选择"否"，则引线内容为默认文字。

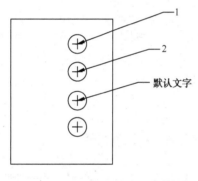

图 8.62 多重引线标注示例

【例 8.23】 在如图 8.62 所示的图形上标注多重引线，内容分别为 1、2 和默认文字。

> 命令：**_mleader**
> 指定引线箭头的位置或 [引线基线优先(L)/内容优先(C)/选项(O)] <引线基线优先>：**单击 1 所指的圆心**
> 指定引线基线的位置：**单击文字 1 位置附近**
> 覆盖默认文字 [是(Y)/否(N)] <否>：**y↵**　　**并输入 1**
> 重复，**输入 2**。
> 重复，在提示是否覆盖默认文字时，回答 <否>。

结果如图 8.62 所示。

8.6.3 添加/删除引线 MLEADEREDIT

在引线标注完成后，可以通过 MLEADEREDIT 命令对多重引线进行添加或删除操作。

命令：MLEADEREDIT

功能区：默认→注释→添加引线/删除引线

注释→引线→添加引线/删除引线

命令及提示如下。

> 命令：**mleaderedit**
> 选择多重引线：

指定引线箭头位置或 [删除引线(R)]: **r↵**
指定要删除的引线或 [添加引线(A)]:

参数如下。

① 选择多重引线：选择要编辑的多重引线。

② 指定引线箭头位置：指定箭头指向位置。

③ 删除引线（R）：选择该选项后，将引线删除。

④ 添加引线（A）：添加引线到多重引线中，随后要指定箭头位置。

【例 8.24】　在如图 8.62 所示的图形上将多重引线中的 1 删除，并添加一引线到默认文字上。

命令：单击"注释→引线→删除"按钮
选择多重引线：单击多重引线 **1**　找到 1 个
指定要删除的引线或 [添加引线(A)]: 单击多重引线中引线部分
指定要删除的引线或 [添加引线(A)]: ↵
不存在要删除的引线。
命令：单击"注释"选项卡→引线→添加引线按钮
选择多重引线：单击多重引线"默认文字"　找到 1 个
指定引线箭头位置或 [删除引线(R)]: 单击最下方的圆的圆心
指定引线箭头位置或 [删除引线(R)]: ↵

结果如图 8.63 所示。

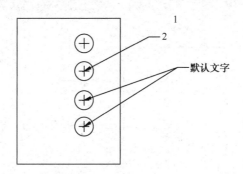

图 8.63　添加/删除引线结果

8.6.4　对齐引线 MLEADERALIGN

存在多条引线时，应该将它们排列整齐，此时可以通过对齐引线命令使它们排列整齐，以符合图样标准。

命令：MLEADERALIGN
功能区：默认→注释→对齐引线
　　　　注释→引线→对齐引线
命令及提示如下。

命令：_mleaderalign
选择多重引线：指定对角点：找到 X 个，总计 X 个
选择多重引线：
当前模式：使用当前间距
选择要对齐到的多重引线或 [选项(O)]: **o↵**
输入选项 [分布(D)/使引线线段平行(P)/指定间距(S)/使用当前间距(U)] <使用当前间距>: **s↵**
指定间距 <0.000000>:
输入选项 [分布(D)/使引线线段平行(P)/指定间距(S)/使用当前间距(U)] <指定间距>: **d↵**
指定第一点或 [选项(O)]:

指定第二点：
输入选项 [分布(D)/使引线线段平行(P)/指定间距(S)/使用当前间距(U)] <使段平行>：**p↵**
选择要对齐到的多重引线或 [选项(O)]：**o↵**

参数如下。

① 选择多重引线：选择要编辑的多重引线。

② 选择要对齐到的多重引线：选择对齐到的目标多重引线。

③ 选项（O）：指定用于对齐并分隔选定的多重引线的选项。

④ 分布（D）：等距离隔开两个选定点之间的内容。

⑤ 使引线线段平行（P）：调整内容位置，从而使选定多重引线中每条最后的引线线段平行。

⑥ 指定间距（S）：指定选定的多重引线的间距。

⑦ 使用当前间距（U）：使用多重引线的当前间距。

【例 8.25】 在如图 8.63 所示的图形上将多重引线"默认文字"对齐到文字"2"所示的引线上。

命令：**_mleaderalign**
选择多重引线：**选择"默认文字"的多重引线 找到 1 个**
选择多重引线：**↵**
当前模式：使用当前间距
选择要对齐到的多重引线或 [选项(O)]：**选择"2"的多重引线**
指定方向：**在下方任一点单击**

结果如图 8.64 所示。

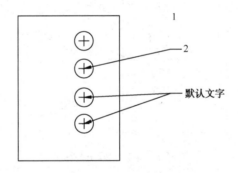

图 8.64 对齐引线结果

8.6.5 合并引线 MLEADERCOLLECT

在图样中经常有同一规格尺寸的图形或零部件存在，标注时需要统一指向一个标注，此时可以采用合并引线功能，将它们统一标注。

命令：MLEADERCOLLECT
功能区：默认→注释→合并
　　　　注释→引线→合并

命令及提示如下。

命令：**_mleadercollect**
选择多重引线：指定对角点：找到 X 个
选择多重引线：
指定收集的多重引线位置或 [垂直(V)/水平(H)/缠绕(W)] <水平>：

参数如下。

① 选择多重引线：选择要合并的多重引线。

② 指定收集的多重引线位置：将放置多重引线集合的点指定在集合的左上角。

③ 垂直（V）：将多重引线集合放置在一列或多列中。

④ 水平（H）：将多重引线集合放置在一行或多行中。

⑤ 缠绕（W）：指定缠绕的多重引线集合的宽度。

【例 8.26】 如图 8.65（a）所示，首先分别设置 4 个以块为多重引线类型的标注，然后将它们合并到一列上。

① 单击"注释→引线→多重引线样式"按钮，弹出如图 8.56 所示的"多重引线样式管理器"对话框，单击 修改 按钮，弹出如图 8.66 所示的"修改多重引线样式"对话框。

② 在"内容"选项卡中，将多重引线类型设置为"块"，源块设置为"圆"，并适当调整比例。单击 确定 按钮退出，再单击 关闭 按钮退出"多重引线样式管理器"对话框。

③ 采用多重引线命令标注 4 条引线，分别输入 1、2、3、4，如图 8.65（a）所示。

④ 单击"注释→引线→合并"。

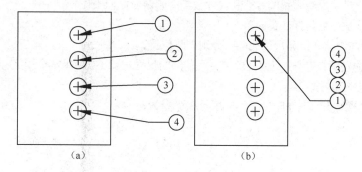

图 8.65　合并引线示例

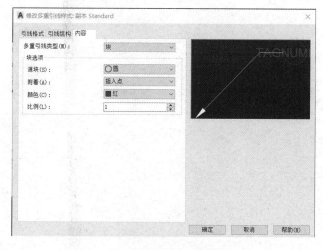

图 8.66　"修改多重引线样式"对话框

```
命令: _mleadercollect
选择多重引线：采用窗交方式选择 4 条引线
指定对角点：找到 4 个
选择多重引线：↵
指定收集的多重引线位置或 [垂直(V)/水平(H)/缠绕(W)] <水平>：v↵
指定收集的多重引线位置或 [垂直(V)/水平(H)/缠绕(W)] <垂直>：在合适的位置单击
```

结果如图 8.65（b）所示。

习　题

（1）标注尺寸时采用的字体和文字样式是否有关？

（2）关联尺寸和非关联尺寸有无区别？如果改变了关联线性尺寸的一个端点，其自动测量的尺寸数值是否相应发生变化？

（3）尺寸公差的上、下偏差的符号是如何控制的？如何避免标注出上负、下正的公差格式？

（4）尺寸样式替代和尺寸样式修改有什么区别？

（5）如何设置一种尺寸标注样式，角度数值始终水平，其他尺寸数值和尺寸线方向相同？

（6）标注形位公差的方法有哪些？

（7）线性标注和对齐标注有什么区别？

（8）尺寸线、尺寸界线倾斜的标注和尺寸数字的倾斜应如何操作？

（9）在线性标注中如何标注直径？

（10）引线标注中的文字和尺寸线能否分别调整位置？

（11）如何使调整后的尺寸变量只影响随后标注的尺寸，而不影响已经采用该类型的尺寸样式标注的尺寸？反之又该如何操作？

（12）在标注装配图的零件序号时，采用什么命令最合适？

第*9*章 显示控制

绘图时，显示控制命令使用十分频繁。通过显示控制命令，可以观察绘制图形的细小的结构和复杂的整体图形，如观察整栋楼房建筑的全貌或整个飞机的外形，观察楼房中的每扇窗户或飞机中的一个螺钉上的倒角，并且通过显示控制命令，可以保存和恢复命名视图，设置多个视口，同时观察整体效果和细节。本章将介绍显示控制命令的使用方法。

9.1 重画 REDRAW 或 REDRAWALL

在绘图过程中，有时会在屏幕上留下一些"痕迹"。为了消除这些"痕迹"，不影响正常观察图形，可以执行重画命令。

命令：REDRAW

REDRAWALL

重画一般情况下是自动执行的。重画是利用最后一次重生成或最后一次计算的图形数据重新绘制图形，速度较快。

REDRAW 命令只刷新当前视口，REDRAWALL 命令刷新所有视口。

9.2 重生成 REGEN 和 REGENALL

重生成同样可以刷新视口，但和重画不同。重生成是重新计算图形数据后在屏幕上显示结果，图形复杂时速度较慢。

命令：REGEN

REGENALL

在可能的情况下会执行重画而不执行重生成来刷新视口。有些命令执行时会引起重生成，如果执行重画命令无法清除屏幕上的"痕迹"，只能重生成。

REGEN 命令重生成当前视口。REGENALL 命令重生成所有的视口。

9.3 显示缩放 ZOOM

AutoCAD 2022 中文版提供了 ZOOM 命令来完成显示缩放和移动观察功能。由于显示缩放使用频繁，故有多种途径可以实现该功能。

① 鼠标滚轮上下滚动可以控制视图以光标位置为中心放大或缩小显示。按住鼠标滚轮则可以平移。

② 在绘图区右侧有全导航控制盘，其中有二维控制盘、平移和缩放等按钮。

③ 功能区的视图选项卡下有二维导航面板，其中有齐全的视图控制按钮。

④ 在绘图区右击，可以选择平移和缩放。

⑤ 通过命令行输入相应的命令可以控制视图显示。

⑥ 视图菜单中包含了视图的显示控制选项。

⑦ 缩放工具栏、三维导航工具栏包含了视图的显示控制按钮 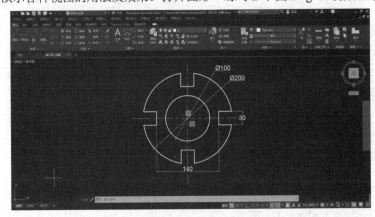。

命令：ZOOM

命令及提示如下。

> 命令：**'_zoom**
> 指定窗口角点，输入比例因子 (nX 或 nXP)，或
> [全部(A)/中心(C)/动态(D)/范围(E)/上一个(P)/比例(S)/窗口(W) /对象(O)] <实时>：

按【Esc】键或【Enter】键退出，或右击显示快捷菜单。

参数如下。

① 指定窗口角点：通过定义一个窗口来确定放大范围，在视口中单击一点，即确定该窗口的一个角点，随即提示输入另一个角点。执行结果同窗口选项。

② 输入比例因子（nX 或 nXP）：按照一定的比例进行缩放。大于 1 为放大，小于 1 为缩小。X 指相对于模型空间缩放，XP 指相对于图纸空间缩放。

③ 全部（A）：在当前视口中显示整个图形。其范围取决于图形所占范围和绘图界限中较大的一个。

④ 中心（C）：指定一个中心点，将该点作为视口中图形显示的中心。在随后的提示中，要求指定缩放系数或高度，系统根据给定的缩放系数（nX）或欲显示的高度进行缩放。如果不想改变中心点，在中心点提示后直接按【Enter】键即可。

⑤ 动态（D）：动态显示图形。该选项集成了平移命令（PAN）和显示缩放命令（ZOOM）中的"全部（A）"和"窗口（W）"功能。当使用该选项时，系统显示一平移观察框，拖动它到适当的位置并单击，此时出现一个向右的箭头，可以调整观察框的大小。如果再单击，还可以移动观察框。如果按【Enter】键或右击，在当前视口中将显示观察框中的部分内容。

⑥ 范围（E）：将图形在当前视口中最大限度地显示。

⑦ 上一个（P）：恢复上一个视口内显示的图形，最多可以恢复 10 个图形显示。

⑧ 比例（S）：根据输入的比例显示图形，对于模型空间，比例系数后加上 X，对于图纸空间，比例系数后加上 XP。显示的中心为当前视口中图形的显示中心。

⑨ 窗口（W）：缩放由两点定义的窗口范围内的图形到整个视口范围。

⑩ 对象（O）：缩放以便尽可能大地显示一个或多个选定的对象，并使其位于绘图区的中心。

⑪ <实时>：在提示后直接按【Enter】键，进入实时缩放状态。按住鼠标左键向上或向左移动可放大图形显示，向下或向右移动可缩小图形显示。

【例 9.1】 演示各种视图的用法及效果。打开图形"练习 2-卡圈.dwg"，初始显示如图 9.1 所示。

图 9.1 初始显示

① 显示窗口。采用缩放窗口放大显示如图 9.1 所示垫圈下方的缺口。

命令：**'_zoom**
指定窗口角点，输入比例因子 (nX 或 nXP)，或
[全部(A)/中心点(C)/动态(D)/范围(E)/上一个(P)/比例(S)/窗口(W) /对象(O)] <实时>：**_w**
指定第一个角点：单击如图 9.2 所示缺口左上角点
指定对角点：单击如图 9.2 所示缺口右下角点

结果如图 9.2 所示。

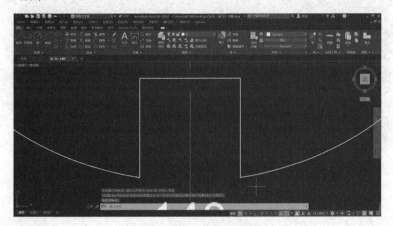

图 9.2　放大显示主视图

② 显示全部，如图 9.3 所示。

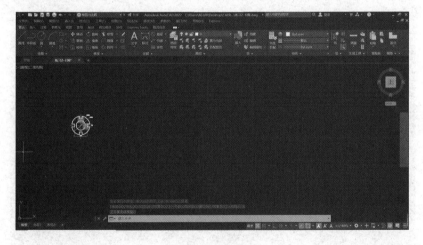

图 9.3　显示全部

命令：**'_zoom**
指定窗口角点，输入比例因子 (nX 或 nXP)，或
[全部(A)/中心点(C)/动态(D)/范围(E)/上一个(P)/比例(S)/窗口(W) /对象(O)] <实时>：**_all**

结果如图 9.3 所示（此时图纸界限设定成 4200×2970，图形绘制的比例为 1:1）。如果图纸界限较大而图形较小，则执行该命令会显示图纸界限范围。相对而言，图形未必能看清楚，极端情况下图形可能看不到。

③ 显示范围。将图形部分充满整个视口。

命令：**'_zoom**
指定窗口角点，输入比例因子 (nX 或 nXP)，或

[全部(A)/中心点(C)/动态(D)/范围(E)/上一个(P)/比例(S)/窗口(W)/对象(O)] <实时>: _e

结果如图 9.4 所示。

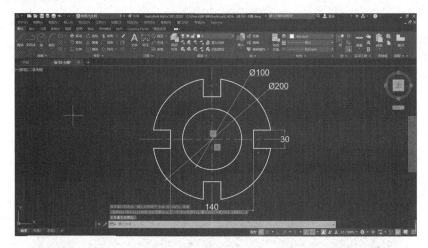

图 9.4　显示范围

④ 比例缩放（ZOOM S）。将如图 9.4 所示的显示范围按照 0.5X 的比例显示。

命令：'_zoom
指定窗口角点，输入比例因子 (nX 或 nXP)，或
[全部(A)/中心点(C)/动态(D)/范围(E)/上一个(P)/比例(S)/窗口(W)/对象(O)] <实时>: _s
输入比例因子 (nX 或 nXP): 0.5x↵

结果如图 9.5 所示。

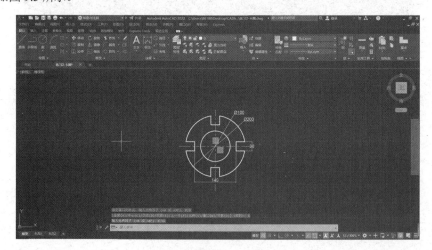

图 9.5　比例缩放（0.5X）

⑤ 显示上一个图形。恢复显示上一个图形。

命令：'_zoom
指定窗口角点，输入比例因子 (nX 或 nXP)，或
[全部(A)/中心点(C)/动态(D)/范围(E)/上一个(P)/比例(S)/窗口(W)/对象(O)] <实时>: _p

结果显示上一个图形，如图 9.4 所示。连续执行可以依次显示前面的图形。

⑥ 将如图 9.4 所示的显示图形按照 0.5 的比例显示。

命令：'_zoom
指定窗口角点，输入比例因子 (nX 或 nXP)，或

[全部(A)/中心点(C)/动态(D)/范围(E)/上一个(P)/比例(S)/窗口(W) /对象(O)] <实时>：**_s**
输入比例因子 (nX 或 nXP)：**0.5↵**

结果如图 9.6 所示。

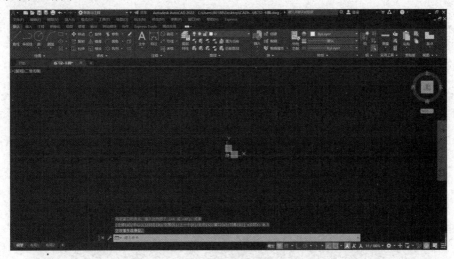

图 9.6 比例缩放（0.5）

👀 **注意：**

从该示例中可以发现，将如图 9.4 所示的显示图形按照 0.5 的比例缩放时，并未变成如图 9.4 所示的一半大小，如果读者使用的比例系数是 0.5X，结果会变成如图 9.4 所示的一半大小（图 9.5）。区别在于 nX、nXP 指相对于当前显示在视口中的图形大小缩放 n 倍，而 n（不带 X、XP）指相对于图形数据的 n 倍显示图形。也就是说，不论当前该图形显示在屏幕上的大小如何，n 倍显示的结果是一样的。

⑦ 中心点缩放。将如图 9.6 所示的图形在不改变显示中心的情况下，按高度为 200 显示。

命令：**'_zoom**
指定窗口角点，输入比例因子 (nX 或 nXP)，或
[全部(A)/中心点(C)/动态(D)/范围(E)/上一个(P)/比例(S)/窗口(W) /对象(O)] <实时>：**_c**
指定中心点：↵
输入比例或高度 <601.9175>：**200↵**

结果如图 9.7 所示。

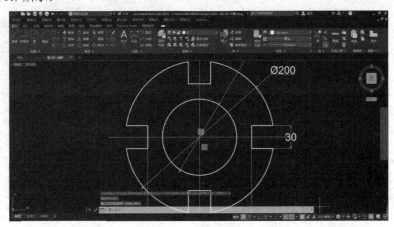

图 9.7 中心点缩放示例

⑧ 实时显示图形。实时显示图形，可以放大或缩小。

命令：'_zoom
指定窗口角点，输入比例因子 (nX 或 nXP)，或
[全部(A)/中心点(C)/动态(D)/范围(E)/上一个(P)/比例(S)/窗口(W) /对象(O)] <实时>：在光标变为 ⌕⁺ 时，按住鼠标左键向上移动，图形渐渐放大，向下移动，图形渐渐缩小。
按【Esc】键或【Enter】键退出，或单击鼠标右键显示快捷菜单。↵   退出实时缩放

⑨ 动态显示图形。动态显示图形可设定范围及缩放。将示例图形的上半部分放大显示。

命令：'_zoom
指定窗口角点，输入比例因子 (nX 或 nXP)，或
[全部(A)/中心点(C)/动态(D)/范围(E)/上一个(P)/比例(S)/窗口(W) /对象(O)] <实时>：_d

下达该命令后，首先在屏幕上出现如图 9.8 所示的动态缩放初始画面。

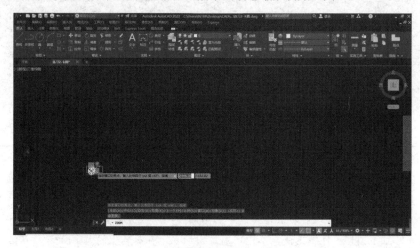

图 9.8　动态缩放初始画面

该画面中，绿色虚线框中是当前显示的图形，蓝色虚线框中是图形界限范围，中间带 X 的黑色线框是即将显示的范围，其初始大小和绿色线框相同。

移动鼠标，中间带 X 的矩形随之移动，在如图 9.9 所示的位置按住鼠标左键，此时中间的 X 消失，在右侧出现一个箭头，左右移动鼠标会改变矩形的大小，上下移动会改变矩形的位置。如图 9.9 所示，将方框控制在图示位置和大小内。

右击，结果如图 9.10 所示，方框中的图形被放大至充满当前视口。

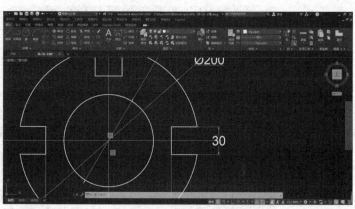

图 9.9　动态缩放控制画面　　　　　　　　　　图 9.10　放大显示

9.4　实时平移 PAN

实时平移可以在不改变显示比例的情况下，观察图形的不同部分，相当于移动图纸。

命令及提示如下。

命令：'_pan
按住鼠标左键移动
按【Esc】键或【Enter】键退出，或右击显示快捷菜单。

执行该命令后，光标变成一只手的形状（✋），按住鼠标左键移动，可以使图形一起移动。由于是实时平移，记录的画面较多，所以随后使用显示上一个命令的意义不大。

9.5　全导航控制盘 NAVSWHEEL

在绘图区的右侧，单击全导航控制盘最上方一个按钮的向下箭头，如图 9.11 所示，选择"二维控制盘"命令。

此时如图 9.12 所示，会出现随光标移动的控制盘。将该控制盘移动到需要显示的中心附近，选择"缩放"（呈粉红色），则出现如图 9.13 所示的图标。按住鼠标左键上下或左右移动即可实现缩放。

图 9.11　选择"二维控制盘"命令

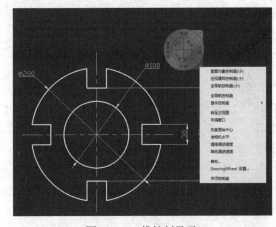

图 9.12　二维控制显示

选择"回放"，按住鼠标左键，则出现如图 9.14 所示的画面，移动到想回看的视图即可。此时随光标移动而显示相应图形。

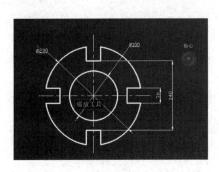

图 9.13　二维控制盘（缩放）

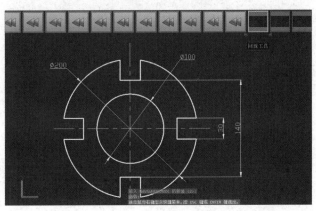

图 9.14　二维控制盘（回放）

在二维控制盘上选择"平移"，则出现如图 9.15 所示的画面。按住鼠标左键不放，移动鼠标实现平移功能。

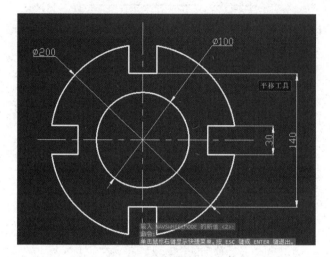

图 9.15　二维控制盘（平移）

单击二维控制盘右上角的退出按钮。单击右下角的向下箭头可以选择"设置"或"关闭控制盘"。

9.6　命名视图 VIEW

使用缩放命令几乎可以按任意的比例显示任意范围的图形，但用户经常需要工作在有限的几个视图上。在有限的几个视图上操作，中间不时放大以便更清楚地编辑，或缩小以便观察整体效果等，可以使用 ZOOM 命令来显示前面曾经显示的几幅图形，但一旦存盘退出或经过多次缩放之后，希望显示的原始图形往往无法恢复或难以恢复。可以在图形中通过命名视图的方式将任意的图形显示永久保留，随时可以调出重现。同时，通过命名视图，可以进行基于视图的局部打开等。

命令：VIEW

功能区：视图→视图→视图管理器

执行该命令后，弹出如图 9.16 所示的"视图管理器"对话框。该对话框包含了可用视图列表及特性。可以新建视图、设置当前视图、更新图层、编辑边界、删除视图、预设视图。

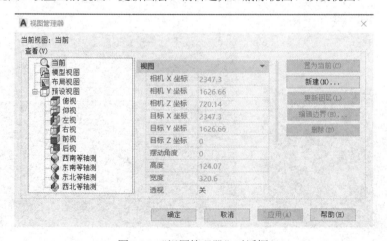

图 9.16　"视图管理器"对话框

单击"查看"列表框中的视图名称，在右侧显示其各种设置值或相关说明。

① 当前：在右侧显示当前视图及其"视图"和"剪裁"特性。

② 模型视图：显示命名视图和相机视图列表，并列出选定视图的"基本""视图"和"剪裁"特性。

③ 布局视图：在定义视图的布局上显示视口列表，并列出选定视图的"基本"和"视图"特性。

④ 预设视图：显示正交视图和等轴测视图列表，并列出选定视图的"基本"特性。

⑤ 置为当前：恢复选定的视图。

⑥ 新建：以当前屏幕视口中的显示状态或重新定义一矩形范围保存为新的视图。单击该按钮后，弹出如图 9.17 所示"新建视图/快照特性"对话框。

该对话框各选项含义如下。

● 视图名称——输入新建视图的名称，可以和已有的视图名称重复，即覆盖原有视图。

● 视图类别——指定命名视图的类别。可从下拉列表框中选择一个类别，也可输入新的类别或空缺。

● 视图类型——在电影式、静止、录制的漫游中选择。

1. 边界

边界选项区包括以下内容。

① 当前显示：将当前显示的状态保存为新的视图。

② 定义窗口：重新定义一窗口，将该窗口中的图形显示保存为新的视图。选择了该项后，可以单击其右侧的按钮，此时该对话框消失，回到绘图界面，用户可以定义一窗口。

③ 定义视图窗口按钮：暂时关闭"新建视图/快照特性"和"视图管理器"对话框，回到绘图界面，可以使用定点设备来定义一个矩形范围作为视图边界。

2. 设置

设置选项区包括如下内容。

① 将图层快照与视图一起保存：在新建的命名视图中保存当前图层可见性设置。

② UCS：在模型视图或布局视图中，指定要与新视图一起保存的 UCS。单击下拉列表框可以选择不同的 UCS 坐标系统。

③ 活动截面：在模型视图中，指定恢复视图时应用的活动截面。

④ 视觉样式：在模型视图中，指定要与视图一起保存的视觉样式。在 AutoCAD 2022 中文版中，提供了"二维线框""三维线框""三维隐藏""真实""概念"等样式。

3. 背景

背景选项区包括以下内容。

替代默认背景：指定应用于选定视图的背景。单击右侧的 █ 按钮，弹出如图 9.18 所示的对话框。然后在该对话框中进行相应的设置，如设置纯色的颜色、渐变色的几种颜色等，中间部分显示设置结果。

【例 9.2】 将如图 9.4 所示的垫圈下方的缺口放大显示，保存为"qq"并利用保存的视图来恢复显示。

1）新建视图"下方缺口"

单击"命名视图"，弹出"视图管理器"对话框。再单击"新建"按钮，弹出"新建视图/快照特性"对话框，如图 9.19 所示。在视图名称后输入"qq"。

在"边界"选项区中，选择"定义窗口"，并单击其后的按钮，在绘图区中拾取 A 点和 B 点。单击"确定"按钮完成视图新建和设置过程。

图 9.17 "新建视图/快照特性"对话框　　　　图 9.18 "背景"对话框

2）恢复显示命名视图"qq"（可以在任何时候执行）

在"视图管理器"对话框中，将"qq"置为当前，单击确定按钮退出。结果如图 9.20 所示，前面定义的视图被恢复显示。

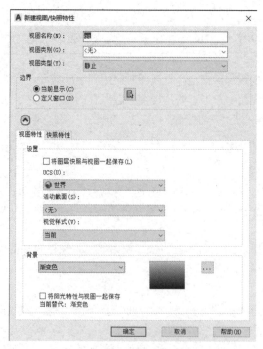

图 9.19 "新建视图/快照特征"对话框

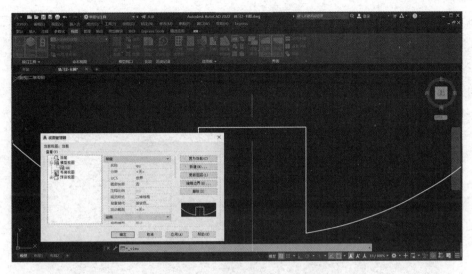

图 9.20　恢复显示命名视图

9.7　视口配置 VPORTS

对于一个复杂的图形，用户往往希望能在屏幕上同时比较清楚地观察图形的不同部分。可以在屏幕上同时建立多个窗口，即视口。视口可以被单独缩放、平移。对应于不同的空间，视口分为平铺视口（模型空间）和浮动视口（图纸空间）。下面介绍视口配置。

视口配置命令为 VPORTS，可以建立、重建、存储、连接及退出平铺的多个视口。

命令：VPORTS、+VPORTS、-VPORTS

功能区：视图→视口→命名（+VPORTS）、创建（-VPORTS）、合并（-VPORTS）、视口配置列表（VPORTS）

执行视口创建命令后，弹出"视口"对话框，如图 9.21 所示。该"视口"对话框包含"新建视口"和"命名视口"两个选项卡。在"新建视口"选项卡中，可以在"预览"选项区直接单击选取欲修改的视口。在"命名视口"选项卡中可以右击视口名称，在弹出的快捷菜单中对视口重命名或删除，其他内容在此不再赘述。

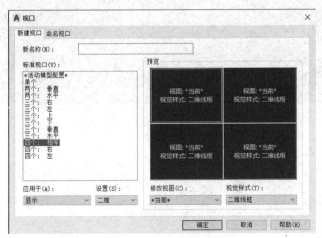

图 9.21　"视口"对话框

【例 9.3】 视口综合练习。

① 将上节保存的下方缺口的视图调出，然后分成四个视口。

首先执行 VIEW 命令，在对话框中选择该视图，并置为当前。

选择功能区"视口→视口→视口配置列表"，选择"四个：相等"，结果如图 9.22 所示。

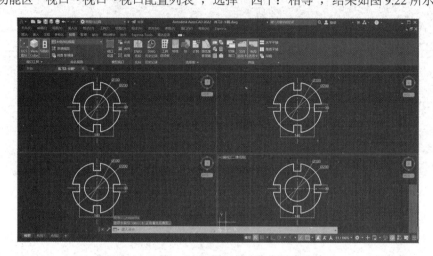

图 9.22　分割为四个视口

② 将左上角的视口分成三个视口。

在左上角视口中单击，将其改成当前视口。

再次运行"视口→命名"，选择"三个：右"，"应用于"选择"当前视图"，单击确定按钮退出，结果如图 9.23 所示。

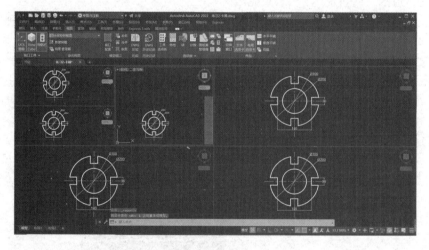

图 9.23　第一个视口分割为三个视口

③ 将下方两个视口合并。

```
命令：_-vports
输入选项 [保存(S)/恢复(R)/删除(D)/合并(J)/单一(SI)/?/2/3/4] <3>：_j
选择主视口 <当前视口>：单击下方左侧视口
选择要合并的视口：单击下方右侧视口
正在重生成模型
```

结果如图 9.24 所示。

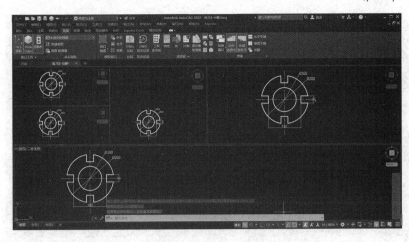

图 9.24　合并下方视口

④ 平移缩放下方视口以便显示右侧缺口。

命令：'_pan
按【Esc】键或【Enter】键退出，或右击显示快捷菜单。
按住鼠标左键向下方移动，到如图 9.25 所示的位置。

可以发现，其他视口不受影响。

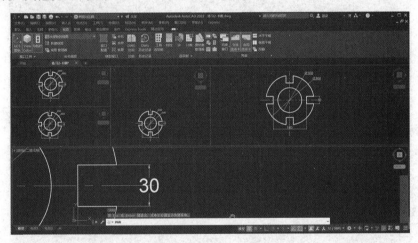

图 9.25　在视口中平移、放大显示图形

⑤ 在右上角视口中显示最大图形范围。

首先在右上角视口中单击，使之变成当前视口。

命令：'_zoom
指定窗口角点，输入比例因子 (nX 或 nXP)，或
[全部(A)/中心点(C)/动态(D)/范围(E)/上一个(P)/比例(S)/窗口(W)] <实时>：_e

结果如图 9.26 所示。

⑥ 不同视口协同操作。在下方缺口和中心线的交点到右侧缺口和中心线的交点之间绘制一条直线。

命令：line
指定第一点：单击左上方的视口，激活后，单击垫圈下方缺口和中心线的交点。
指定下一点或 [放弃(U)]：单击最下方的视口，激活后单击垫圈右侧缺口和中心线的交点。
指定下一点或 [放弃(U)]：↵

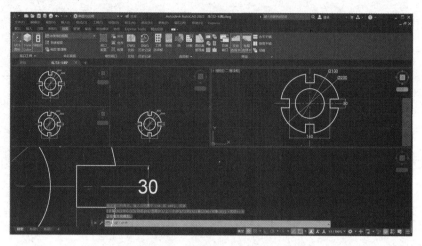

图 9.26　在视口中放大显示图形

过程如图 9.27 所示。

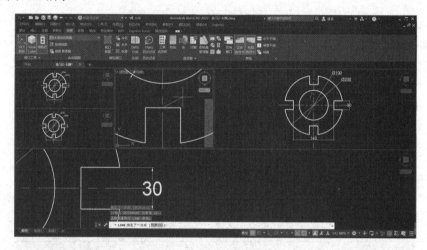

图 9.27　定义直线起点过程

结果如图 9.28 所示。

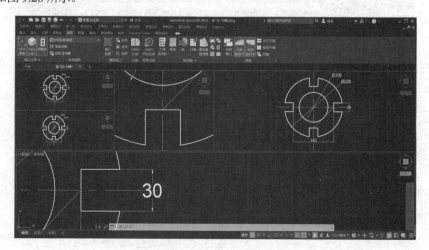

图 9.28　操作结果

> ◐◑ **注意：**
>
> 　　命名视口处于模型空间并具有一些特点。了解命名视口的特点，有利于充分利用命名视口来完成图形的绘制。
>
> 　　① 对每个视口而言，可以被分成最多 4 个子视口，每个子视口又可以继续被分成最多 4 个子视口，以此类推。所以子视口比其父视口要小。
>
> 　　② 图层的可视性同时影响所有视口，不可以分开控制。
>
> 　　③ 对每个视口而言，可以采用缩放、平移等命令控制该视口中的图形显示范围和大小，而不影响其他视口。
>
> 　　④ 对任何一个视口中的图形进行编辑，在其他视口中有相应的变化。
>
> 　　⑤ 可以在不同的视口中进行命令操作。例如分别在两个视口中各单击一个点绘制一条直线等，而该直线的一个端点有可能在其中一个视口之外。

9.8　显示图标、属性、文本窗口

　　如果想知道目前工作的坐标系统或不希望 UCS 图标影响图形观察，或者需要放大文本窗口观察历史命令提示和查询命令的结果，或者希望不显示属性等，均可以通过显示命令来实现。

9.8.1　UCS 图标显示

　　显示命令可以控制 UCS 图标是否显示，以及是显示在原点还是始终显示在绘图区的左下角。

命令：UCSICON

功能区：视图→显示→UCS 图标

命令及提示如下。

```
命令：_ucsicon
输入选项 [开(ON)/关(OFF)/全部(A)/非原点(N)/原点(OR)/可选(S)/特性(P)] <开>：
允许选择 UCS 图标 [是(Y)/否(N)] <是>：
```

参数如下。

　　① 开（ON）：打开 UCS 图标的显示。

　　② 关（OFF）：不显示 UCS 图标。

　　③ 全部（A）：显示所有视口的 UCS 图标。

　　④ 非原点（N）：UCS 可以不在原点显示，显示在绘图区的左下角。

　　⑤ 原点（OR）：UCS 始终在原点显示。

　　⑥ 可选（S）：设置 UCS 图标是否可以被选择。如果设置成可以被选择，则选中后右击可以移动、对齐 UCS 图标等。

　　⑦ 特性（P）：显示"UCS 图标"对话框，可以设置 UCS 图标的样式、可见性和位置，如图 9.29 所示。

【例 9.4】 开关 UCS 图标。

```
命令：_ucsicon
输入选项 [开(ON)/关(OFF)/全部(A)/非原点(N)/原点(OR)/可选(S)/特性(P)] <关>：_on
```

UCS 图标打开，结果如图 9.30 所示。

```
命令：_ucsicon
输入选项 [开(ON)/关(OFF)/全部(A)/非原点(N)/原点(OR)/可选(S)/特性(P)] <开>：_off
```

UCS 图标关闭。

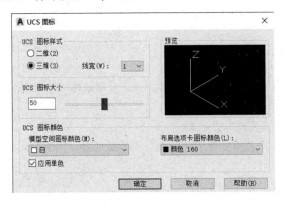

图 9.29 "UCS 图标"对话框

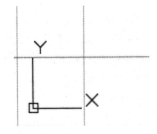

图 9.30 UCS 图标打开

9.8.2 属性显示全局控制

ATTDISP 命令可以控制全局属性是否可见。

命令：ATTDISP

功能区：视图→显示→属性显示

命令及提示如下。

命令：'_attdisp
输入属性的可见性设置 [普通(N)/开(ON)/关(OFF)] <ON>：
正在重生成模型

参数如下。

① 普通（N）：保持每个属性的当前可见性，只显示可见属性。

② 开（ON）：使所有属性可见。

③ 关（OFF）：使所有属性不可见。

如图 9.31 所示为属性显示开/关的效果。

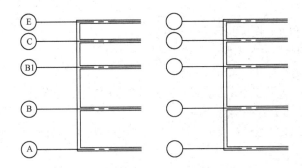

图 9.31 属性显示开/关的效果

9.8.3 文本窗口控制

通过显示命令可以控制文本窗口打开的方式为带标题和菜单的放大文本窗口或缩小为命令行窗口。

命令：TEXTSCR

功能区：视图→显示→文本窗口

【F2】键用于在图形界面和文本窗口之间切换。执行该命令将弹出如图 9.32 所示的文本窗口。

虽然命令行窗口同样可以通过鼠标拖动到屏幕中间，并且可以改变其大小，甚至超过默认的文本窗口大小，但文本窗口带有编辑菜单，而命令行窗口不带该菜单。

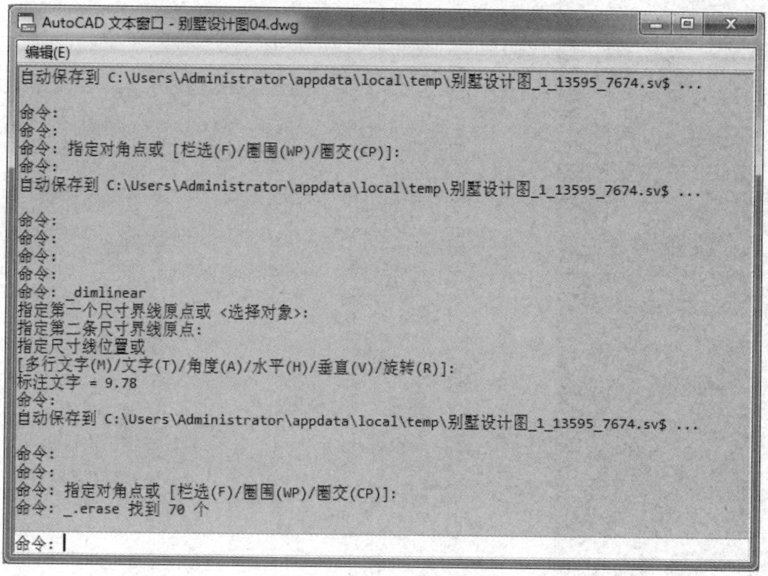

图 9.32　文本窗口

9.9　显示精度 VIEWRES

在显示高精度图形和显示速度两方面，如果图形比较复杂或计算机速度较慢，其矛盾就显露出来了。一般情况下，无须提高显示精度而牺牲速度。但有时需要捕捉屏幕图片，或需要在屏幕上看到逼真的效果，此时强调显示精度。通过 VIEWRES 命令可以设定不同的显示精度。

命令：VIEWRES

功能区：视图→视觉样式→视觉样式管理器

命令及提示如下。

> 命令：**viewres**
> 是否需要快速缩放？[是(Y)/否(N)] <Y>：
> 输入圆的缩放百分比 (1-20000) <100>：
> 正在重生成模型

参数如下。

① 是否需要快速缩放？[是（Y）/否（N）] <Y>：是否需要快速缩放。

② 输入圆的缩放百分比（1~20 000）：定义圆的缩放百分比，数值范围为 1~20 000。显示图形的精度是通过圆的缩放百分比来提供参考的。数值越小，显示精度越低，数值越大，显示精度越高。

执行视觉样式管理器命令后，弹出图 9.33 所示对话框，设置其中的"圆弧/圆平滑化"来改变显示精度。

"选项"对话框的"显示"选项卡同样可以设置默认的显示精度，如图 9.34 所示。

如图 9.35 所示为两种不同的缩放百分比。

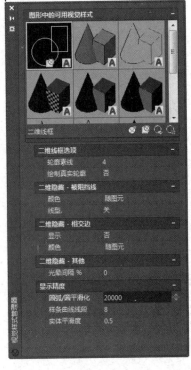

图 9.33 "视觉样式管理器"对话框

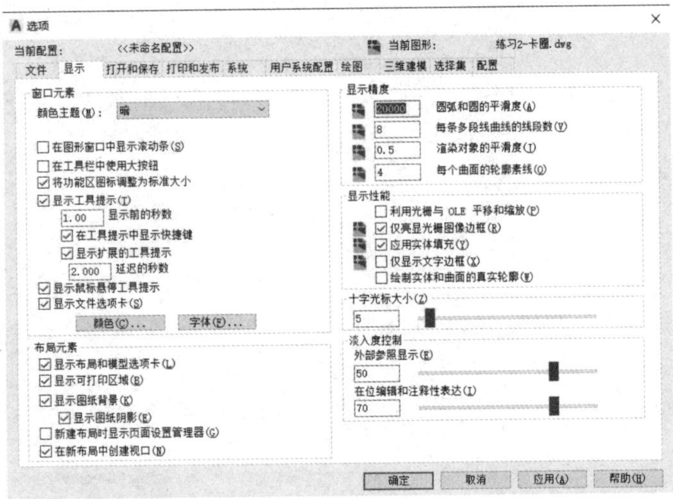

图 9.34 "选项"对话框的"显示"选项卡

👁👁 注意:

① 不论缩放百分比是多少，在最终输出时，由于 AutoCAD 2022 中文版的精度远远高于输出硬件的精度，所以，输出精度只会受到输出硬件的影响，和屏幕上显示的精度无关。

② 该 VIEWRES 设置保存在图形中。要改变新图形的默认值，请设定新图形所基于的样板文件中的 VIEWRES。

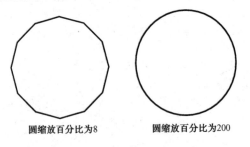

圆缩放百分比为8   圆缩放百分比为200

图 9.35　两种不同的缩放百分比

9.10　填充模式 FILL

很多填充图形，如带宽度的多段线（PLOYLINE）、轨迹（TRACE）、二维填充（SOLID）、矩形（RECTANG）、多线（MLINE）、圆环（DONUT）、尺寸中的箭头等，其显示出来是填充的还是空心的，不仅和它们本身的设置有关（有些不可控制），而且受到 FILL 命令的影响。

命令：**FILL**

在"选项"对话框的"显示"选项卡中选中"应用实体填充",即打开填充模式,如图 9.36 所示。命令及提示如下。

> 命令:**fill**
> 输入模式 [开(ON)/关(OFF)] <ON>:

参数如下。

① 开(ON):打开实体填充模式。

② 关(OFF):关闭实体填充模式。

【例 9.5】　将如图 9.36 所示的实体填充关闭。

> 命令:**fill**
> 输入模式 [开(ON)/关(OFF)] <ON>:**off**↵
> 命令:**regen**
> 正在重生成模型

结果如图 9.37 所示。

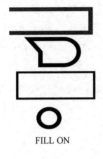

FILL ON

图 9.36　填充打开

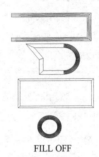

FILL OFF

图 9.37　填充关闭

习　　题

(1)重生成和重画有什么区别?

(2)视图缩放中通过缩放系数来改变屏幕显示结果,n 和 nX 及 nXP 之间有什么区别?

(3)FILL 处于 OFF 状态能否显示填充的箭头?

(4)在平铺视口中能否只在其中一个视口关闭某层而在其他视口显示该层?

(5)ZOOM　ALL 命令和 ZOOM　E 命令有什么区别?

(6)要显示前面显示过的画面有哪些方法?

(7)如何配合多个视口进行图形的绘制?一般用在什么场合?

(8)执行视图平移有多少种方法?

第 *10* 章　参数化设计及其他辅助功能

对于参数化图形，可以为几何图形添加约束，以确保设计符合特定要求。例如利用几何约束，可以在绘制的图形中保证某些图元的相对关系；通过尺寸约束，可以保证某些图元的尺寸大小或者和其他图元的尺寸对应关系。设置了约束，则在编辑中不会轻易被修改，除非用户删除或替代了该约束。

参数化绘图是目前图形绘制的发展方向。大部分的三维设计软件均实现了在二维草图绘制中的参数化工作。AutoCAD 2022 中文版也支持参数化绘图，并提供了几何、尺寸约束。通过约束可以保证在进行设计、修改时能满足特定要求。此类功能使得用户可以在保留指定关系和距离的情况下尝试各种创意，高效率地对设计进行修改。

查询包括对象的大小、位置、特性的查询，时间、状态查询等。通过适当的查询命令，可以了解两点之间的距离、某直线的长度、某区域的面积、识别点的坐标、图形编辑的时间等。

变量是重要工具。事实上，变量影响整个系统的工作方式和工作环境。很多命令执行后会修改系统变量，同时，使用本章介绍的 SETVAR 命令可以直接查询或修改系统变量。直接输入系统变量名也可以显示该变量的值并可以修改。

同时，AutoCAD 2022 中文版还提供了测量、列表显示图元信息、快速计算器、清除图形不用的块、层、文字样式、尺寸样式等辅助工具。

本章简要介绍参数化设计的功能、用法，以及查询命令和部分辅助功能。

10.1　参数化设计

参数化设计主要包括几何约束、标注约束、参数表达式功能。

10.1.1　几何约束 GEOMCONSTRAINT

用户可指定二维对象上的点之间的几何约束。之后编辑受约束的几何图形时，将保留约束。如图10.1 所示为几何约束的主要类型。

图 10.1　几何约束的主要类型

① 重合：约束两个点重合，或者约束某个点使其位于某对象或其延长线上。
② 共线：约束两条或多条直线在同一个方向上。
③ 同心：约束选定的圆、圆弧或椭圆，使其具有同一个圆心。
④ 固定：约束某点或曲线在世界坐标系中特定的方向和位置上。

⑤ 平行：约束两条直线平行。

⑥ 垂直：约束两条直线或多段线相互垂直。

⑦ 水平：约束某直线或两点，与当前的 UCS 的 X 轴平行。

⑧ 竖直：约束某直线或两点，与当前的 UCS 的 Y 轴平行。

⑨ 相切：约束两曲线或曲线与直线，使其相切或其延长线相切。

⑩ 平滑：约束一条样条曲线，使其与其他的样条曲线、直线、圆弧、多段线彼此相连并保持 G2 连续性。

⑪ 对称：约束对象上两点或两曲线，使其相对于选定的直线对称。

⑫ 相等：约束两对象具有相同的大小，如直线的长度、圆弧的半径等。

⑬ 自动约束：将多个几何约束应用于选定的对象。

⑭ 显示/隐藏：显示或隐藏选定对象相关的几何约束。

⑮ 全部显示：显示所有对象的几何约束。

⑯ 全部隐藏：隐藏所有对象的几何约束。

10.1.2 标注约束 DIMCONSTRAINT

标注约束控制设计的大小和比例。如图 10.1 中的标注面板中包含了标注约束的几种类型，包括线性（水平、竖直）、角度、半径、直径等。

① 线性：控制两点之间的水平或竖直距离，包括水平和竖直两个方向。

② 水平：控制两点之间的 X 方向的距离，可以是同一个对象上的两点，也可以是不同对象上的两点。

③ 竖直：控制两点之间的 Y 方向的距离，可以是同一个对象上的两点，也可以是不同对象上的两点。

④ 角度：控制两条直线段之间、两条多段线之间或圆弧的角度。

⑤ 半径：控制圆、圆弧或多段线圆弧段的半径。

⑥ 直径：控制圆、圆弧或多段线圆弧段的直径。

⑦ 转换：将标注转换为标注约束。

⑧ 显示/隐藏：显示或隐藏标注约束。

10.1.3 约束设计示例

1. 添加约束，设计图形

如图 10.2（a）所示，任意绘制四条边，通过几何约束使之成为矩形。

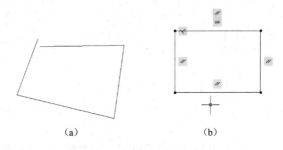

（a）　　　　　　　　　（b）

图 10.2　利用几何约束绘制矩形

① 通过 LINE 命令，绘制如图 10.2（a）所示的图形。

② 通过"参数化→几何"面板中的几何约束功能，添加八个端点的"重合"约束。

③ 添加"垂直"约束。

④ 添加"平行"约束。

⑤ 添加"水平"约束。

结果如图 10.2（b）所示。

2. 夹点编辑，观察图形变化

通过拖动夹点或拉伸等操作，观察图形的变化。该图形中的约束不会变化。例如拖动一个角点移动，矩形的结构不会发生变化，只是大小发生改变。

3. 添加标注约束

通过"水平""竖直"分别添加标注约束，如图 10.3（a）所示。

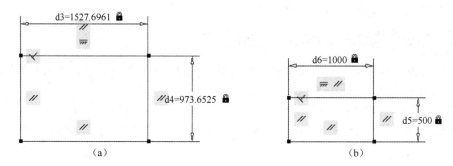

（a）　　　　　　　　　　　　　（b）

图 10.3　标注约束

4. 修改标注约束

双击标注的约束，修改大小为 1000 和 500，结果如图 10.3（b）所示。图形结构不变，大小改变。

5. 尺寸驱动设计

在矩形的右侧绘制一个圆，并标注半径尺寸，如图 10.4 所示。

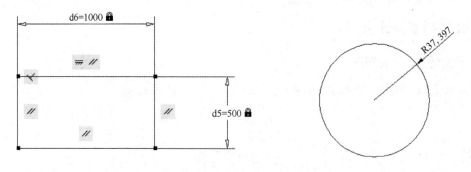

图 10.4　绘制圆

单击"参数化标注转换"，选择标注的半径尺寸，将标注的尺寸转换为标注约束，如图 10.5 所示。

修改半径，使圆的面积和前面绘制的矩形的面积相等，结果如图 10.6 所示。

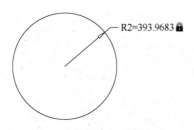

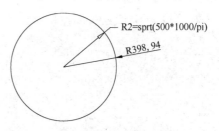

图 10.5　将尺寸转换为标注约束　　　　图 10.6　面积相等约束

👀 **注意：**

① 约束可以通过删除约束命令（DELCONSTRAINT）删除。

② 参数管理器如图 10.7 所示，可以显示标注约束（动态约束和注释性约束）、参照约束和用户变量。可以利用参数管理器轻松创建、修改和删除参数。

③ 参数管理器支持 8 种常规运算符和 29 种函数。在图 10.7 中，双击表达式数值，反选后右击弹出快捷菜单，可选择列出的函数书写表达式。

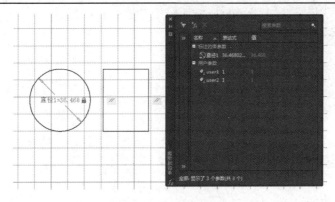

图 10.7　参数管理器

10.2　实用工具

AutoCAD 2022 中文版提供了以下实用工具。

10.2.1　列表显示 LIST

列表显示可以将选择的图形对象的类型、所在空间、图层、大小、位置等特性在文本窗口中显示。

命令：LIST

功能区：默认→特性→列表

命令及提示如下。

```
命令：_list
选择对象：
```

参数如下。

选择对象：选择欲查询的对象。

【例 10.1】　查询如图 10.8 所示两直线是否相交。

图 10.8　查询两直线是否相交

```
命令：_list
选择对象：单击直线 找到 1 个
```

选择对象：单击另一条直线 找到 1 个，总计 2 个
选择对象：↵

<pre>
        LINE   图层：0
                    空间：模型空间
          句柄 = 2B
        自 点，X= 136.8573   Y= 105.1711   Z= 0.0000
        到 点，X= 260.6993   Y= 187.1021   Z= 0.0000
   长度 = 148.4909，在 XY 平面中的角度 = 33
       增量 X= 123.8420，增量 Y= 81.9310，增量 Z= 0.0000
        LINE   图层：0
                    空间：模型空间
          句柄 = 2C
        自 点，X= 267.7985   Y= 102.0199   Z= 0.0000
        到 点，X= 150.0200   Y= 200.3000   Z= 20.0000
   在当前 UCS 中。 长度 = 153.3974，在 XY 平面中的角度 = 140
       三维长度 = 154.6957，与 XY 平面的角度 = 7
       增量 X= −117.7785，增量 Y= 98.2801，增量 Z= 20.0000
</pre>

结果显示两直线不在同一个平面上，在空间上并不相交。

10.2.2 点坐标 ID

屏幕上某点的坐标可以通过 ID 命令查询。

命令：ID

功能区：默认→实用工具→点坐标

命令及提示如下。

命令：**'_id**
指定点：

参数如下。

指定点：单击欲查询坐标的点。

【例 10.2】 查询如图 10.9 所示圆和矩形的交点 A 的坐标。

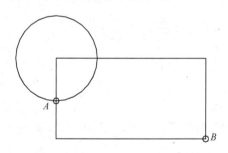

图 10.9　查询点坐标

命令：**'_id**
指定点：采用交点捕捉模式单击 A 点
X= 128.5　　　Y= 137.0　　　Z= 0.0000

10.2.3 测量 MEASUREGEOM

通过 MEASUREGEOM 命令可以直接测量距离、半径、角度、面积、体积。

命令：MEASUREGEOM

功能区：默认→实用工具→测量（距离、半径、角度、面积、体积）

> 命令：**measuregeom**
> 输入选项 [距离(D)/半径(R)/角度(A)/面积(AR)/体积(V)] <距离>：

随后按照测量的项目提示选择不同的对象。

1．测量距离

对测量距离而言，提示两个点。

> 指定第一点：
> 指定第二点或 [多个点(M)]：

【例 10.3】 查询如图 10.9 所示 A 点到 B 点之间的距离。

> 命令：**measuregeom**
> 输入选项 [距离(D)/半径(R)/角度(A)/面积(AR)/体积(V)] <距离>：
> 指定第一点：单击 *A* 点
> 指定第二点：单击 *B* 点
> 距离 =193.3023，XY 平面中倾角 = 346， 与 XY 平面的夹角 = 0
> X 增量 = 187.7350， Y 增量 =−46.0580， Z 增量 = 0.0000

2．测量面积

测量面积的命令及提示如下。

> 命令：**measuregeom**
> 输入选项 [距离(D)/半径(R)/角度(A)/面积(AR)/体积(V)/退出(X)] <角度>：**AR**
> 指定第一个角点或 [对象(O)/增加面积(A)/减少面积(S)/退出(X)] <对象(O)>：
> 指定下一个点或 [圆弧(A)/长度(L)/放弃(U)]：
> 指定下一个点或 [圆弧(A)/长度(L)/放弃(U)]：
> 指定下一个点或 [圆弧(A)/长度(L)/放弃(U)/总计(T)] <总计>：
> 指定下一个点或 [圆弧(A)/长度(L)/放弃(U)/总计(T)] <总计>：
> 区域 =XXX，周长 =XX
> 指定第一个角点或 [对象(O)/增加面积(A)/减少面积(S)/退出(X)] <对象(O)>：**o↵**
> 选择对象：
> 指定第一个角点或 [对象(O)/减(S)]：**a↵**
> （"加"模式) 选择对象：
> 指定第一个角点或 [对象(O)/减(S)]：**s↵**
> （"减"模式) 选择对象：

参数如下。

① 第一个角点：指定欲计算面积的一个角点，随后指定其他角点，按【Enter】键后结束角点输入，自动封闭指定的角点并计算面积和周长。

② 对象（O）：选择一对象来计算它的面积和周长，该对象应该是封闭的。

③ 增加面积（A）：选择两个以上的对象，将其面积相加。

④ 减少面积（S）：选择两个以上的对象，将其面积相减。

【例 10.4】 计算如图 10.9 所示的矩形和圆的总面积。

> 命令：**measuregeom**
> 输入选项 [距离(D)/半径(R)/角度(A)/面积(AR)/体积(V)] <距离>：**ar↵**
> 指定第一个角点或 [对象(O)/增加面积(A)/减少面积(S)/退出(X)] <对象(O)>：**↵**
> 选择对象：拾取圆
> 区域 =3100.6277，圆周长 = 197.3921
> 输入选项 [距离(D)/半径(R)/角度(A)/面积(AR)/体积(V)/退出(X)] <面积>：**ar↵**
> 指定第一个角点或 [对象(O)/增加面积(A)/减少面积(S)/退出(X)] <对象(O)>：**a↵**
> 指定第一个角点或 [对象(O)/减少面积(S)/退出(X)]：**o↵**

```
（"加"模式) 选择对象:
区域 = 208806.9183，周长 = 1847.7376
总面积 = 208806.9183
（"加"模式) 选择对象:
区域 = 208806.9183，周长 = 1847.7376
总面积 = 208806.9183
指定第一个角点或 [对象(O)/减少面积(S)/退出(X)]:
总面积 = 208806.9183
输入选项 [距离(D)/半径(R)/角度(A)/面积(AR)/体积(V)/退出(X)] <面积>: x
```

3. 测量角度

测量角度的命令及提示如下。

```
命令: _measuregeom
输入选项 [距离(D)/半径(R)/角度(A)/面积(AR)/体积(V)] <距离>: _angle
选择圆弧、圆、直线或 <指定顶点>:
指定角的第二个端点:
角度 = 33°
```

参数如下。

选择圆弧、圆、直线或<指定顶点>：通过拾取圆弧、圆、直线或指定顶点来确定测量的角度。不同的对象提示略有不同。

4. 测量半径

测量半径命令及提示如下。

```
命令: _measuregeom
输入选项 [距离(D)/半径(R)/角度(A)/面积(AR)/体积(V)] <距离>: _radius
选择圆弧或圆:
半径 = 203.7318
直径 = 407.4636
```

参数如下。

选择圆弧或圆：拾取圆弧或圆，测量该对象的半径。

10.2.4　参数设置 SETVAR

变量扮演着十分重要的角色。变量值的不同直接影响系统的运行方式和结果。熟悉系统变量是精通使用 AutoCAD 2022 中文版的前提。显示或修改系统变量可以通过 SETVAR 命令进行，也可以直接在命令提示后输入变量名称。在命令的执行过程中输入的参数或在对话框中设定的结果，都直接修改了相应的系统变量。

命令: SETVAR

命令及提示如下。

```
命令: '_setvar
输入变量名或 [?]: ?
输入要列出的变量 <*>:
```

参数如下。

① 输入变量名：输入变量名即可以查询该变量的设定值。

② ？：输入"？"，则出现"输入要列出的变量 <*>"的提示。直接按【Enter】键后，将分页列表显示所有变量及其设定值。

10.2.5　快速计算器 QUICKCALC

可以直接通过计算器计算表达式的值。

命令：QUICKCALC

功能区：默认→实用工具→快速计算器

　　　　视图→选项板→快速计算器

执行该命令后，弹出"快速计算器"对话框，如图 10.10 所示。其中包括数字键、科学、单位转换、变量等功能。

10.2.6　清除图形中不用的对象 PURGE

对图形中不用的块、层、线型、文字样式、标注样式、多线样式等对象，可以通过 PURGE 命令进行清理，以减少图形占用空间。

命令：PURGE

应用程序菜单栏：图形实用程序→清理

执行该命令后，弹出"清理"对话框，如图 10.11 所示，说明如下。

图 10.10　"快速计算器"对话框

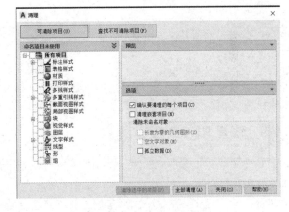

图 10.11　"清理"对话框

① 可清除项目：查看图形中可以清除的项目。下面列出图形中未使用的项目。

② 查找不可清除项目：查看图形中不可以清除的项目。下面显示图形中正在使用的项目。

③ 确认要清理的每个项目：是否在清理该对象前提示以便确认。如果勾选了，将要求确认，否则不要求确认而直接清理。

④ 清理嵌套项目：勾选则清理嵌套的项目。嵌套一般指包含两层以上的项目，如将一个块包含进来建立了一个新块，则该新建的块就是嵌套的。如果不勾选此项，则嵌套的项目不能被清理。

10.2.7　重命名 RENAME

图形中的很多对象可以重命名，如尺寸标注样式、文字样式、线型、UCS、视口等。

命令：RENAME

执行该命令后，弹出如图 10.12 所示的"重命名"对话框。

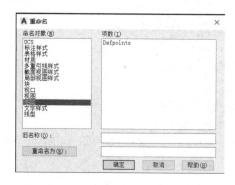

图 10.12 "重命名"对话框

　　在该对话框中可以选择命名对象，选择原有名称并输入新的名称，单击 确定 按钮即可完成重命名操作。

10.2.8　核查 AUDIT

　　如果出现了停电等意外事故，可能会在绘制的图形中存在一些错误。AutoCAD 2022 中文版可以更正检测到的一些错误。

　　命令：AUDIT

　　功能区：应用程序菜单栏→图形实用工具→核查

　　命令及提示如下。

命令：_audit
是否更正检测到的任何错误？[是(Y)/否(N)] <N>：y↵
已核查 X 个块
阶段 1 已核查 X 个对象
阶段 2 已核查 X 个对象
共发现 N 个错误，已修复 N 个

10.2.9　修复 RECOVER

　　修复命令可以更正图形中的部分错误数据。一般修复是在打开文件时自动进行的。

　　命令：RECOVER

　　功能区：应用程序菜单栏→图形实用工具→修复→修复

　　将弹出"选择文件"对话框。用户选择需要修复的文件，系统自动打开并修复发现的错误，最后提示修复信息。

10.2.10　窗口排列格式

　　AutoCAD 2022 中文版支持同时打开多个图形文件。每个图形各使用一个窗口，可以将不同的窗口按照层叠、垂直平铺、水平平铺等形式在屏幕上排列，并可以切换窗口。

　　功能区：视图→界面→层叠、垂直平铺、水平平铺

　　窗口排列格式如图 10.13 所示。

　　切换窗口用于在不同的文档间进行切换。除此之外，还有"文件选项卡"和"布局选项卡"，分别用于控制是否显示文件选项卡和布局选项卡（图 10.14）。图 10.15 为布局选项卡显示效果。

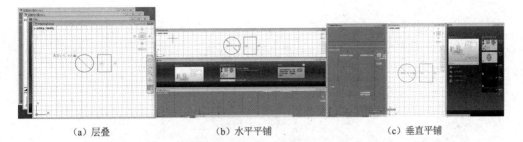

(a) 层叠 　　　　　　(b) 水平平铺 　　　　　　(c) 垂直平铺

图 10.13　窗口排列格式

图 10.14　文件选项卡和布局选项卡

图 10.15　布局选项卡显示效果

10.3　CAD 标准

对于一个企业或公司而言，制图标准应该统一，否则就谈不上图纸的管理，对于图纸的审核也会存在很大的障碍。如果设置标准来增强一致性，可以较容易地理解图形。可以为图层名、标注样式和其他元素设置标准，检查不符合指定标准的图形，然后修改不一致的特性。

10.3.1　标准配置 STANDARDS

将当前图形与标准文件关联并列出用于检查标准的插件模块。

命令：STANDARDS

功能区：管理→CAD 标准→配置

执行该命令将弹出如图 10.16 所示的"配置标准"对话框。该对话框显示与当前图形相关联的标准文件的相关信息。该对话框包含两个选项卡："标准"和"插件"。

1."标准"选项卡

"标准"选项卡包括以下内容。

① 与当前图形关联的标准文件：列出与当前图形相关联的所有标准（DWS）文件。

② ➕：添加标准文件，按【F3】键，弹出如图 10.17 所示的"选择标准文件"对话框，从中选择要添加的标准文件。

③ ✖：从列表中删除某个标准文件。删除某个标准文件并不是实际删除它，只是取消它与当前图形的关联。

图 10.16 "配置标准"对话框（"标准"选项卡）

④ ⬆：将列表中选定的标准文件上移一个位置。如果此列表中的多个标准之间发生冲突（例如，两个标准指定了名称相同但特性不同的图层），则该列表中首先显示的标准文件优先。要在列表中改变某标准文件的位置，应该使用上移或下移功能。

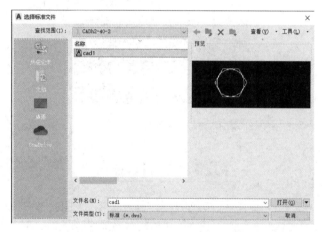

图 10.17 "选择标准文件"对话框

⑤ ⬇：将列表中的某个标准文件下移一个位置。

2. "插件"选项卡

"插件"选项卡如图 10.18 所示。

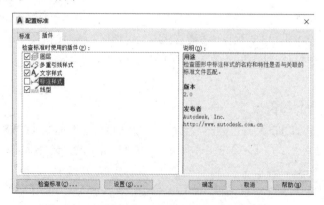

图 10.18 "配置标准"对话框（"插件"选项卡）

该选项卡列出并描述当前系统上安装的标准插件。将安装的标准插件用于每一个命名对象，即可定义标准（图层、标注样式、线型和文字样式）。

说明：提供列表中当前选定的标准插件的概要信息。

3. 检查标准

单击 检查标准 按钮，弹出如图 10.19 所示的对话框。单击 修复 按钮多次后弹出如图 10.20 所示的检查报告对话框。

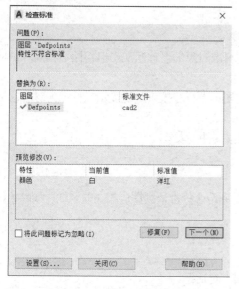

图 10.19　"检查标准"对话框

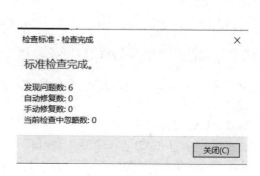

图 10.20　检查报告对话框

① 问题：显示当前图形中非标准对象的说明。如果要修复问题，需要在"替换为"列表框中选择一个替换项目，再单击 修复 按钮。

② 替换为：列出当前标准冲突的可能替换选项。如果有推荐的修复方案，其前面带有一个复选标记。

③ 预览修改：如果应用了"替换为"列表框中当前选定的修复选项，则列出将被修改的非标准对象的结果特性。

④ 修复：使用"替换为"列表框中当前选定的项目修复非标准对象，自动进入下一个。

⑤ 下一个：前进到当前图形中的下一个非标准对象而不应用修复。

⑥ 将此问题标记为忽略：将当前问题标记为忽略。

⑦ 设置：显示"CAD 标准设置"对话框。

⑧ 关闭：关闭该对话框而不进行"问题"中当前显示的标准冲突的修复。

4. 设置 按钮

单击 设置 按钮，弹出如图 10.21 所示的"CAD 标准设置"对话框。

该对话框中包含两个选项区："通知设置"和"检查标准设置"。

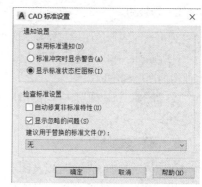

图 10.21　"CAD 标准设置"对话框

1）通知设置

设置发生标准冲突时的通知选项。

① 禁用标准通知：不发送有关标准冲突和丢失标准文件的通知。

② 标准冲突时显示警告：当出现标准冲突时会显示一个警告，用户可以选择修复或不修复标准违例。

③ 显示标准状态栏图标：当打开与标准文件关联的文件、创建或修改非标准对象时，状态栏上显示图标。

2）检查标准设置

为修复标准冲突和忽略已标记的问题设置以下选项。

① 自动修复非标准特性：当非标准对象的名称与标准对象的名称匹配，但特性不相同时，标准对象的特性将应用到非标准对象。

② 显示忽略的问题：如果勾选此选项，则在当前图形上执行核查时将显示已标记为忽略的标准冲突情况，否则不显示。

③ 建议用于替换的标准文件：提供用于替换的标准文件列表。

10.3.2 图层转换器 LAYTRANS

图层是图形标准中关键的管理手段。如果图层能做到符合标准，则图层相关的属性，如颜色、线型、线宽等均可达到一致。

命令：LAYTRANS

功能区：管理→CAD 标准→图层转换器

执行该命令将弹出如图 10.22 所示的"图层转换器"对话框。

该对话框中包含了"转换自""转换为""图层转换映射"3 个选项区和 映射 、 映射相同 、 设置 、 转换 等按钮。

1. 转换自

在"转换自"列表框中选择当前图形中要转换的图层。也可通过提供的"选择过滤器"指定图层。 选择 ：通过选择过滤器来选择图层。

图层名之前的图标的颜色表示此图层在图形中是否被参照。黑色图标表示图层被参照；白色图标表示图层没有被参照。没有被参照的图层可通过"清理图层"删除，方法是在"转换自"列表框中右击并选择"清理图层"。

2. 转换为

列出当前图形的图层可转换为哪些图层。

① 加载 ：弹出"选择图形文件"对话框，从中选择加载的图形、标准或样板文件，并将选择的文件中的图层列出。

② 新建 ：新建图层，弹出如图 10.23 所示的"新图层"对话框。不能使用与现有图层相同的名称创建新图层。

3. 图层转换映射

列出要转换的所有图层以及图层转换后所具有的特性。

① 编辑 ：可以在其中选择图层，单击该按钮弹出如图 10.24 所示的"编辑图层"对话框，可以修改图层的线型、颜色和线宽等。

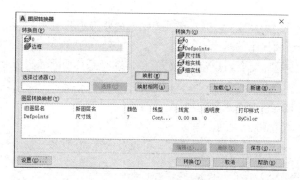

图 10.22 "图层转换器"对话框

图 10.23 "新图层"对话框

② 删除：从"图层转换映射"列表框中删除选定的转换映射。

③ 保存：将当前图层转换映射保存为一个文件，以便日后使用。

4. 设置

自定义转换过程。单击设置按钮后弹出"设置"对话框，如图 10.25 所示。

图 10.24 "编辑图层"对话框

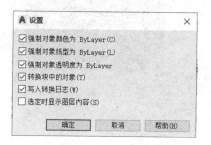

图 10.25 "设置"对话框

5. 转换

执行对已映射图层的转换。

10.4 绘图自动化

AutoCAD 2022 中文版不仅具有非常强大而灵活的编辑功能，使绘图变得轻松快捷，同时，它还是非常开放的软件，提供多种语言的二次开发接口，并且支持 LISP、VBA、ObjectARX 等，受到众多专业性强的技术人员的欢迎。基于该软件的二次开发软件琳琅满目，进一步丰富了该软件在多个行业的应用，极大地扩展了它的功能。AutoDesk 公司开发的系列产品，包括电气、建筑等专业性产品，都是基于该软件进行的扩展。本节简要介绍绘图自动化工具的使用方法。

10.4.1 动作宏

对于重复的工作，完全可以由系统来自动完成，即使某些参数不同，也可以很好地适应，将人力解放出来。动作宏可以实现一组动作的录制和播放，只要完成一次，就可以无限次地重复，而且可以在命令执行中改变参数。

录制动作宏，操作如图 10.26 所示的"管理"选项卡中的"动作录制器"面板。

功能如下：

（1）录制/停止：启动或停止动作录制。

（2）插入消息：单击该按钮，弹出图 10.27 所示的对话框，在其中输入需要提示的消息。

（3）插入基点：输入一个绝对坐标作为后续提示的基点。

（4）暂停等待用户输入：在"动作树"中选择需要用户输入的位置。该功能是实现同一组命令不同参数的关键，用法见后面的实例。

（5）播放：回放动作宏。录制的动作宏通过该命令重复使用。

（6）首选项：设置动作录制器首选项，如图 10.28 所示。

（7）管理动作宏：弹出图 10.29 所示的"动作宏管理器"对话框，可以对保存的动作宏进行管理。

图 10.26　动作录制器

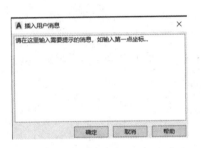

图 10.27　"插入用户消息"对话框

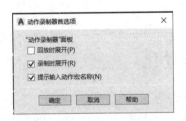

图 10.28　"动作录制器首选项"对话框

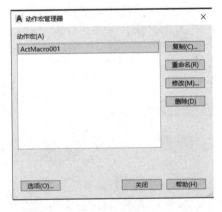

图 10.29　"动作宏管理器"对话框

（8）动作宏列表：利用下拉列表保存录制过的动作宏，可以选择需要的动作宏进行播放。

（9）动作树：如图 10.26 所示，在录制或回放时显示动作树。将该动作宏所执行的动作全部列出来，可以暂停以等待用户输入，以实现参数的更改。

【例 10.5】　通过动作宏绘制不同位置的五角星。

单击"管理"选项卡中的录制按钮，光标上有一个红色的圆点，提示录制中。然后单击插入用户消息按钮，弹出图 10.30 所示对话框，输入提示文字。单击确定按钮退出。

单击"默认"选项卡"绘图"面板中的多边形按钮。

图 10.30　"插入用户消息"对话框

命令: _polygon 输入侧面数 <4>: **5** ↵

指定正多边形的中心点或 [边(E)]: **0,0** ↵

输入选项 [内接于圆(I)/外切于圆(C)] <I>: ↵

指定圆的半径: <正交 开> **1000** ↵

命令:

命令: _line

指定第一个点:**依次拾取对角的五个顶点**

指定下一点或 [放弃(U)]:

指定下一点或 [放弃(U)]:

指定下一点或 [闭合(C)/放弃(U)]:

指定下一点或 [闭合(C)/放弃(U)]:

指定下一点或 [闭合(C)/放弃(U)]:

指定下一点或 [闭合(C)/放弃(U)]: ↵

命令:

命令: _erase

选择对象: **拾取正五边形** 找到 1 个

选择对象: ↵

单击停止按钮，在弹出的如图 10.31 所示的"动作宏"对话框中输入名称和保存位置，单击 确定 按钮保存。打开动作树，在如图 10.32 所示动作录制器的动作树中，选择"0,0"，单击面板上暂停等待用户输入按钮。图标右下角多了个人像，表示这个参数在回放时将会由用户输入决定其数值。

使用动作宏。单击播放按钮，首先弹出提示框，单击 关闭 按钮，然后指定一个五边形的中心点，系统直接绘制一个五角星。可以重复播放，在不同的位置绘制多个五角星。

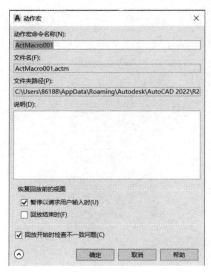

图 10.31　"动作宏"对话框

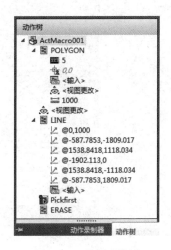

图 10.32　设置动作树

10.4.2　脚本 SCRIPT

脚本就是多个命令的组合。可以通过"记事本"进行编辑，保存成文本格式的文件，后缀为.scr。然后通过单击"管理"选项卡的"应用程序"面板里的运行脚本按钮执行。

例如将以下内容保存成 sample.scr 文件，通过运行脚本加载，即可直接绘制一个圆心位于原点、中间填充 ANSI31 剖面线的图案。

```
_circle
0,0
d
100
-HATCH
p
ansi31
2

0,0
```

注意，其中的空行是必需的，相当于回车。

10.4.3　LISP

LISP 是人工智能语言，功能强大且比较灵活，使用方便，属于解释性语言，无须编译，适合不是特别复杂的应用。

LISP 也采用文本格式，能编辑文本文件的编辑器均可以使用，后缀为.lsp 即可。LISP 有其自身的语法要求。限于篇幅，这里只通过一个简单的示例说明 LISP 的应用，高级应用及 VBA、ObjectARX 等，请参阅相关资料。

【例10.6】　通过 LISP 编写一个新的命令 hatcharea，查询图形中剖面线的面积并输出到指定的文本文件中。

单击 "AutoLisp 编辑器"，弹出如图 10.33 所示的窗口。该窗口提供了调试 LISP 的系列工具。单击新建按钮，在其中输入代码。

图 10.33　AutoLisp 编辑器窗口

单击加载活动编辑窗口按钮，程序自动运行后，在 D 盘根目录生成 hatcharea.txt 文件，其中内容为剖面线的面积。也可以通过 Load 命令直接加载该命令。

习　题

（1）参数化绘图中的约束有几种？标注约束和尺寸标注有何区别？

（2）要查询某图线的图层、位置、大小，应该采用什么命令？

（3）通过计算器计算表达式（300+20）/（20.5−30）*199 应如何操作？

（4）清理图形中的线型、图层、文字样式、标注样式等有什么条件？是否所有的图层、文字样式、标注样式都可以清理？

（5）绘制点有哪些方法？

（6）在使用 PEDIT 命令将屏幕上看上去相连的直线和圆弧连接起来时发现无法完成，原因有哪些？如何找出准确原因？

（7）如何将两个图形文件的标准统一？

（8）保证图形标准统一的方法有哪些？

（9）如何在快速计算器中直接采用直线的长度参与计算？

（10）查询一个圆的半径有几种方式？两个交叉重叠的圆的总面积如何计算？

（11）如何将一个设计好的图形应用于一个新建的图形文件中？

（12）如何自动重复同一组图形的绘制？

（13）试编制 LISP 程序实现自动绘制指定大小的五角星。

第11章 输出

在 AutoCAD 2022 中文版中绘制的图形，可以通过 ePlot 输出成 DWF 格式文件，在 Web 页上发布或输送到其他站点等，如图 11.1 所示，也可以通过副本链接与他人共享。但对绝大多数用户而言，一般要形成硬拷贝，即通过打印机或绘图仪输出，如图 11.2 所示。

在 AutoCAD 2022 中文版中，输出功能得到了较大的增强，变得更加直观、简洁。输出图形可以在模型空间中进行。如果要输出多个视图、添加标题栏等，则应在布局（图纸空间）中进行。

本章将介绍输出图形必备的基本知识。

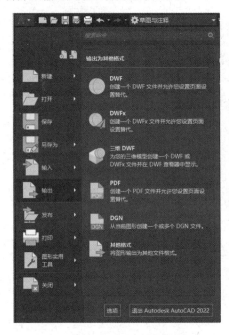
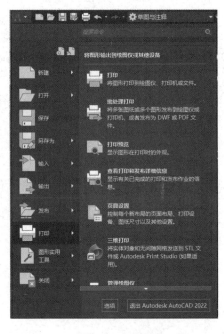

图 11.1　输出功能　　　　　　　　　　　　图 11.2　打印功能

11.1　模型空间输出图形 PLOT

在模型空间中，不仅可以完成图形的绘制、编辑，也可以直接输出图形。通过"打印"对话框可以设置打印设备、页面、输出范围等。

命令：PLOT

功能区：应用程序菜单栏→打印→打印

在模型空间中执行该命令后，弹出如图 11.3 所示的"打印-模型"对话框。

该对话框包含"页面设置"选项区、"打印机/绘图仪"选项区、"图纸尺寸"选项区、"打印偏移"选项区、"打印比例"选项区、"打印份数"选项区、"打印样式表"选项区、"着色视口选项"选项区、"打印选项"选项区、"图形方向"选项区，以及预览、应用到布局等按钮。

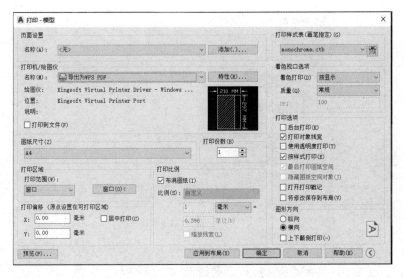

图 11.3　"打印-模型"对话框

1. 页面设置

① 名称：选择已有的页面设置。如果选择"输入"，则弹出如图 11.4 所示的"从文件选择页面设置"对话框。在该对话框中选择相应的.dwg、.dxf 或.dwt 文件。

② 添加：弹出如图 11.5 所示的"添加页面设置"对话框，用户可以新建页面设置。

2. 打印机/绘图仪

① 名称：可以通过下拉列表框选择已经安装的打印设备。

② 特性：设置该打印机/绘图仪的特性。单击该按钮后弹出如图 11.6 所示的"绘图仪配置编辑器"对话框。

③ 绘图仪：显示当前打印机/绘图仪驱动信息。

④ 位置：显示当前打印机/绘图仪的位置。

⑤ 说明：有关该设备的说明。

⑥ 打印到文件：输出数据存储在文件中。该数据格式即打印机可以接收的格式。

图 11.4　"从文件选择页面设置"对话框

图 11.5　"添加页面设置"对话框

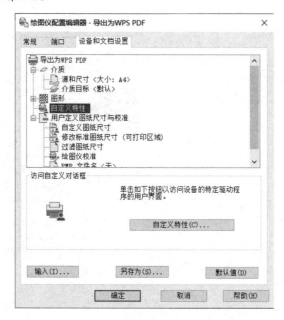

图 11.6 "绘图仪配置编辑器"对话框

3. 图纸尺寸

通过下拉列表框选择图纸的尺寸。

4. 打印份数

设置需要同时打印的份数。

5. 打印区域

设置打印范围，包括以下几种。

① 图形界限：设置打印区域为图形界限。

② 范围：设置打印区域为图形最大范围。

③ 显示：设置打印区域为屏幕显示结果。

④ 视图：设置某视图为打印范围。

⑤ 窗口：重新定义一窗口来确定输出范围。此时暂时关闭对话框，回到绘图界面。定义好矩形窗口后再返回该对话框。

6. 打印偏移

① X、Y：设定在 X 和 Y 方向上的打印偏移量。

② 居中打印：居中打印图形。

7. 打印比例

① 比例：设置打印的比例。可以在下拉列表框中选择一固定比例。

② 布满图纸：自动计算一个最合适的、适应图纸大小的比例。

③ 自定义：自定义输出比例，将图纸上输出的尺寸和图形单位对应起来。

④ 缩放线宽：设置线宽输出形式是否受到比例的影响。

8. 预览

预览以上设置的图形的输出结果。

9. 打印样式表

① 通过下拉列表框选择现有的打印样式，也可新建打印样式。

② ：编辑按钮，单击此按钮，可弹出"打印样式表编辑器"对话框，如图 11.7 所示。

图 11.7 "打印样式表编辑器"对话框

"打印样式表编辑器"对话框包含 3 个选项卡，可设定打印样式的特性。特性包括颜色、抖动、灰度、笔号、淡显、线型、线宽、填充、端点、连接等。同时可以编辑线宽，也可以将设置保存起来。

10. 着色视口选项

① 着色打印：设置视图打印的方式。

● 按显示——按对象在屏幕上的显示方式打印。

● 线框——按线框模式打印对象，不考虑其在屏幕上的显示方式。

● 消隐——打印对象时消除隐藏线，不考虑其在屏幕上的显示方式。

● 三维隐藏——打印三维隐藏视觉样式，不考虑其在屏幕上的显示方式。

● 三维线框——打印三维线框视觉样式，不考虑其在屏幕上的显示方式。

● 概念——打印概念视觉样式，不考虑其在屏幕上的显示方式。

● 真实——打印真实视觉样式，不考虑其在屏幕上的显示方式。

● 渲染——按渲染的方式打印对象，不考虑其在屏幕上的显示方式。

② 质量：指定着色和渲染视口的打印分辨率。

③ DPI：指定渲染和着色视图的每英寸点数，最大可为当前打印设备的最大分辨率。

11. 打印选项

① 后台打印：指定在后台打印。

② 打印对象线宽：指定是否打印指定给对象和图层的线宽。

③ 按样式打印：按应用于对象和图层的打印样式打印。

④ 最后打印图纸空间：首先打印模型空间几何图形。通常先打印图纸空间几何图形，然后打印模型空间几何图形。

⑤ 隐藏图纸空间对象：指定隐藏操作是否应用于图纸空间视口中的对象。设置效果在打印预览中反映，而不反映在布局中。

⑥ 打开打印戳记：在每个图形的指定角点处放置打印戳记并将戳记记录到文件中。

"打印戳记"对话框如图11.8所示。

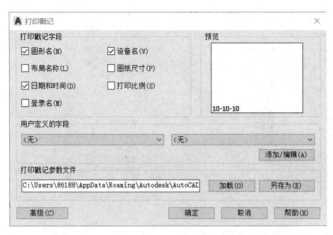

图 11.8 "打印戳记"对话框

可以从该对话框中指定要应用于打印戳记的信息，如图形名、日期和时间、打印比例等。

⑦ 将修改保存到布局：将在"打印"对话框中所做的修改保存到布局。

12. 图形方向

① 纵向：设置图形纵向打印。
② 横向：设置图形横向打印。
③ 上下颠倒打印：设置图形上下颠倒打印。

13. 应用到布局

将当前设置保存到当前布局。

11.2 打印管理

AutoCAD 2022 中文版提供了图形输出的打印管理。

11.2.1 打印选项

如果要修改默认的打印环境设置，可通过"打印和发布"选项卡进行。

命令：OPTIONS

执行该命令后，选择"打印和发布"选项卡，如图11.9所示。如果单击添加或配置绘图仪按钮，将弹出如图11.10所示的打印机管理器窗口。如果单击打印样式表设置按钮，将弹出如图11.11所示的"打印样式表设置"对话框。

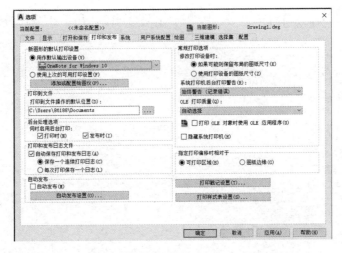

图 11.9 "选项"对话框("打印和发布"选项卡)

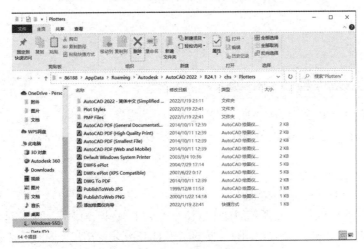

图 11.10 打印机管理器窗口

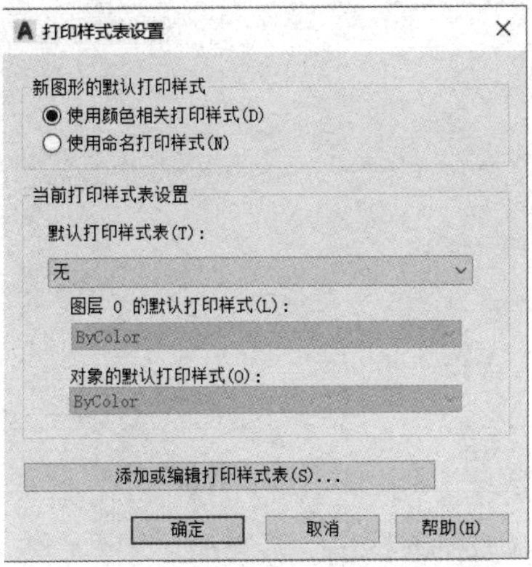

图 11.11 "打印样式表设置"对话框

单击 添加或编辑打印样式表 按钮，弹出如图 11.12 所示窗口，用于管理样式表。

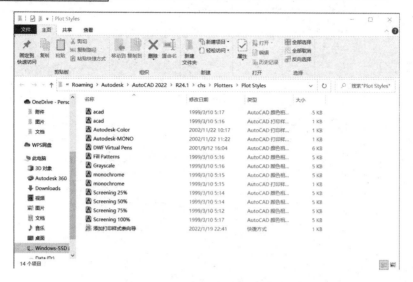

图 11.12　样式表管理器窗口

11.2.2　绘图仪管理器 PLOTTERMANAGER

对打印机的管理可以在 AutoCAD 2022 中文版内部进行，也可以在控制面板中进行。采用 Windows 系统默认的打印机，其提示图标为一打印机。另外，可以在 AutoCAD 2022 中文版中直接指定输出设备。

命令：PLOTTERMANAGER

功能区：输出→打印→绘图仪管理器

执行该命令后弹出如图 11.10 所示的打印机管理器窗口。在该窗口中，用户可以通过"添加绘图仪"向导来轻松添加打印机。"添加绘图仪"向导如图 11.13 所示。用户按照向导提示操作即可。

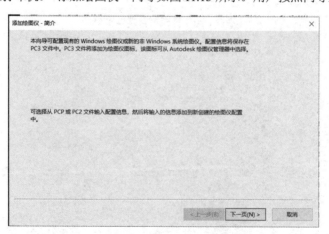

图 11.13　"添加绘图仪"向导

11.2.3　打印样式管理器 STYLESMANAGER

打印样式控制了输出的结果样式。AutoCAD 2022 中文版提供了部分预先设定好的打印样式，可以直接在输出时选用。用户也可以设定自己的打印样式。

命令：STYLESMANAGER

执行该命令后弹出如图 11.12 所示的样式表管理器窗口。

在该窗口中，显示了 AutoCAD 2022 中文版提供的输出样式，用户可以通过"添加打印样式表"向导来添加打印样式。

【例 11.1】　通过布局设置"3D House.dwg"图形的输出格式，如图 11.14 所示。其中右上角的视口中显示圆形范围。

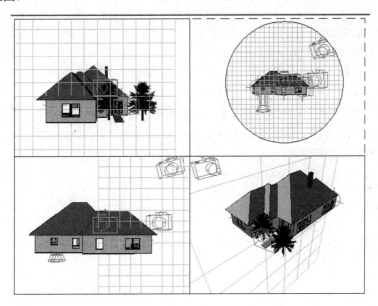

图 11.14　布局设置示例

步骤如下。

① 在教程提供的"提交网站 DWG 文件"目录下找到"3D House.dwg"并打开。

② 在模型空间完成如图 11.14 所示的 4 个视图定义。

③ 进入布局空间，删除默认的视口。通过菜单"视图→视口→4 个视口"，采用"FIT"参数产生图示的 4 个视口。

④ 选择其中一个视口，双击进入浮动模型空间。调整 4 个视图分别显示主视、右视、左视和西南轴测显示视图。

⑤ 双击视图和图框边界之间的空白处，进入图纸空间。

⑥ 单击右上角视图边框，删除右上角视图。操作前先将图层解锁。

⑦ 设置当前视口为右视。

⑧ 在右上角视口中按照如图 11.14 所示的位置绘制一个圆。

⑨ 通过功能区"视图→视口→对象"选择圆产生右上角的非矩形视口。

⑩ 打印输出该布局设置。

👀 注意：

① 输出线宽控制方式和硬件有关。一般情况下，设置了线宽后，可以不再进行硬件设置。尤其对于 R14 以前的版本，没有线宽特性，此时要输出带有宽度的线，一般通过输出时调整颜色对应的笔宽来满足。结果是通过打印机输出的图形有线宽，在屏幕上显示的线条没有宽度。

② 页面设置可以通过"文件→页面设置"菜单项进行，也可以在"打印-模型"对话框中进行。它们的区别在于在菜单项中进行的设置被保存并反映在布局中，而在"打印-模型"对话框中进行的设置仅对该次打印有效，除非选择了"将修改保存到布局"。

③ 在"工具→向导"菜单中包含了针对布局的向导，可以按照向导的提示完成添加打印机、添加打印样式表、添加颜色相关打印样式表、创建布局、输入 R14 打印设置等工作。

习 题

（1）图纸空间和模型空间有哪些主要区别？

（2）在图纸空间中能否直接标注所有的尺寸？

（3）如何通过设置"打印-模型"对话框使输出的轮廓线宽度为 0.7mm？

（4）设置输出线宽为 0.7mm 的方法有几种？

（5）图纸的大小、边框、可打印区域、打印区域有什么区别？

（6）输出界限（LIMITS）和范围（EXTENTS）有什么区别？哪一种方式输出的图形最大？

（7）输出比例的作用是什么？

（8）不论图形多大均打印在 A4 纸上，如何设置？

第 2 部分　上机操作指导

实验 1　熟悉操作环境

目的和要求

（1）熟悉 AutoCAD 2022 中文版绘图界面。

（2）掌握利用鼠标、键盘操作按钮及输入命令、选项、参数的方法。

（3）掌握不同按钮及子按钮的显示形式及含义。

（4）掌握工具栏的打开/关闭及设定成固定工具栏和浮动工具栏的方法。

（5）掌握部分功能键的用法。

（6）掌握文件操作、使用向导的方法，掌握撤销、重做、恢复、透明命令的用法。

（7）掌握相对坐标和绝对坐标的不同输入方法。

（8）掌握状态行各按钮的含义及设置方法。

（9）了解利用中介文件和其他应用程序交换数据的格式和方法。

上机准备

（1）阅读教材第 1 章。

（2）熟悉 Windows 的基本操作。

（3）进入 AutoCAD 2022 中文版并练习使用键盘、鼠标操作功能区、面板、选项板、按钮、对话框、快速访问工具栏、快捷按钮等的方法。

上机操作

1. 启动 AutoCAD 2022 中文版

双击桌面上"AutoCAD 2022 中文版"图标，进入 AutoCAD 2022 中文版，界面如图 T1.1 所示。

2. 设置图形界限和单位

命令：'_limits
重新设置模型空间界限：
指定左下角点或 [开(ON)/关(OFF)] <0.0000,0.0000>: ↵
指定右上角点 <420.0000,297.0000>: **297,210**↵

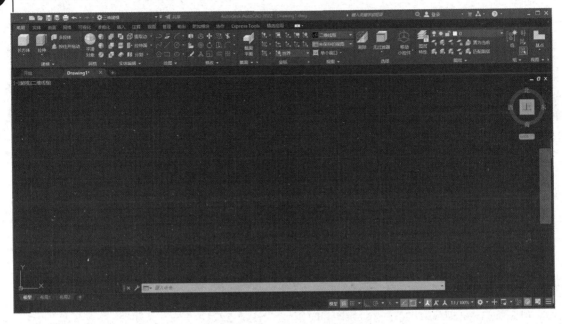

图 T1.1　AutoCAD 2022 中文版界面

单击浏览器快捷按钮"图形实用工具→单位"，弹出如图 T1.2 所示的"图形单位"对话框。参照图 T1.2 设置长度的类型和精度，设置角度的类型和单位。

单击 方向 按钮，弹出如图 T1.3 所示的"方向控制"对话框。

图 T1.2　"图形单位"对话框

图 T1.3　"方向控制"对话框

3. 设置辅助功能

移动光标到状态行"对象捕捉"上并右击，在弹出的快捷菜单中选择"设置"命令，弹出如图 T1.4 所示的"草图设置"对话框，在该对话框中设置端点模式，并启用对象捕捉。

4. 操作练习

通过绘制如图 T1.5 所示的图形来熟悉按钮、功能键的用法，以及绝对坐标、相对坐标、极坐标的输入方式。

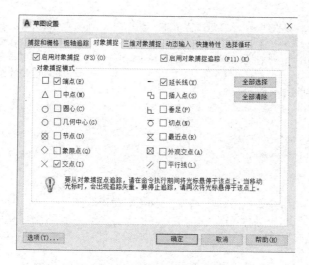

图 T1.4 "草图设置" 对话框

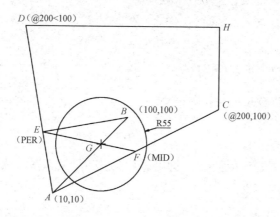

图 T1.5 练习图例

单击功能区 "常用→绘图→直线" 按钮	下达直线命令
命令：_line	
指定第 1 点：**10,10** ↵	
指定下一点或[放弃(U)]：**100,100** ↵	采用绝对坐标绘制直线 *AB*
指定下一点或 [放弃(U)]：↵	按【Enter】键结束直线命令
命令：按空格键	通过空格键重复上一个命令
LINE	
指定第 1 点：**10,10**↵	
指定下一点或 [放弃(U)]：**@200,100**↵	采用相对坐标绘制直线 *AC*
指定下一点或 [放弃(U)]：按空格键	通过空格键结束命令
	按【Enter】键重复上一个命令
命令：↵	
LINE	
指定第 1 点：**10,10**↵	采用绝对坐标输入起点
指定下一点或 [放弃(U)]：**@200<100**↵	采用相对坐标绘制直线 *AD*
指定下一点或 [放弃(U)]：右击，选择 "确认"	通过快捷按钮结束命令
单击功能区 "常用→绘图→直线" 按钮	下达命令

命令：
　_line
指定第 1 点：移动光标到直线 **AB** 上靠近端点 **B** 的一侧单击　　　采用设置的端点对象捕捉方
　　　　　　　　　　　　　　　　　　　　　　　　　　　　　式获取输入点坐标，即 **B** 点

指定下一点或 [放弃(U)]：按住【Shift】键，右击，在弹出的快捷菜单中选择"垂足"
　　　　　　　　　　　　　　　　　　　　　　　　　　　　　设置临时的对象捕捉覆盖方式

　_per 到　移动光标到直线 **AD** 上单击
指定下一点或 [放弃(U)]：输入 **mid** 并按【Enter】键　　　　　　在命令行输入关键字的临时对象
捕捉方式
　_mid 于 移动光标到直线 **AC** 上单击　　　　　　　　　　　绘制直线 **EF**
指定下一点或 [闭合(C)/放弃(U)]：↵　　　　　　　　　　　　　按【Enter】键结束直线绘制
命令：　　　　　　　　　　　　　　　　　　　　　　　　　　　输入命令
　line↵
指定第 1 点：光标移动到 **C** 点上，出现"端点"提示后，单击 **C** 点
指定下一点或 [放弃(U)]：按【F8】键 <正交 开>　　　　　　　　通过功能键打开正交模式
单击状态栏中的对象捕捉追踪按钮　　　　　　　　　　　　　　　通过状态栏控制对象捕捉追踪模式
<对象捕捉追踪 开>
将光标移到直线 **AD** 上，在 **D** 点出现端点提示后移动光标　　绘制直线 **CH**
到图 T1.5 所示 **H** 点附近，出现极轴提示后单击
指定下一点或 [放弃(U)]：移动光标到直线 **AD** 上，单击端点 **D**　绘制直线 **HD**
指定下一点或 [闭合(C)/放弃(U)]：↵　　　　　　　　　　　　　结束直线绘制
命令：c↵　　　　　　　　　　　　　　　　　　　　　　　　　通过键盘输入命令缩写
CIRCLE 指定圆的圆心或[三点(3P)/两点(2P)/ 相切、相切、　　　采用键盘输入关键字的方式设
　　　　　　　　　　　　　　　　　　　　　　　　　　　　　置临时的对象捕捉模式。指定圆心
半径(T)]：**int**↵ 于 移动光标到 **G** 点并单击
指定圆的半径或[直径(D)]：**55**↵　　　　　　　　　　　　　　输入半径，绘制出圆

5. 保存文件

在快速访问工具栏上单击另存为按钮，弹出"图形另存为"对话框。"文件名"设置为"练习1"，单击 保存 按钮。

6. 移动观察图形

移动观察图形的方法如下。

单击右侧导航栏中的平移按钮，光标变成手形，按住鼠标左键向右上方移动，使图形显示在屏幕的中间。

7. 快速保存文件

按【Ctrl+S】组合键，快速保存文件。

8. 将该图形输出成 DXF 格式文件

单击另存为按钮，弹出对话框，单击"文件类型"下拉列表框，选择"AutoCAD 2018 DXF"，单击 保存 按钮。

思考及练习

（1）如何显示按钮栏？操作按钮的方式除使用指点设备（鼠标）之外，如果采用键盘，该如何操作？

（2）可以对按钮进行操作的键有_____。

① 方向键　　　　② 数字键　　　　　　　③【Alt】键

④ 空格键　　　　　⑤ 按钮中带下画线的字母　　　　　⑥【Tab】键

⑦【Enter】键　　　　⑧ 按钮中的大写字母

（3）如何打开绘图工具栏？如何对工具栏进行移动、改变外形、停靠等操作？

（4）可能会弹出保存文件对话框的操作方式有＿＿＿＿＿＿＿＿＿＿＿＿＿＿＿＿。

① "标准" 工具栏中的保存按钮

② 文件按钮中的保存按钮

③ 文件按钮中的另存为按钮

④【Ctrl+S】组合键

实验 2 绘制平面图形——卡圈

目的和要求

（1）熟悉 CIRCLE、LINE 等绘图命令。

（2）熟悉修剪（TRIM）、偏移（OFFSET）、环形阵列（ARRAY），以及通过"特性"对话框修改图形属性。

（3）掌握平面图形的绘制方法和技巧。

（4）综合应用对象捕捉等辅助功能。

上机准备

（1）复习 CIRCLE、LINE 等绘图命令的用法。

（2）复习修剪（TRIM）、偏移（OFFSET）、删除（ERASE）、阵列（ARRAY）和修改特性等的用法。

（3）复习线型（LINETYPE）和线宽等图形特性的设置和修改方法。

上机操作

绘制如图 T2.1 所示的卡圈图形。

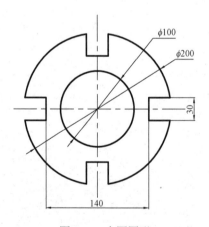

图 T2.1 卡圈图形

 分析

① 绘制一张新图时，应首先设置好环境。本例的环境设置应包括：图纸界限、线型的设置。按照如图 T2.1 所示的图形大小，将图纸界限设置成 A3 比较合适，即 420×297。图层应包括中心线层、粗实线层和尺寸标注层（本例不标注尺寸，可以先不设置），也可以通过图层来管理图线和线型等。

② 绘制图形时首先应确定基准。本例应以中心线为水平和垂直方向的基准，所以先将中心线绘制出来。

③ 圆弧无须使用圆弧命令来绘制，应先绘制圆，再将圆修剪成圆弧。

④ 图形中的 4 个缺口应利用中心线偏移到正确的位置再修剪而成，必要时可以调整修剪后图形的线型。可以用同样的方法绘制 4 个缺口，也可以绘制好 1 个，再阵列成 4 个，修剪圆弧后得到最终的图形。

1. 开始绘制一幅新图

进入 AutoCAD 2020 中文版。单击浏览器快捷按钮"新建→图形"进入绘图界面。

2. 设置图形界限

首先应根据图形的大小设置合适的图形界限。有时执行图形界限命令不一定要进行不同的设置，而应该查看当前的设置是否满足图形绘制要求。

```
命令：'_limits
重新设置模型空间界限：
指定左下角点或 [开(ON)/关(OFF)] <0.0000，0.0000>：↵          接受默认值
指定右上角点 <420.0000，297.0000>：↵                         接受默认值
命令：z↵                                                     下达显示图形界限命令
ZOOM
指定窗口的角点，输入比例因子 (nX 或 nXP)，或者
[全部(A)/中心(C)/动态(D)/范围(E)/上一个(P)/比例(S)
/窗口(W)/对象(O)] <实时>：a↵                                显示图形界限
```

3. 装载线型

绘制如图 T2.1 所示的图形需要使用两种线型：实线和点画线，默认的初始图形环境中仅有实线一种线型，应加载点画线线型，即 CENTER 线型。

① 单击"默认→特性"面板中的线型列表框，如图 T2.2 所示（其中 CENTER 线型开始时没有，是设置后产生的），选择"其他"，弹出如图 T2.3 所示的"线型管理器"对话框。同样可以单击"格式→线型"进入"线型管理器"对话框。

② 单击 加载 按钮，弹出如图 T2.4 所示的"加载或重载线型"对话框。

③ 利用滑块向下搜索，双击"CENTER"线型，退回"线型管理器"对话框，此时 CENTER 线型出现在列表中。

图 T2.2　线型列表框

图 T2.3　"线型管理器"对话框

图 T2.4　"加载或重载线型"对话框

④ 单击 确定 按钮，退回绘图界面。

至此，线型装载完毕，之后可随时使用点画线（CENTER）线型。

4. 绘制中心线

首先在屏幕中间绘制一条水平线和一条垂直线作为中心线。

单击功能区"默认→绘图"中的直线按钮
命令：_line
指定第 1 点：**在屏幕左侧中部单击**
指定下一点或 [放弃(U)]：**按【F8】键** <正交 开>   打开正交模式
在屏幕右侧中部单击   绘制水平线 *AB*
指定下一点或 [放弃(U)]：↵   结束水平线绘制
命令：↵   重复直线命令
LINE
指定第 1 点：**在屏幕上方中部单击**
指定下一点或 [放弃(U)]：**在屏幕下方中部单击**   绘制垂直线 *CD*
指定下一点或 [放弃(U)]：↵   结束直线命令

5. 绘制圆

单击功能区"默认→绘图"中的圆按钮
命令：_circle
指定圆的圆心或 [三点(3P)/两点(2P)/相切、相切、
半径(T)]：**按住【Shift】键并右击，选择"交点"**   设置成"交点"捕捉模式
_int 于   **单击直线 *AB* 和 *CD* 的交点**   捕捉 *AB* 和 *CD* 的交点作为圆心
指定圆的半径或 [直径(D)]：**100**↵

用同样的方法绘制半径为 50 的圆。

6. 偏移绘制直线

单击功能区"默认→修改"面板中的"偏移"按钮
命令：_offset
当前设置：删除源=否   图层=源   OFFSETGAPTYPE=0
指定偏移距离或 [通过(T)/删除(E)/图层(L)] <1.0000>：**15**↵
选择要偏移的对象，或 [退出(E)/放弃(U)] <退出>：**单击直线 *AB***
指定要偏移的那一侧上的点，或 [退出(E)/多个(M)/放弃(U)] <退出>：**在直线 *AB* 上方任意点单击**
选择要偏移的对象，或 [退出(E)/放弃(U)] <退出>：**单击直线 *AB***
指定要偏移的那一侧上的点，或 [退出(E)/多个(M)/放弃(U)] <退出>：**在直线 *AB* 下方任意点单击**
选择要偏移的对象，或 [退出(E)/放弃(U)] <退出>：↵   按【Enter】键退出偏移命令

用同样的方法将直线 *CD* 以距离 70 向左偏移复制，结果如图 T2.5 所示。

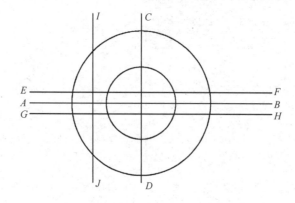

图 T2.5   绘制中心线及圆并偏移复制直线

7. 修剪图形

如图 T2.6 所示，将左侧缺口处多余的线条剪掉。

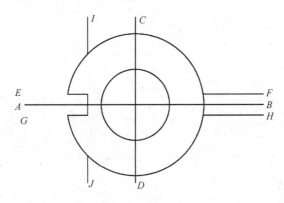

图 T2.6 修剪左侧图线

单击功能区"默认→修改→修剪"按钮	下达修剪命令
命令：_trim	
当前设置：投影=无 边=延伸	
选择剪切边…	
选择对象或 <全部选择>：指定对角点：找到 9 个	
选择对象：↵	结束剪切边选择
选择要修剪的对象，或按住【Shift】键选择要延伸的对象，或	
[栏选(F)/窗交(C)/投影(P)/边(E)/删除(R)/放弃(U)]：单击直线 *EF* 上需要剪去的部分	
选择要修剪的对象，或按住【Shift】键选择要延伸的对象，或	
[栏选(F)/窗交(C)/投影(P)/边(E)/删除(R)/放弃(U)]：单击直线 *GH* 上需要剪去的部分	
选择要修剪的对象，或按住【Shift】键选择要延伸的对象，或	
[栏选(F)/窗交(C)/投影(P)/边(E)/删除(R)/放弃(U)]：单击直线 *IJ* 上需要剪去的部分	
选择要修剪的对象，或按住【Shift】键选择要延伸的对象，或	
[栏选(F)/窗交(C)/投影(P)/边(E)/删除(R)/放弃(U)]：单击圆上需要剪去的部分	
选择要修剪的对象，或按住【Shift】键选择要延伸的对象，或	
[栏选(F)/窗交(C)/投影(P)/边(E)/删除(R)/放弃(U)]：↵	
选择要修剪的对象，或按住【Shift】键选择要延伸的对象，或	
[栏选(F)/窗交(C)/投影(P)/边(E)/删除(R)/放弃(U)]：单击多余的线条	

重复同样的操作剪去多余的线条，直到得到如图 T2.6 所示的结果。

在以前的版本中，修剪时最后一段是无法剪去的，应采用删除命令将最后一段删除。AutoCAD 2007 之后的修剪命令中提供了"删除"参数，可以删除图线。还有一种办法，在修剪时由最远的部分向要保留的部分依次修剪，此时无须执行删除命令。

选择要修剪的对象，或按住【Shift】键选择要延伸的对象，或	
[栏选(F)/窗交(C)/投影(P)/边(E)/删除(R)/放弃(U)]：r↵	删除对象
选择要删除的对象或 <退出>：单击多余的线段 找到 1 个	
选择要删除的对象：	

重复同样的操作将其他不需要的线条删除。

选择对象：↵	结束删除对象选择
选择要修剪的对象，或按住【Shift】键选择要延伸的对象，或	
[栏选(F)/窗交(C)/投影(P)/边(E)/删除(R)/放弃(U)]：	退回修剪命令

结果如图 T2.7 所示。

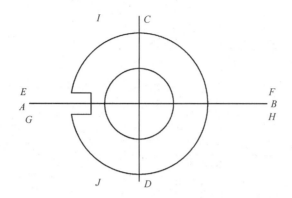

图 T2.7　删除多余线条

8. 阵列复制其他缺口

如图 T2.8 所示，卡圈上共有 4 个同样的缺口，可以采用阵列复制的方法得到其他 3 个。

首先采用窗口选择方式选择表示缺口的 3 条直线，单击环形阵列按钮，拾取 AB 和 CD 的交点。弹出图 T2.8 所示选项卡。修改项目数为 4，单击 关闭阵列 按钮。完成阵列。

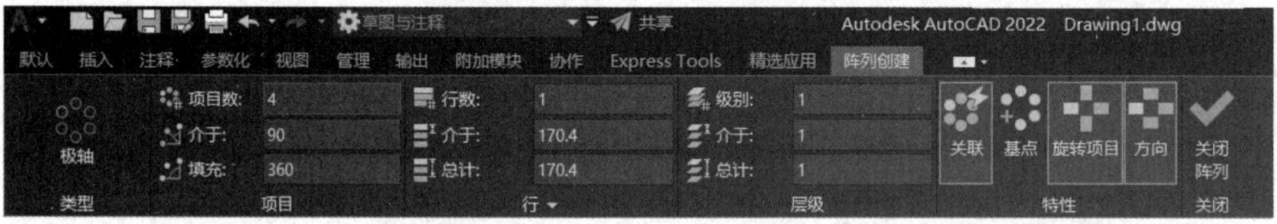

图 T2.8　环形阵列选项卡

结果如图 T2.9 所示。

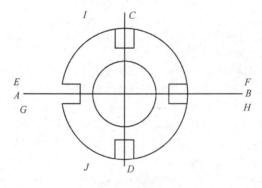

图 T2.9　复制缺口

9. 修剪图形

需要将缺口处多余的圆弧剪去。

单击功能区"默认→修改→修剪"按钮　　　　　　　　　　　　下达修剪命令
命令：_trim
当前设置：投影=无　边=延伸
选择剪切边…
选择对象或 <全部选择>：选择缺口处的直线
选择对象：找到 6 个，总计 6 个

选择对象：↵　　　　　　　　　　　　　　　结束剪切边对象选择
选择要修剪的对象，或按住【Shift】键选择要延伸的对象，或
[栏选(F)/窗交(C)/投影(P)/边(E)/删除(R)/放弃(U)]：**单击需要剪去的圆弧**
选择要修剪的对象，或按住【Shift】键选择要延伸的对象，或
[栏选(F)/窗交(C)/投影(P)/边(E)/删除(R)/放弃(U)]：↵　　　　结束修剪操作

结果如图 T2.10 所示。

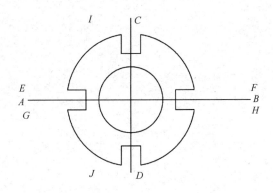

图 T2.10　剪去缺口中的圆弧

10．修改线型

中心线应该是点画线，应将中心线的线型改成 CENTER。
① 分别单击两条中心线，在中心线上出现夹点。
② 单击"特性"面板中的线型列表框，选择"CENTER"。
③ 按两次【Esc】键，取消夹点。

11．修改中心线长度

中心线可能较长（也可能较短），可以通过夹点编辑修改成合适的长度。
① 单击其中一条中心线，在中心线上出现 3 个夹点。
② 单击需要修改的夹点，此时夹点由蓝色空心的方框变成红色填充的矩形。
③ 移动夹点到合适的位置单击。
④ 操作其他夹点。

12．修改轮廓线宽度

轮廓线是粗实线，应具有线宽特性。
① 单击所有的轮廓线，在轮廓线上出现夹点。
② 单击"特性"面板中的线宽列表框，利用滑块在线宽中选择"0.3mm"。
③ 单击状态栏中的 线宽 按钮，使之处于打开状态。

结果如图 T2.1 所示。

13．保存文件

单击快速访问工具栏中的保存按钮，弹出如图 T2.11 所示的"图形另存为"对话框。
"文件名"输入"练习 2-卡圈"，单击 保存 按钮。

图 T2.11 "图形另存为"对话框

思考及练习

（1）绘制如图 T2.1 所示图形的 1/4，然后采用镜像命令复制成完整的图形。

（2）采用图层管理该实验中的线型，并将点画线设置成红色。

（3）启用对象捕捉模式，重复实验中的操作，与临时设置比较，哪种较适用于该实验？

（4）完成如图 T2.12 所示的平面图形练习。

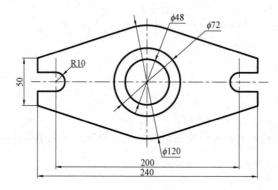

图 T2.12 平面图形练习

实验 3 绘制平面图形——扳手

目的和要求

（1）熟悉 CIRCLE、LINE、POLYGON 等绘图命令。
（2）熟悉修剪（TRIM）、偏移（OFFSET）和圆角（FILLET）等编辑命令。
（3）掌握平面图形中常见的辅助线的使用方法和技巧。
（4）掌握对象捕捉的设置和使用方法。
（5）掌握图层的设置和使用方法。

上机准备

（1）复习 CIRCLE、LINE、POLYGON 等绘图命令的用法。
（2）复习修剪（TRIM）、延伸（EXTEND）、偏移（OFFSET）、删除（ERASE）、圆角（FILLET）和修改特性等编辑命令的用法。
（3）复习管理线型、颜色、线宽等特性的方法。
（4）复习对象捕捉的使用方法。

上机操作

绘制如图 T3.1 所示的扳手平面图。

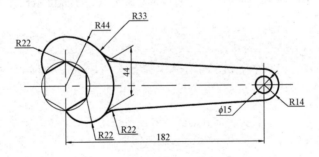

图 T3.1 扳手平面图

 分析

① 本例的环境设置应包括图纸界限、图层（包括线型、颜色、线宽）等的设置。按照如图 T3.1 所示的图形大小，图纸界限设置成 A4 横放比较合适，即 297×210。图层至少应包括各种线型层（点画线层、粗实线层、细实线层和尺寸标注层，本例不标注尺寸，可以先不设置尺寸标注层）。

② 本例中的绘图基准是图形中的中心线，首先应正确绘制 3 条中心线，然后分析清楚其他图线的先后顺序和相互依赖关系，否则无法继续。

③ 绘制头部的圆弧时应该先绘制圆，再修剪成指定大小的圆弧。绘制本例时要注意圆弧圆心的

正确位置，以及圆弧和圆弧的相切关系。

④ 正六边形可以使用多边形命令 POLYGON 直接绘制。

⑤ 绘制手柄部分时要注意直线两端的定位。尺寸 44 可以采用偏移命令来确定位置，另一端要保证相切。应使用对象捕捉模式。

⑥ 连接圆弧（$R33$ 和 $R22$）应先利用 TTR 方式绘制成圆，再修剪成圆弧。

1. 创建一幅新图

单击"开始→程序→Autodesk→AutoCAD 2022 Simplified Chinese→AutoCAD 2022 Simplified Chinese"进入 AutoCAD 2022 中文版。单击快速访问工具栏中的新建按钮，弹出"选择样板"对话框，如图 T3.2 所示，单击打开按钮，进入绘图界面。

图 T3.2 创建新图形时的"选择样板"对话框

2. 设置图形界限

按照该图形的大小和 1:1 作图的原则，设置图形界限为 A4 横放比较合适。

1）设置图形界限

命令：**limits**↵	输入图形界限命令
重新设置模型空间界限：	
指定左下角点或 [开(ON)/关(OFF)] <0.0000,0.0000>：↵	接受默认值
指定右上角点 <420.0000,297.0000>：297,210↵	设置成 A4 大小

2）显示图形界限

设置了图形界限后，一般需要通过显示缩放命令将整个图形范围显示成当前的屏幕大小。

命令：**z**↵	输入显示缩放命令缩写
ZOOM	显示全名
指定窗口的角点，输入比例因子 (nX 或 nXP)，或者	
[全部(A)/中心(C)/动态(D)/范围(E)/上一个(P)/比例(S)/窗口(W)/对象	
(O)] <实时>：**a**↵	显示图形界限
正在重生成模型	

3. 设置图层

绘制该图形要使用粗实线、细实线和点画线，根据线型设置相应的图层。

1）单击功能区"默认→图层→图层特性"按钮

弹出如图 T3.3 所示的图层特性管理器。开始时只有"0"层（尺寸线层先不设置，定义某层为标注尺寸后自动产生）。

2）新建图层

① 单击新建按钮，在图层列表中将增加新的图层。连续单击 3 次，增加 3 个图层。默认的名称分别为"图层 1""图层 2"和"图层 3"。

② 分别选择新建的 3 个图层，将"名称"修改成"粗实线""细实线"和"中心线"。

3）加载线型

① 单击"中心线"后的线型名称，弹出"选择线型"对话框，如图 T3.4 所示。初始时只有 Continous 一种线型，需要加载 CENTER 线型。

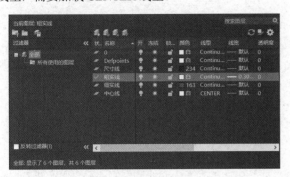

图 T3.3 图层特性管理器   图 T3.4 "选择线型"对话框

② 单击加载按钮，弹出如图 T3.5 所示的"加载或重载线型"对话框。在"加载或重载线型"对话框中选择"CENTER"线型并单击确定按钮。退回"选择线型"对话框，结果如图 T3.4 所示。

③ 在"选择线型"对话框中单击 CENTER 线型，并单击确定按钮，此时 CENTER 线型被赋予点画线层。

4）设置线宽

粗实线具有一定的宽度，通过线宽设置来设定其宽度。

① 单击图层特性管理器中"粗实线"后的线宽（初始时为"默认"），弹出如图 T3.6 所示的"线宽"对话框。

图 T3.5 "加载或重载线型"对话框   图 T3.6 "线宽"对话框

② 单击"0.30mm"线宽值，并单击确定按钮，退回图层特性管理器。此时"粗实线"后的线宽变成了"0.30mm"。

5）设置颜色

为了在屏幕上清楚显示不同的图线，除设置合适的线型外，还应该充分利用不同颜色来醒目地区分不同的图线。

① 在图层特性管理器中的"点画线"后的颜色小方框上单击，弹出如图 T3.7 所示的"选择颜色"对话框。

② 在"选择颜色"对话框的标准颜色区中，单击红色颜色方块，相应地在下方提示选择的颜色名称。

③ 单击确定按钮退回图层特性管理器。

④ 在图层特性管理器中单击确定按钮结束图层设置。

4. 设置对象捕捉方式

精确绘制图形时必须捕捉对象的交点和切点。对象捕捉的方式既可临时设置，也可预先设置。如果偶尔需要，则采用临时设置比较合适。如果绘图过程中在大多数情况下都需要使用捕捉方式，则应预先设置并启用。由于启用了对象捕捉方式，在一些场合设置好的捕捉方式会影响目标点的捕捉，因此此时可以暂时禁用对象捕捉方式。

在状态栏捕捉按钮上右击，选择"设置"命令，弹出如图 T3.8 所示的"草图设置"对话框，其中第 3 个选项卡为"对象捕捉"。按照图 T3.8 选中"交点""切点""启用对象捕捉"，单击确定按钮。

5. 绘制中心线

一般首先绘制基准线。图形中的主要基准线为中间的水平中心线和左侧的垂直中心线。右侧的垂直中心线为辅助（间接）基准线。

① 设置当前图层。中心线为点画线，应绘制在点画线层上。有两种处理办法：一种是直接在点画线层上绘制；另一种是绘制在其他层上，再修改到点画线层上。下面采用第 1 种方式。

单击功能区"默认→图层→图层特性"按钮，打开图层特性管理器，选择"中心线"并单击当前按钮，然后单击确定按钮。也可以通过"特性"面板直接设置当前图层。

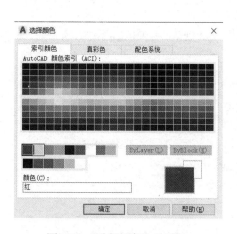

图 T3.7　"选择颜色"对话框

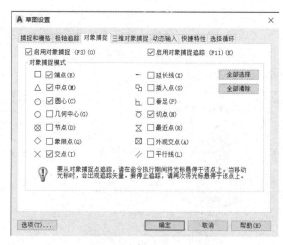

图 T3.8　"草图设置"对话框

② 绘制水平中心线。

```
单击功能区"默认→绘图→直线"按钮
命令：_line
按【F8】键 <正交 开>                            打开正交模式绘制水平和垂直线
指定第 1 点：在屏幕左侧中部单击                  确定 A 点
指定下一点或 [放弃(U)]：在屏幕右侧中部单击      确定 B 点
指定下一点或 [放弃(U)]：↵                        结束水平线绘制
```

③ 绘制左侧垂直中心线 *CD*。右侧垂直中心线和左侧垂直中心线相距 182，采用偏移命令复制该垂直中心线。

单击功能区"默认→修改→偏移"按钮　　　　　　　　　　　　下达偏移命令
命令：**_offset**
当前设置：删除源=否　图层=源　OFFSETGAPTYPE=0
指定偏移距离或 [通过(T)/删除(E)/图层(L)] <通过>：**182↵**
选择要偏移的对象，或 [退出(E)/放弃(U)] <退出>：**单击直线 *CD***
指定要偏移的那一侧上的点，或 [退出(E)/多个(M)/放弃(U)] <退出>：**在 *CD* 的右侧任意点单击**
选择要偏移的对象，或 [退出(E)/放弃(U)] <退出>：**按【Esc】键 *取消***　　退出偏移命令

结果如图 T3.9 所示。

6. 绘制辅助圆

半径为 22 的圆采用细实线绘制，它是辅助线，表示正六边形的大小及方向。

① 设置当前图层。单击"特性"面板中的图层列表，选择"细实线"，并在绘图区空白位置单击，当前图层变成细实线层。

② 绘制圆，如图 T3.10 所示。

单击功能区 "默认→绘图→圆" 按钮
命令：**_circle**
指定圆的圆心或 [三点(3P)/两点(2P)/切点、切点、半径(T)]：**单击 *AB* 和 *CD* 的交点**
指定圆的半径或 [直径(D)]：**22↵**

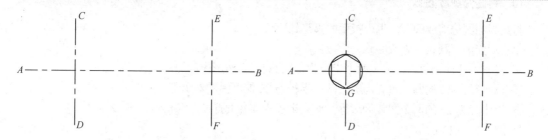

图 T3.9　绘制中心线　　　　　　　　图 T3.10　绘制辅助圆和正六边形

7. 绘制正六边形

首先将当前图层改成粗实线层。

单击功能区 "默认→绘图→多边形" 按钮
命令：**_polygon**
输入边的数目 <4>：**6↵**
指定多边形的中心点或 [边(E)]：**单击 *AB* 和 *CD* 的交点**
输入选项 [内接于圆(I)/外切于圆(C)] <I>：**↵**
指定圆的半径：**单击圆和垂直中心线的交点**

8. 修剪正六边形

将正六边形左下侧的两条边剪去，形成扳手的缺口。

单击功能区 "默认→修改→修剪" 按钮
命令：**trim**
当前设置：投影= UCS　边=延伸
选择剪切边…
选择对象：**单击正六边形 找到 1 个**　　　　　　　以正六边形为界剪切自己
选择对象：**↵**　　　　　　　　　　　　　　　　　结束对象选择
选择要修剪的对象，或按住【Shift】键选择要延伸的对象，或

[栏选(F)/窗交(C)/投影(P)/边(E)/删除(R)/放弃(U)]：**单击需要剪掉的部分**
选择要修剪的对象，或按住【Shift】键选择要延伸的对象，或
[栏选(F)/窗交(C)/投影(P)/边(E)/删除(R)/放弃(U)]：**单击需要剪掉的部分**
选择要修剪的对象，或按住【Shift】键选择要延伸的对象，或
[栏选(F)/窗交(C)/投影(P)/边(E)/删除(R)/放弃(U)]：↵　　　　　　结束修剪命令

结果如图 T3.11 所示。

9. 绘制圆弧轮廓线（圆）

以如图 T3.11 所示 I 点为圆心、44 为半径绘制一个圆。分别以 H、K 点为圆心，22 为半径绘制两条圆弧轮廓线。结果如图 T3.12 所示。

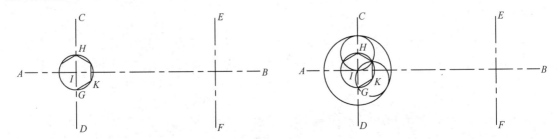

图 T3.11　修剪正六边形　　　　　图 T3.12　绘制圆弧轮廓线

10. 将圆修剪成圆弧

将绘制的圆修剪成圆弧，生成扳手的弧形轮廓线。

单击功能区"默认→修改→修剪"按钮。

① 以正六边形为边界，剪去两个半径为 22 的圆在六边形内部的部分。
② 以半径为 44 的圆为边界，剪去两个半径为 22 的圆弧的右上部分。
③ 以半径为 22 的两个圆弧为边界，剪去半径为 44 的圆的左下部分。

结果如图 T3.13 所示。

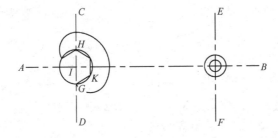

图 T3.13　修剪圆成圆弧

11. 绘制右侧圆

以 EF 和 AB 的交点为圆心、以 7.5 和 14 为半径绘制两个圆，如图 T3.13 所示。

12. 偏移复制辅助线

要绘制和右侧半径为 14 的圆相切的两条直线，首先应该找到垂直距离为 44 的两个点。可以通过偏移复制获取。

单击功能区"默认→修改→偏移"按钮　　　　　　　下达偏移命令
命令：**offset**
当前设置: 删除源=否　图层=源　OFFSETGAPTYPE=0

指定偏移距离或 [通过(T)/删除(E)/图层(L)]<通过>：**22↵**
选择要偏移的对象，或 [退出(E)/放弃(U)]<退出>：**单击直线 AB**
指定要偏移的那一侧上的点，或 [退出(E)/多个(M)/放弃(U)]<退出>：**在 AB 的上方任意点单击**
选择要偏移的对象，或 [退出(E)/放弃(U)]<退出>：**单击直线 AB**
指定要偏移的那一侧上的点，或 [退出(E)/多个(M)/放弃(U)]<退出>：**在 AB 的下方任意点单击**
选择要偏移的对象，或 [退出(E)/放弃(U)]<退出>：**按【Esc】键 *取消***　　　退出偏移命令

结果如图 T3.14 所示。

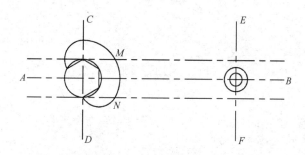

图 T3.14　偏移复制辅助线

13. 绘制两条切线

单击功能区 "默认→绘图→直线" 按钮
命令：_line
指定第 1 点：**单击 M 点**
指定下一点或 [放弃(U)]：**移动光标到半径为 14 的圆上**
　　　　　　　　　　　　　应故意偏离圆弧和 EF 的交点，出现 "切点" 提示后单击
指定下一点或 [放弃(U)]：↵

用同样的方法绘制另一条切线。

结果如图 T3.15 所示。

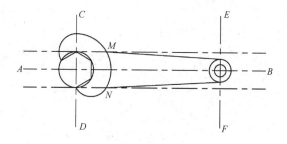

图 T3.15　绘制两条切线

14. 修剪右侧半径为 14 的圆

以两条切线为边界，将半径为 14 的圆的左侧部分剪去。

15. 删除辅助线

将两条辅助线删除。

单击功能区 "默认→修改→删除" 按钮　　　　　　　　　　下达删除命令
命令：_erase
选择对象：**单击偏移 22 复制的一条直线** 找到 1 个
选择对象：**单击偏移 22 复制的另一条直线** 找到 1 个，总计 2 个
选择对象：↵
　　　　　　　　　　　　　　　　　　　　按【Enter】键结束删除操作

结果如图 T3.16 所示。

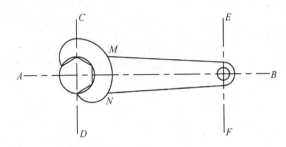

图 T3.16　修剪圆并删除辅助线

16. 倒圆角

切线和半径为 44 的圆弧之间有圆弧连接，直接采用圆角命令产生该圆弧。

单击功能区"默认→修改→圆角"按钮	下达圆角命令
命令：_fillet	
当前模式：模式 = 修剪，半径 = 10.0000	提示当前圆角模式
选择第一个对象或 [放弃(U)/多段线(P)/半径(R)/修剪(T)/多个(M)]：r↵	修改圆角半径
指定圆角半径 <10.0000>：22↵	
命令：按空格键	
FILLET	
当前模式：模式 = 修剪，半径 = 22.0000	
选择第一个对象或 [放弃(U)/多段线(P)/半径(R)/修剪(T)/多个(M)]：单击切线	
选择第二个对象，或按住【Shift】键选择要应用角点的对象：单击半径为 **44** 的圆弧	拾取点应在切线上方的圆弧上

以同样的方法倒另一个圆角，结果如图 T3.17 所示。

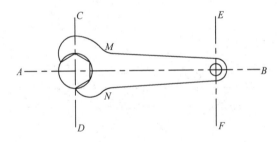

图 T3.17　倒圆角

17. 延伸圆弧

倒圆角后半径为 44 的圆弧被剪去一部分，需要延伸到与圆角相交。

单击功能区"默认→修改→延伸"按钮	下达延伸命令
命令：_extend	
当前设置：投影=UCS，边=延伸	提示当前模式
选择边界的边…	
选择对象或 <全部选择>：如图 **T3.18** 所示，单击 **T** 点处的圆弧 找到 1 个	
选择对象：↵	
选择要延伸的对象，或按住【Shift】键选择要修剪的对象，或	
[栏选(F)/窗交(C)/投影(P)/边(E)/放弃(U)]：单击 **Q** 点处的圆弧	
选择要延伸的对象，或按住【Shift】键选择要修剪的对象，或	
[栏选(F)/窗交(C)/投影(P)/边(E)/放弃(U)]：↵	结束延伸操作

结果如图 T3.18 所示。

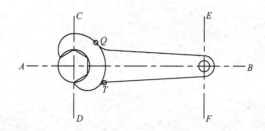

图 T3.18　延伸圆弧

18. 修改中心线长度

中心线长度应超出轮廓线 2mm 左右，要将中心线修改到合适的长度。

在"命令："提示下单击水平中心线，出现夹点，单击左侧夹点，移到合适的位置，然后处理右侧的夹点。用同样的方法处理垂直中心线。如果在移动的目标点上出现对象捕捉的交点或切点，可在状态栏单击 对象捕捉 按钮，禁用对象捕捉功能。

19. 打开线宽显示

单击状态栏的 线宽 按钮，打开线宽显示。结果如图 T3.1 所示。

20. 保存文件

单击快速访问工具栏中的另存为按钮，弹出"图形另存为"对话框，"文件名"输入"练习 3-扳手"并单击 保存 按钮。

思考及练习

（1）如果不通过图层管理线型、颜色、线宽等，如何设置图形的特性？

（2）如果在倒圆角时设置成不修剪模式，则倒圆角后该如何操作？

（3）如果不采用线宽特性，要绘制 0.7mm 的轮廓线，应如何绘制？

（4）绘制如图 T3.19 所示的平面图形。

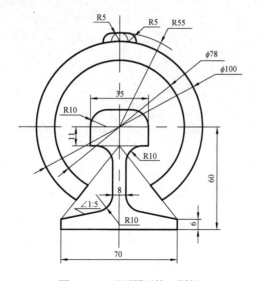

图 T3.19　平面图形练习图例

📌 提示

① 设置图形界限。

② 设置图层。

③ 设置对象捕捉方式为交点。

④ 打开正交模式。

⑤ 使用点画线绘制中心线。

⑥ 采用偏移命令复制 60、70、6、8、11、35 等尺寸表达的直线。斜度 1∶5 的直线的绘制方法：绘制相互垂直的两条直线，将首尾相连，该斜线的方向为 1∶5，通过平行线或复制等方式完成斜度 1∶5 的直线的绘制。

⑦ 修改偏移复制的直线为粗实线。

⑧ 在粗实线层绘制半径为 55、直径为 78 和 100 的圆。

⑨ 绘制 3 个半径为 5 的圆。

⑩ 倒圆角，半径为 10。

⑪ 在细实线层连接中心和底板角点的直线。

⑫ 修剪圆弧、直线到正确的大小。

⑬ 修改图线到正确的图层。

⑭ 打开线宽显示。

⑮ 保存。

实验 4 绘制平面图形——垫片

目的和要求

（1）熟悉 CIRCLE、LINE 等绘图命令。

（2）熟悉修剪（TRIM）、偏移（OFFSET）、旋转（ROTATE）、倒角（CHAMFER）、打断（BREAK）、复制（COPY）等编辑命令，以及通过"特性"工具栏修改图形特性。

（3）掌握夹点编辑方法。

（4）掌握平面图形中辅助线的画法。

（5）掌握平面图形的绘制方法和技巧。

（6）综合应用对象捕捉等辅助功能。

（7）掌握利用图层管理图形的方法。

上机准备

（1）复习 CIRCLE、LINE 等绘图命令的用法。

（2）复习修剪（TRIM）、偏移（OFFSET）、删除（ERASE）、旋转（ROTATE）、倒角（CHAMFER）、打断（BREAK）、复制（COPY）等编辑命令的用法。

（3）复习夹点编辑方法。

（4）复习图层的设置及线型 LINETYPE 和线宽等图形特性的设置和管理方法。

（5）复习对象捕捉的设置和使用方法。

上机操作

绘制如图 T4.1 所示的垫片。

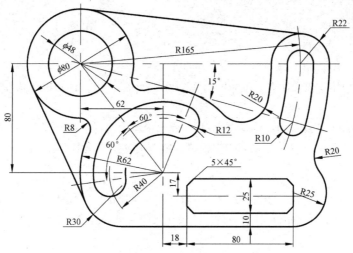

图 T4.1　垫片

分析

① 本例的环境设置应包括图纸界限、图层（包括线型、颜色、线宽）的设置。按照如图 T4.1 所示的图形大小，图纸界限设置成 A4 横放比较合适，即 297×210。图层至少应包括各种线型层（点画线层、粗实线层）。

② 本例图形尺寸比较复杂。顺利绘制的前提是对图形的正确分析。要注意绘制图形的先后顺序。基本的原则是先绘制已知线段，再绘制中间线段，最后连接线段。

③ 绘制该图形应充分利用编辑命令。尤其应使用 OFFSET（偏移）、ROTATE（旋转）命令来分别确定线性尺寸和角度尺寸的相对位置，也可以使用圆作为辅助线来确定位置。

④ 应首先绘制基准线，得到主要基准和辅助基准。绘制系列圆，通过 TRIM 命令和 FILLET 命令进行必要的编辑。圆弧连接可以通过 TTR 方式绘制圆，再剪成相切的圆弧。

1．创建一幅新图

进入 AutoCAD 2012 中文版并开始绘制一幅新图。

2．设置图形界限

首先根据图形的大小设置合适的图形界限。按照如图 T4.1 所示的图形大小，将图形界限设置成 A4（297×210）。

命令：**limits**↵　　　　　　　　　　　　　　　　　下达图形界限设置命令

重新设置模型空间界限：

指定左下角点或 [开(ON)/关(OFF)] <0.0000，0.0000>：↵　　　　接受默认值

指定右上角点 <420.0000，297.0000>：**297,210**↵　　　　设置成 A4 大小

单击"导航栏→全部缩放"按钮　　　　　　　　　　　　绘图区右侧导航栏

命令：'_zoom　　　　　　　　　　　　　　　　　　　显示图形界限

指定窗口的角点，输入比例因子 (nX 或 nXP)，或者

[全部(A)/中心(C)/动态(D)/范围(E)/上一个(P)/比例(S)/窗口(W)/对象(O)] <实时>：_all

正在重生成模型

3．对象捕捉设置

绘制图形，应使用交点和切点对象捕捉模式。如果要标注尺寸，还应设置端点捕捉模式（尺寸暂不标注）。

右击状态栏的 对象捕捉 按钮，选择"设置"，弹出"草图设置"对话框，在"对象捕捉"选项卡中选择"交点"和"切点"，并启用对象捕捉模式。单击 确定 按钮退出"草图设置"对话框。

4．图层设置

根据如图 T4.1 所示的图形，按照图 T4.2 设置图层，其中的尺寸线层目前不是必需的，在标注尺寸时再设置。Defpoints 层无须设置，该层是标注尺寸或插入块时自动产生的。

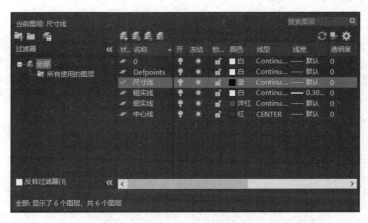

图 T4.2 设置图层

5. 绘制中心线

绘制中心线作为基准线。

1）设置当前图层为中心线层

命令: **-layer**↵	通过命令行设置当前图层
当前图层: 粗实线	
输入选项	
[?/生成(M)/设定(S)/新建(N)/开(ON)/关(OFF)/颜色(C)/线型(L)/线宽(LW)/材	
质(MAT)/打印(P)/冻结(F)/解冻(T)/锁定(LO)/解锁(U)/状态(A)]: **s**↵	
输入要置为当前的图层名或 <选择对象>: 中心线↵	
输入选项	
[?/生成(M)/设定(S)/新建(N)/开(ON)/关(OFF)/颜色(C)/线型(L)/线宽(LW)/材	
质(MAT)/打印(P)/冻结(F)/解冻(T)/锁定(LO)/解锁(U)/状态(A)]: ↵	按【Enter】键退出图层设置

2）绘制中心线

单击功能区"默认→绘图→直线"按钮	下达直线命令
命令: **_line**	
指定第 1 点: 单击 **A** 点	在屏幕偏左上的位置单击
指定下一点或 [放弃(U)]: 单击 **B** 点	
指定下一点或 [放弃(U)]: ↵	结束直线命令

绘制直线 *CD*。

6. 偏移复制中心线

右侧的垂直中心线和下方的水平中心线与左侧和上方的中心线的距离分别为62、80。采用偏移命令进行复制。

单击功能区"默认→修改→偏移"按钮	下达偏移命令
命令: **_offset**	
当前设置: 删除源=否　图层=源　OFFSETGAPTYPE=0	
指定偏移距离或 [通过(T)/删除(E)/图层(L)] <15.0000>: **62**↵	
选择要偏移的对象, 或 [退出(E)/放弃(U)] <退出>: 单击中心线 **CD**	
指定要偏移的那一侧上的点, 或 [退出(E)/多个(M)/放弃(U)] <退出>: 在 **CD** 的右侧任意点单击	
选择要偏移的对象, 或 [退出(E)/放弃(U)] <退出>: ↵	结束偏移命令

以距离为80向下偏移复制另一条中心线 *EF*，结果如图 T4.3 所示。

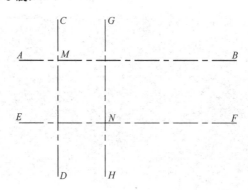

图 T4.3　绘制、偏移复制中心线

7. 绘制直径为 48、80 和半径为 62 的圆

绘制直径为 48、80 和半径为 62 的圆的步骤如下。

1）将当前图层改为粗实线层

执行 LAYER 命令，弹出图层特性管理器，选中"粗实线"并单击 当前 按钮，单击 确定 按钮。

2）绘制直径为 48、80 和半径为 62 的圆

单击功能区"默认→绘图→圆"按钮　　　　　　　　　　　　　　　　下达画圆命令
命令：_circle
指定圆的圆心或 [三点(3P)/两点(2P)/切点、切点、半径(T)]：单击 *M* 点
指定圆的半径或 [直径(D)]：24↵

同样以 *M* 点为圆心、40 为半径绘制一个圆，以 *N* 点为圆心、62 为半径绘制一个圆。结果如图 T4.4 所示。

8. 倒半径为 8 的圆角

单击功能区"默认→修改→圆角"按钮　　　　　　　　　　　　　　下达圆角命令
命令：_fillet
当前模式：模式 = 修剪，半径 = 30.0000　　　　　　　　　　　提示当前模式及半径
选择第一个对象或 [放弃(U)/多段线(P)/半径(R)/修剪(T)/多个(M)]：r↵　　　修改半径大小
指定圆角半径 <30.0000>：8↵
选择第一个对象或 [放弃(U)/多段线(P)/半径(R)/修剪(T)/多个(M)]：单击直径为 80 的圆
选择第二个对象，或按住【Shift】键选择要应用角点的对象：单击半径为 62 的圆

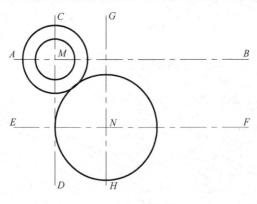

图 T4.4　绘制圆

用同样的方法对另一侧倒圆角。

9. 修剪圆

单击功能区"默认→修改→修剪"按钮	下达修剪命令
命令：_trim	
当前设置：投影=无 边=延伸	提示当前设置
选择剪切边…	
选择对象或 <全部选择>：单击半径为 **8** 的圆角，找到 1 个	
选择对象：单击半径为 **8** 的另一个圆角，找到 1 个，总计 2 个	
选择对象：↵	结束选择
选择要修剪的对象，或按住【Shift】键选择要延伸的对象，或	
[栏选(F)/窗交(C)/投影(P)/边(E)/删除(R)/放弃(U)]：单击两个圆角中间半径为 **62** 的圆弧段	
选择要修剪的对象，或按住【Shift】键选择要延伸的对象，或[栏选(F)/窗交(C)/	
投影(P)/边(E)/删除(R)/放弃(U)]：单击两个圆角中间直径为 **80** 的圆弧段	
选择要修剪的对象，或按住【Shift】键选择要延伸的对象，或	
[栏选(F)/窗交(C)/投影(P)/边(E)/删除(R)/放弃(U)]：↵	结束修剪操作

结果如图 T4.5 所示。

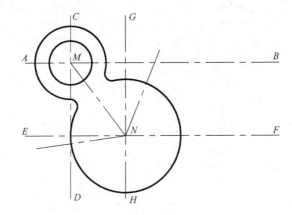

图 T4.5　倒圆角并复制 60° 中心线

10. 绘制两个圆弧中心线连线

采用直线命令及交点捕捉模式绘制直线 *MN*，并单击直线 *MN*，此时在 *MN* 上出现夹点。单击"特性"工具栏上的图层列表框，选择"中心线"，并在绘图区任意位置单击。连续按两次【Esc】键，退出夹点模式。

11. 复制并旋转中心线到 60° 位置

图 T4.1 中有标注了 60° 的两条斜线，采用复制中心线 *MN* 然后旋转的方式绘制它们。

1）复制中心线 *MN*

单击功能区"默认→修改→复制"按钮	下达复制命令
命令：_copy	
选择对象：单击直线 *MN*，找到 1 个	
选择对象：↵	
当前设置：复制模式 = 多个	
指定基点或 [位移(D)/模式(O)] <位移>：单击 *M* 点	应采用对象捕捉方式单击 *M* 点
指定第二个点或 [阵列(A)]<使用第一个点作为位移>：单击 *M* 点	应采用对象捕捉方式单击 *M* 点
指定第二个点或 [阵列(A)/退出(E)/放弃(U)] <退出>：	

以同样的方法再在原位置复制一条中心线，即在 *MN* 上重叠 3 条同样的直线。随后的操作中会将其中的 2 条中心线分别旋转 60° 和-60°，原位置保留 1 条。

2）旋转中心线

单击功能区"默认→修改→旋转"按钮	下达旋转命令
命令: _rotate	
UCS 当前的正角方向： ANGDIR=逆时针 ANGBASE=0	
选择对象: 单击直线 MN 找到 1 个	
选择对象: ↵	结束对象选择
指定基点: 单击 N 点	
指定旋转角度或 [复制(C)/参照(R)]: 60↵	

再以−60° 旋转 MN，结果如图 T4.5 所示。

12. 绘制半径为 40、12 及与之相切的圆

绘制半径为 40、12 及与之相切的圆，步骤如下。

① 采用画圆命令，以 N 点为圆心，绘制半径为 40 的圆，并将该圆改到中心线层上，如图 T4.6 所示。

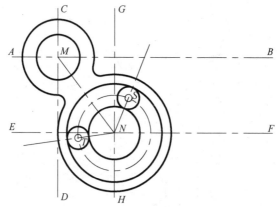

图 T4.6 绘制圆

② 以 S 点和 T 点为圆心，以 12 为半径，绘制两个圆。

③ 以 N 点为圆心，以半径为 12 的圆和直线 NS 的交点到 N 点的距离为半径，绘制两个圆。结果如图 T4.6 所示。

13. 修剪圆到正确的大小

以 NT 和 NS 为剪切边，修剪圆，如图 T4.7 所示。

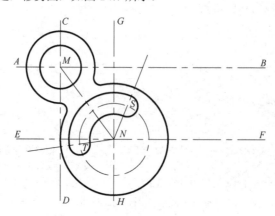

图 T4.7 修剪圆

14. 偏移复制下方水平线及尺寸 17、25、18、80、10 确定的直线

采用偏移命令，偏移距离分别为 17、12.5、10、18、80，复制水平中心线 *EF*，确定图 T4.1 中的相关直线。

15. 修改偏移复制的直线到正确的图层

通过"特性"面板，将部分偏移复制的直线改到粗实线层，如图 T4.8 所示。

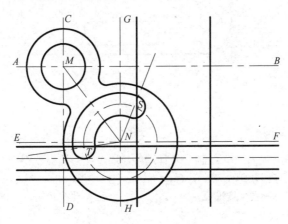

图 T4.8 偏移复制直线

16. 倒角 5×45°

单击功能区"默认→修改→倒角"按钮	下达倒角命令
命令：_chamfer	
("修剪"模式) 当前倒角距离 1 = 10.0000，距离 2 = 10.0000	提示倒角模式
选择第一条直线或 [放弃(U)/多段线(P)/距离(D)/角度(A)/修剪(T)/方式(E)/	
多个(M)]：**d↵**	
指定第一个倒角距离 <10.0000>：**5↵**	按【Enter】键设定成 45°
指定第二个倒角距离 <5.0000>：↵	重新下达倒角命令
命令：_chamfer	
("修剪"模式) 当前倒角距离 1 = 5.0000，距离 2 = 5.0000	
选择第一条直线或 [放弃(U)/多段线(P)/距离(D)/角度(A)/修剪(T)/方式(E)/	
多个(M)]：单击需要倒角的直线之一	
选择第二条直线，或按住【Shift】键选择要应用角点的直线：单击相邻的另一条直线	

重复倒角命令，倒出 4 个角。结果如图 T4.9 所示。

17. 倒半径为 30 的圆角

单击功能区"默认→修改→圆角"按钮	下达圆角命令
命令：_fillet	
前设置：模式 = 修剪，半径 = 32.0000	提示当前模式及半径
选择第一个对象或 [放弃(U)/多段线(P)/半径(R)/修剪(T)/多个(M)]：**r↵**	修改半径大小
指定圆角半径 <30.0000>：**30↵**	
选择第一个对象或 [放弃(U)/多段线(P)/半径(R)/修剪(T)/多个(M)]：单击半径为 62 的圆	
	应该单击水平线上方圆上一点
选择第二个对象，或按住【Shift】键选择要应用角点的对象：单击最下方的水平线	

结果如图 T4.9 所示。

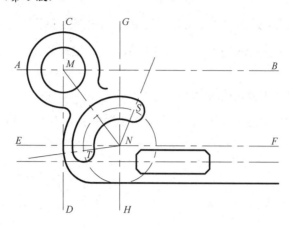

图 T4.9　倒角

18. 绘制半径为 25 的圆

采用偏移命令，距离设定为 25，绘制一条辅助线，通过交点捕捉获得圆心，绘制该圆，还可以通过"捕捉自"的捕捉方式直接获得圆心，过程如下。

单击功能区"默认→绘图→圆"按钮　　　　　　　　　　下达画圆命令
命令：_circle
指定圆的圆心或 [三点(3P)/两点(2P)/切点、切点、半径(T)]：在绘图区按住【Shift】键右击，选择 🔲
　　　　　　　　　　　　　　　　　　　采用"捕捉自"模式直接获取圆心位置
_from 单击如图 T4.10 所示的 *P* 点，随即将光标上移到 *Q* 点，出现　　控制偏移方向
"交点"提示
基点：<偏移>：2.5↵
指定圆的半径或 [直径(D)] <25.0000>：25↵

结果如图 T4.10 所示。

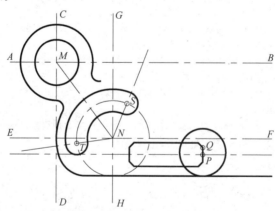

图 T4.10　绘制半径为 25 的圆

19. 复制并旋转上方水平中心线-15°

复制并旋转上方水平中心线-15°的步骤如下。

① 采用复制命令，将直线 *AB* 在原位置复制。

② 采用旋转命令，将直线 *AB*（只能采用单击直线 *AB* 的选择方法）绕 *M* 点旋转-15°，产生直线 *MU*。

20. 绘制半径为 165 的圆

绘制半径为 165 的圆的步骤如下。

① 以 *M* 点为圆心、165 为半径绘制圆。

② 将该圆改到中心线层上。

21. 绘制半径为 22、10 的圆

以半径为 165 的圆和 *AB* 的交点为圆心，分别绘制半径为 22 和 10 的圆各一个。再以直线 *MU* 和半径为 165 的圆的交点为圆心，绘制半径为 10 的圆。结果如图 T4.11 所示。

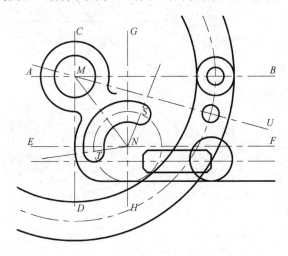

图 T4.11　绘制其他圆及–15°的中心线

22. 倒半径为 20 的圆角

单击功能区"默认→修改→圆角"按钮	下达圆角命令
命令：_fillet	
当前模式：模式 = 修剪，半径 = 30.0000	提示当前模式及半径
选择第一个对象或 [放弃(U)/多段线(P)/半径(R)/修剪(T)/多个(M)]：**r↵**	修改半径大小
指定圆角半径 <30.0000>：**20↵**	
选择第一个对象或 [放弃(U)/多段线(P)/半径(R)/修剪(T)/多个(M)]：**单击 W 点**	
选择第二个对象，或按住【Shift】键选择要应用角点的对象：**单击 X 点**	
选择第一个对象或 [放弃(U)/多段线(P)/半径(R)/修剪(T)/多个(M)]：**单击 Y 点**	
选择第二个对象，或按住【Shift】键选择要应用角点的对象：**单击 Z 点**	

结果如图 T4.12 所示。

23. 修剪圆成为正确大小的圆弧

修剪圆成为正确大小的圆弧的步骤如下。

① 以左侧半径为 20 的圆角和半径为 22 的圆为边界，剪去半径为 143（165–22）的圆的外侧部分。

② 以右侧半径为 20 的圆角和半径为 22 的圆为边界，剪去半径为 187（165+22）的圆的外侧部分。

③ 以右侧半径为 20 的圆角和下方水平线为边界，剪去半径为 25 的圆的左侧部分。

④ 以半径为 25 的圆弧为边界，剪去下方水平线右侧的超出部分。

⑤ 采用打断命令，打断半径为 165 的圆，保留需要的部分。

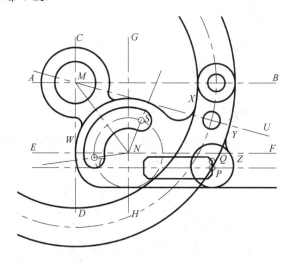

图 T4.12　倒半径为 20 的圆角

单击功能区"默认→修改→打断"按钮	下达打断命令
命令：_break	
选择对象：单击 *I* 点	单击 *I*、*J* 点的顺序不可颠倒
指定第二个打断点 或 [第 1 点(F)]：单击 *J* 点	

结果如图 T4.13 所示。

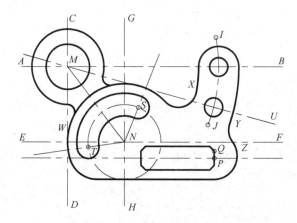

图 T4.13　修改圆成为正确大小的圆弧

24. 绘制切线

采用直线命令通过递延切点的对象捕捉模式绘制两条切线。

25. 修改中心线到合适的长度

采用夹点编辑方式，将中心线修改到合适的长度。如果不希望对象捕捉方式影响夹点编辑，可在状态栏单击对象捕捉按钮，关闭对象捕捉。如果要保持直线的水平或垂直，可打开正交模式，并注意光标移动位置。

26. 保存文件

单击快速访问工具栏中的保存按钮，在弹出的"图形另存为"对话框中，"文件名"输入"练习 4-垫片"，并单击保存按钮。

思考及练习

（1）思考绘制 60° 和 15° 斜线的其他方法。

（2）将倒角 5×45° 的矩形改成圆角，半径为 6，并将如图 T4.1 所示的图形左右颠倒，重新绘制该图。

（3）绘制如图 T4.14 和图 T4.15 所示的平面图形。

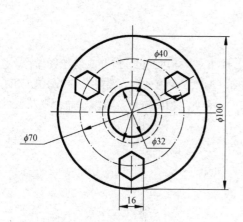

图 T4.14　平面图形练习图例 1

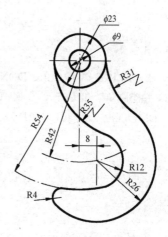

图 T4.15　平面图形练习图例 2

实验 5 绘制平面图形——太极图

目的和要求

（1）熟悉 LINE、CIRCLE、DONUT、ELLIPSE、DTEXT、SPLINE、PLINE 等绘图命令。

（2）熟悉圆角（FILLET）、复制（COPY）、环形阵列（ARRAYPOLAR）、路径阵列（ARRAYPATH）、修改（DDMODIFY）、修剪（TRIM）、偏移（OFFSET）、镜像（MIRROR）等编辑命令以及夹点编辑方法。

（3）掌握平面图形的绘制方法和技巧。

（4）综合应用对象捕捉、极轴追踪等辅助功能。

上机准备

（1）复习图层的有关知识。

（2）复习对象捕捉的设置和使用方法。

（3）复习 CIRCLE、LINE、DTEXT、DONUT、SPLINE 和 ELLIPSE 等绘图命令的使用方法。

（4）复习圆角（FILLET）、复制（COPY）、环形阵列（ARRAYPOLAR）、路径阵列（ARRAYPATH）、修改（DDMODIFY）、修剪（TRIM）、偏移（OFFSET）、镜像等编辑命令以及夹点编辑方法。

上机操作

绘制图 T5.1 所示的太极图。

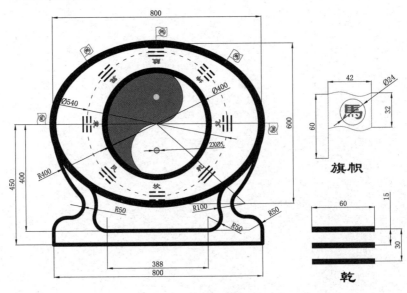

图 T5.1　太极图

分析

（1）环境设置主要包括图层（线型、颜色、线宽等）的设置。按照图 T5.1 所示的图形，图层至少有点画线层、粗实线层和尺寸标注层（本例不标注尺寸，可以先不设），包含几种特殊的图形（底座、太极、八卦、旗帜等）。文字部分只用一种字体——隶书，只需要设置一种文字样式。

（2）本例图形比较规范，按照区域来划分，分别进行绘制。首先在确定椭圆的长短轴及中心后绘制椭圆，再绘制中间的圆。然后通过水平中心线的偏移，找到太极图的两个中心，绘制两个圆，其中心分别用 DONUT 命令绘制两个直径为 5 的填充实心圆。

（3）对于外侧的八卦符号和汉字，首先在坎的位置绘制一个乾的图案，注写一个汉字（如坎），然后通过环形阵列的方式，得到其他 7 个符号和汉字。将中心线偏移，镜像得到两条相距 10 的平行线，将这两条平行线环形阵列，作为剪切边修剪符号。同时将阵列的文字修改为正确的八卦文字。

（4）采用 SPLINE 命令绘制一个旗帜的图案，中间绘制一个圆，并写上汉字"馬"，将该图案制作成一个块，保存在图形中。

（5）在椭圆的右侧插入该块，并沿路径阵列出 5 个。注意，阵列前需要将椭圆修剪成上面一半，镜像得到下面一半。阵列路径选择上面的半个椭圆。

（6）绘制椭圆下方的底座。按照尺寸，利用偏移、直线、圆、修剪、圆角、镜像等编辑命令绘制。

1. 图层设置

设置图层便于图形管理。一般可以根据图形中存在的图线种类和准备放置的对象来设置图层。该图形包含了尺寸、太极、八卦符、八卦字、旗帜、底座，以及阵列八卦符号和文字需要参考的双点画线圆，按照这样的分类，为它们分别设置图层。

执行图层命令，弹出图层特性管理器，设置成图 T5.2 所示结果。

0 层无须设置，其中设定座层宽度为 0.3mm。Defpoints 层是定义点层，标注尺寸时自动产生，无须设置。

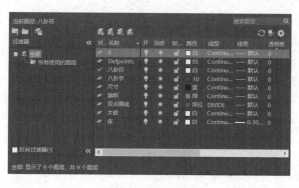

图 T5.2　图层设置

2. 辅助功能设置

辅助功能设置中主要设置和绘制本例图形密切相关的对象捕捉模式。根据绘制的图形中线条、图案的相关性，预设置"端点""中点""节点"和"圆心"的对象捕捉模式，并启用对象捕捉，绘图时便可以随时捕捉大部分符合要求的点。

在状态栏对象捕捉按钮上右击并选择"设置"，弹出"草图设置"对话框，设定成图 T5.3 所示的结果。

3. 绘制椭圆

按照图 T5.1 中标注的尺寸，绘制椭圆。

1）绘制长轴和短轴

设定当前图层为"0"，打开正交模式。

单击"默认→绘图→直线"	下达直线绘制命令
命令: _line	
指定第一点: 在屏幕中间偏左的位置单击	
指定下一点或 [放弃(U)]: 将光标向右移动，保证图线水平 800↵	绘制长度为 800 的水平线
指定下一点或 [放弃(U)]:↵	结束水平线的绘制
↵	
命令: _line	
指定第一点:在刚绘制的水平线中间出现"中点"提示时单击	
指定下一点或 [放弃(U)]: 将光标向上移动，保证图线垂直 300↵	绘制 300 的垂直线
指定下一点或 [放弃(U)]:↵	
↵	
命令: _line	
指定第一点:在刚绘制的水平线中间出现"中点""交点"或"端点"提示时单击	
指定下一点或 [放弃(U)]: 将光标向下移动，保证图线垂直 300↵	绘制 300 的垂直线
指定下一点或 [放弃(U)]:↵	

2）绘制椭圆

切换到座层。

单击"默认→绘图→椭圆（圆心）"
命令: _ellipse
指定椭圆的轴端点或 [圆弧(A)/中心点(C)]: _c
指定椭圆的中心点: 拾取刚绘制的长短轴的交点
指定轴的端点: 拾取长轴的一个端点
指定另一条半轴长度或 [旋转(R)]: 拾取短轴最外侧的一个端点

结果如图 T5.4 所示。

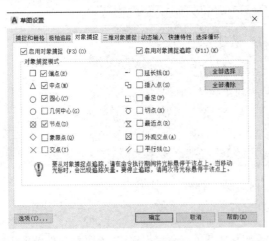

图 T5.3　对象捕捉设置　　　　　　　图 T5.4　绘制椭圆

4. 绘制太极图

1）绘制圆

单击"默认→绘图→圆（圆心、半径）"
命令: _circle

指定圆的圆心或 [三点(3P)/两点(2P)/切点、切点、半径(T)]: **拾取长短轴的交点**
指定圆的半径或 [直径(D)] <400.0000>: **200↵**

2）偏移复制鱼眼所在位置水平线

单击"默认→修改→偏移"
命令: _offset
当前设置: 删除源=否　图层=源　OFFSETGAPTYPE=0
指定偏移距离或 [通过(T)/删除(E)/图层(L)] <通过>: **100↵**
选择要偏移的对象，或 [退出(E)/放弃(U)] <退出>: **拾取水平中心线**
指定要偏移的那一侧上的点，或 [退出(E)/多个(M)/放弃(U)] <退出>: **在水平线上方单击**
选择要偏移的对象，或 [退出(E)/放弃(U)] <退出>: **拾取水平中心线**
指定要偏移的那一侧上的点，或 [退出(E)/多个(M)/放弃(U)] <退出>: **在水平线下方单击**
选择要偏移的对象，或 [退出(E)/放弃(U)] <退出>: **↵**

结果如图 T5.5 所示。

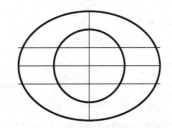

图 T5.5　绘制圆及偏移复制水平线

3）绘制两相切的圆

单击"默认→绘图→圆（圆心、半径）"
命令: _circle
指定圆的圆心或 [三点(3P)/两点(2P)/切点、切点、半径(T)]: **拾取短轴和偏移复制的水平线的交点**
指定圆的半径或 [直径(D)] <400.0000>: **100↵**

重复上述操作，在另一侧的交点处绘制一个同样大的圆。

4）修剪出太极阴阳鱼轮廓

单击"默认→修改→修剪"
命令: _trim
当前设置: 投影=UCS，边=无
选择剪切边...
选择对象或 <全部选择>: **拾取一条短轴直线 找到 1 个**
选择对象: **拾取另一条短轴直线 找到 1 个，总计 2 个**
选择对象: **↵**
选择要修剪的对象，或按住【Shift】键选择要延伸的对象，或
[栏选(F)/窗交(C)/投影(P)/边(E)/删除(R)/放弃(U)]: **拾取上面的小圆的左侧部分**
选择要修剪的对象，或按住【Shift】键选择要延伸的对象，或
[栏选(F)/窗交(C)/投影(P)/边(E)/删除(R)/放弃(U)]: **拾取下面的小圆的右侧部分**
选择要修剪的对象，或按住【Shift】键选择要延伸的对象，或
[栏选(F)/窗交(C)/投影(P)/边(E)/删除(R)/放弃(U)]: **↵**

结果如图 T5.6 所示。

5）绘制阴阳鱼眼睛

采用 DONUT 命令绘制阴阳鱼的眼睛，直径为 15。

命令: _donut**↵**
指定圆环的内径 <0.0000>: **↵**　　　　　　　　　　内径为 0，实心圆
指定圆环的外径 <5.0000>: **15↵**　　　　　　　　外径为 15，确定大小

> 指定圆环的中心点或 <退出>: 单击上面半圆的圆心
> 指定圆环的中心点或 <退出>: 单击下面半圆的圆心
> 指定圆环的中心点或 <退出>: *取消* 按【Esc】键取消 DONUT 命令

将下面一个实心圆改为蓝色，结果如图 T5.7 所示。

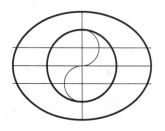 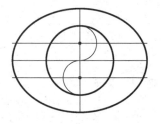

图 T5.6　绘制阴阳鱼轮廓　　　　　　　　　图 T5.7　绘制阴阳鱼眼睛

6）删除长短轴和偏移复制的两根水平线

选中长短轴和上下两条水平线，按【Delete】键删除。

7）填充阴阳鱼颜色

采用剖面线命令填充实体颜色。上半部分填充蓝色，下半部分填充黑色。执行剖面线绘制命令 BHATCH 后，弹出如图 T5.8 所示的"图案填充创建"选项板。

图 T5.8　"图案填充创建"选项板

选择图案类型为"SOLID"，颜色选择蓝色。单击最左边"边界"中的 拾取点 按钮，在图形中需要填充的上半部分鱼形中间单击，按空格键结束，再按一次空格键，重复填充命令，颜色选黑色，在下面的鱼形中间单击，按空格键结束，结果如图 T5.9 所示。

5. 绘制乾形图案和注写文字

1）绘制辅助圆

在双点画线层采用圆命令，以太极图中心为圆心，绘制直径为 540 的圆。

2）绘制乾形图案

采用直线命令，以辅助圆最下方的象限点为中心，参照图 T5.1 中的尺寸，在八卦符层采用多段线命令绘制一条水平线，线宽为 5，长度为 30，如图 T5.10 所示。

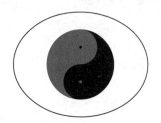 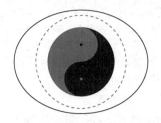

图 T5.9　填充颜色　　　　　　　　　　　图 T5.10　绘制多段线

单击"默认→绘图→多段线"
命令:_pline

指定起点: 按住【Shift】键右击，选择象限点_qua 于拾取辅助圆最下方的象限点

当前线宽为 5.0000

指定下一个点或 [圆弧(A)/半宽(H)/长度(L)/放弃(U)/宽度(W)]: w↙   设置线宽

指定起点宽度 <5.0000>: 5↙

指定端点宽度 <5.0000>: 5↙

指定下一个点或 [圆弧(A)/半宽(H)/长度(L)/放弃(U)/宽度(W)]: 向右移动光标 30↙   绘制长度为 30

指定下一点或 [圆弧(A)/闭合(C)/半宽(H)/长度(L)/放弃(U)/宽度(W)]: ↙

选中刚绘制的多段线，拖动最左侧夹点，向左移动，输入 30，回车。结果将多段线长度改为 60。

偏移复制该多段线，得到乾形符号。

单击"默认→修改→偏移"

命令: _offset

当前设置: 删除源=否   图层=源   OFFSETGAPTYPE=0

指定偏移距离或 [通过(T)/删除(E)/图层(L)] <100.0000>: 15↙

选择要偏移的对象，或 [退出(E)/放弃(U)] <退出>: 选择刚绘制的多段线

指定要偏移的那一侧上的点，或 [退出(E)/多个(M)/放弃(U)] <退出>: 在多段线上方单击

选择要偏移的对象，或 [退出(E)/放弃(U)] <退出>: 选择刚绘制的多段线

指定要偏移的那一侧上的点，或 [退出(E)/多个(M)/放弃(U)] <退出>: 在多段线下方单击

选择要偏移的对象，或 [退出(E)/放弃(U)] <退出>: 按【Esc】键 *取消*

结果如图 T5.11 所示。

3）注写文字

在太极圆最下方的象限点和刚偏移复制的最上方的水平线间绘制一条垂直的辅助线。

单击"默认→注释→单行文字"

命令: _text

当前文字样式: "Standard"   文字高度: 44.8766 注释性: 否 对正: 正中

指定文字的中间点 或 [对正(J)/样式(S)]: j↙

输入选项 [左(L)/居中(C)/右(R)/对齐(A)/中间(M)/布满(F)/左上(TL)/中上(TC)/右上(TR)/正中(MC)/

右中(MR)/左下(BL)/中下(BC)/右下(BR)]: mc↙   采用正中的对正方式

指定文字的中间点: 采用中点捕捉模式 _mid 于   拾取刚绘制的垂直线的中点

指定高度 <44.8766>: 25↙

指定文字的旋转角度 <0>: ↙

输入文字乾 ↙

↙

结果如图 T5.12 所示。

图 T5.11 复制三条多段线

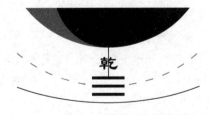

图 T5.12 注写文字

6. 阵列编辑八卦符及文字

1）拉伸垂直辅助线

选择刚绘制的垂直辅助线，使其长度覆盖下方的三条多段线。

2）偏移复制垂直辅助线

采用偏移命令，将该辅助线分别向左、右（相距为 5）复制两根，

结果如图 T5.13 所示。

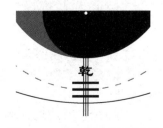

图 T5.13 偏移复制垂直辅助线

3）阵列八卦符、文字及辅助线

以太极图中心为旋转中心，采用环形阵列，将乾形符号、文字和辅助线复制8个。

> 单击"默认→修改→环形阵列"
> 命令: _arraypolar
> 选择对象: 采用窗口方式，选择需要阵列的三条多段线、三条垂直辅助线和乾字
> 指定对角点: 找到 7 个
> 选择对象: ↙
> 类型 = 极轴　关联 = 是
> 指定阵列的中心点或 [基点(B)/旋转轴(A)]: 拾取太极图的中心点
> **在图 T5.14 所示的选项卡中，设置项目数为 8，取消关联**
> 选择夹点以编辑阵列或 [关联(AS)/基点(B)/项目(I)/项目间角度(A)/填充角度(F)/行(ROW)/层(L)/旋转项目(ROT)/退出(X)] <退出>:↙

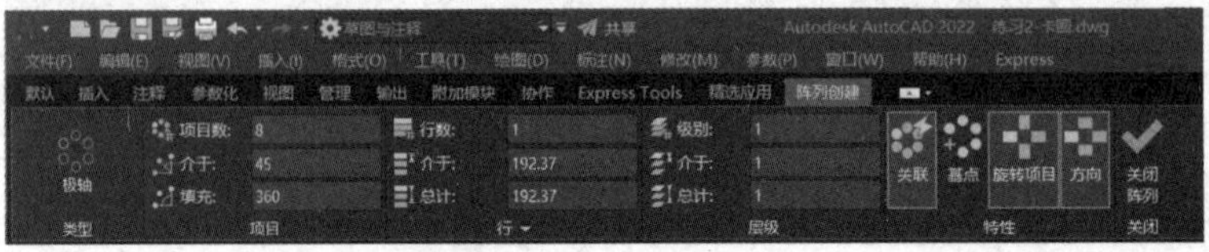

图 T5.14　设置环形阵列参数

结果如图 T5.15 所示。

4）修剪编辑八卦符

采用修剪命令，按照图 T5.16，将八卦符号编辑正确。

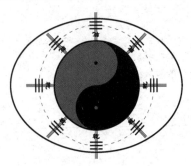

图 T5.15　阵列八卦符、文字及辅助线

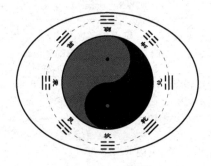

图 T5.16　编辑八卦符和文字

5）修改文字

双击文字，按照图 T5.16，将文字修改正确。分别是乾（qian）、坎（kan）、艮（gen）、震（zhen）、巽（xun）、離（li）、坤（kun）、兑（dui）。

6）删除辅助线

拾取阵列的三条辅助线，按【Delete】键删除。

结果如图 T5.16 所示。

7.　绘制并阵列旗帜

1）绘制一个旗帜图形

在旗帜层，首先绘制一条长度为 60 的垂直线，将该线偏移 42，并将偏移后的直线用夹点拖动的方法修改长度到 32。

采用拟合样条曲线命令绘制一条曲线，并将该线复制到另一端，如图 T5.17 所示。

再在旗帜图形中间绘制一个直径为 24 的圆，采用单行文字命令，在中间写一个"馬"字，字高为 16，如图 T5.18 所示。

图 T5.17　绘制旗帜图形　　　　　图 T5.18　画圆及写字

2）将该图形制作成块

单击"默认→块→创建"，弹出图 T5.19 所示的"块定义"对话框，输入名称"马"，设置旗杆最下端为基点，选择旗帜为对象，完成块定义。

3）插入块

单击"默认→块→插入"的下箭头，弹出可用块名称及示意图，选择刚创建的块（"马"）。

命令：_-insert 输入块名或 [?]: 马
单位：毫米　转换：　1.0000
指定插入点或 [基点(B)/比例(S)/X/Y/Z/旋转(R)]: _Scale 指定 XYZ 轴的比例因子 <1>:1↵
指定插入点或 [基点(B)/比例(S)/X/Y/Z/旋转(R)]: r↵
指定旋转角度 <0>: -90↵　　　　　　　　　　　　　　　　顺时针旋转90°
指定插入点或 [基点(B)/比例(S)/X/Y/Z/旋转(R)]: 选择象限点的捕捉方式 _qua 于 拾取八卦图椭圆的最右侧象限点

结果如图 T5.20 所示。

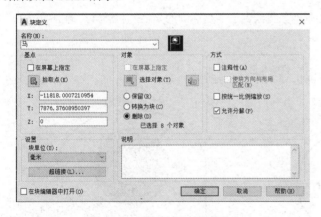

图 T5.19　"块定义"对话框　　　　　　图 T5.20　插入块

4）路径阵列

首先通过修剪命令将椭圆的下半部分剪掉。

单击"默认→修改→路径阵列"
命令：_arraypath
选择对象: 选择插入的块 找到 1 个
选择对象:↵
类型 = 路径　关联 = 否
选择路径曲线: 拾取半个椭圆
选择夹点以编辑阵列或 [关联(AS)/方法(M)/基点(B)/切向(T)/项目(I)/行(R)/层(L)/对齐项目(A)/z 方向(Z)/退出(X)] <退出>:

在图 T5.21 所示的选项卡中设置为定数等分，并将数量改为 5，设置对齐项目。按【Enter】键完成阵列，结果如图 T5.22 所示。

图 T5.21　路径阵列设置

镜像椭圆弧，得到下半个椭圆弧，如图 T5.23 所示。

图 T5.22　阵列结果

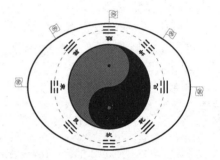

图 T5.23　镜像椭圆弧

8. 绘制底座

1）绘制辅助线

采用直线命令，参照图 T5.24，绘制两条直线。一条是椭圆的长轴，另一条是椭圆的短轴，向下延伸较长即可。

2）偏移复制直线

参照图 T5.25，分别以 450、400、400、50 偏移复制直线。

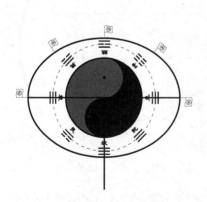

图 T5.24　绘制两条辅助线

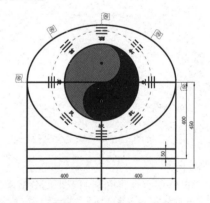

图 T5.25　偏移复制直线

3）绘制半径为 400 的圆

采用圆命令，以太极中心为圆心，绘制一半径为 400 的圆，如图 T5.26 所示。

4）倒圆角

参照图 T5.27，在图示位置以半径为 50 倒圆角。

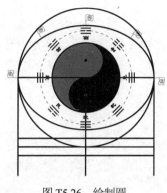

图 T5.26   绘制圆   图 T5.27   倒圆角

5）镜像右侧倒圆角图线

采用镜像命令，将刚倒的圆角和中间相切的线镜像到左侧。

6）偏移圆角

以距离 50 将圆角往外侧偏移，如图 T5.28 所示。

7）倒圆角

在偏移辅助的圆弧和水平线间倒半径为 50 的圆角，如图 T5.29 所示。

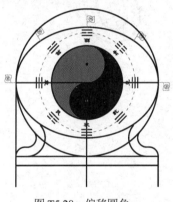

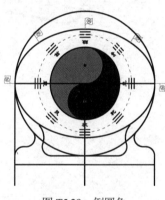

图 T5.28   偏移圆角   图 T5.29   倒圆角

8）将多余线条修剪

参照图 T5.30，将多余的线条修剪掉，并删除辅助线。

9）绘制切线

如图 T5.31 所示，在圆弧和椭圆之间绘制切线。

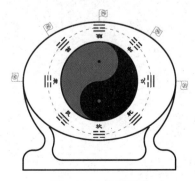

图 T5.30   修剪图形   图 T5.31   绘制两切线

9. 保存文件

单击"文件→另存为"，在弹出的"图形另存为"对话框的"文件名"文本框中输入"练习 5-太极图"，保存该文件。

思考及练习

（1）采用倒圆或倒角命令如何实现修剪的功能？

（2）是否可以采用"捕捉自"的对象捕捉方式来替代绘图过程中的一些辅助线？

（3）试采用徒手线的方式绘制旗帜上的样条曲线，要求连成一条多段线并样条化。

（4）绘制图 T5.32 所示平面图形。

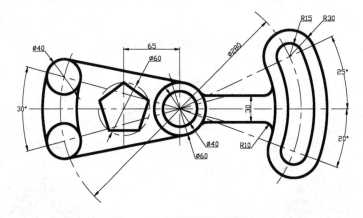

图 T5.32　平面图形练习图例

实验 6 绘制组合体三视图

目的和要求

（1）熟悉三视图的绘制方法和技巧。

（2）熟悉相关图形的位置布置及辅助线的使用方法。

（3）进一步练习部分绘图、编辑命令及对象捕捉等绘图辅助功能。

（4）绘制三视图必须保证"三等"关系，即：主、俯视图长对正，主、左视图高平齐，左、俯视图宽相等。在长度和高度上比较容易保证，在宽度上，通过作辅助线或画辅助圆的方式来保证。

上机准备

（1）预习图 T6.1，思考绘制方法。

（2）复习 XLINE、CIRCLE、ARC、LINE 等绘图命令的使用方法。

（3）复习修剪（TRIM）、删除（ERASE）、复制（COPY）、打断（BREAK）和偏移（OFFSET）等编辑命令的使用方法。

（4）复习 LAYER、LIMITS 等命令的功能及操作方法。

（5）复习对象捕捉方式的设定和使用方法。

上机操作

绘制如图 T6.1 所示的组合体三视图。

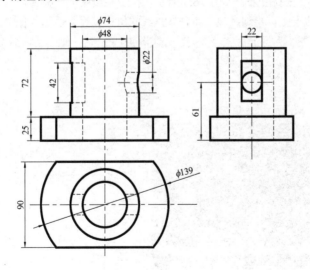

图 T6.1 组合体三视图

分析

① 环境设置应包括图纸界限、图层（线型、颜色、线宽）的设置。按照如图 T6.1 所示的图形大小，将图纸界限设置成 A4 横放比较合适，即 297×210。图层至少应包括点画线层、粗实线层、虚线层和尺寸标注层（本例不标注尺寸，可以先不设）。

② 正确绘制本例图形的关键在于充分利用辅助线或辅助圆保证三视图的对应关系。其中俯视图和左视图都可以根据尺寸直接绘制，主视图中的图线的形状和位置必须根据俯视图和左视图来确定。在正交模式下，从俯视图和左视图分别引垂直向上和水平向左的直线作为定位的辅助线，利用辅助线可以确定图形中的结构尺寸，圆柱部分的方孔和圆孔产生的截交线必须通过辅助线进行绘制。一般绘制时分块进行，如先绘制好底板的三视图，再绘制上方圆柱三视图，而不是完全绘制好俯视图再绘制左视图或主视图。

1. 环境设置

环境设置的步骤如下。

① 设置图形界限：按照该图所标注的尺寸，设置成 A4（297×210）大小的界限。

② 设置对象捕捉模式：如图 T6.1 所示，使用最多的捕捉模式应该是交点。通过"草图设置"对话框设置默认的捕捉模式为"交点"。

2. 图层设置

图形包含了粗实线、虚线、点画线及尺寸，可按照图 T6.2 设置图层。

3. 绘制中心线等基准线和辅助线

首先绘制作图基准线。一般情况下，图形的基准线指对称线、某端面的投影线、轴线等。

① 绘制作图基准线。如图 T6.3 所示的基准线主要有俯视图的中心线 AF、AH，主视图的轴线 AH 和下端面投影线 BC，左视图的轴线 IF 和下端面的投影线 DE，同时将圆孔的中心线 KL、MN 通过偏移命令以偏移距离为 61 复制出来。如图 T6.3 所示，在中心线层上绘制各条直线，并将下端面的投影线 BC、DE 改到粗实线层上。绘制时注意将各条直线的位置设置合适，并保证三视图的对应关系。

② 绘制作图辅助线。为保证"三等"关系，如图 T6.3 所示，作一条-45°方向的构造线作为保证宽相等的辅助线。

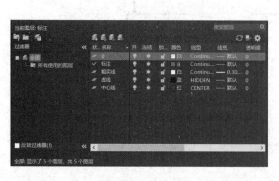

图 T6.2　图层设置

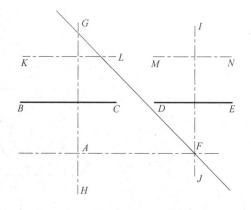

图 T6.3　作图基准线及辅助线

单击"构造线"按钮
命令：**_xline**

指定点或 [水平(H)/垂直(V)/角度(A)/二等分(B)/偏移(O)]: **ang**↵
输入构造线角度 (0) 或 [参照(R)]: **-45**↵
指定通过点: 单击 *F* 点
指定通过点: 按【Esc】键　*取消*

4. 绘制底板

绘制三视图应遵循 3 个视图同时绘制的原则。绘制其中的组成部分时应同时绘制该部分的 3 个视图，再绘制其他结构。

底板可以视为一圆柱被两个正平面切去前后两块形成。先绘制圆柱的三面投影，再修剪成最后的结果。将当前图层改为粗实线层，然后进行以下操作。

1）绘制俯视图上投影圆

命令: **_circle**
指定圆的圆心或 [三点(3P)/两点(2P)/切点、切点、半径(T)]: 单击 *A* 点
指定圆的半径或 [直径(D)]: **d**↵
指定圆的直径: **139**↵

2）偏移复制距离为 45 的直线和表示底板厚度的直线

① 偏移复制直线。

命令: **_offset**
当前设置: 删除源=否　图层=源　OFFSETGAPTYPE=0
指定偏移距离或 [通过(T)/删除(E)/图层(L)] <通过>: **45**↵
选择要偏移的对象，或 [退出(E)/放弃(U)] <退出>: 单击 *AF*
指定要偏移的那一侧上的点，或 [退出(E)/多个(M)/放弃(U)] <退出>: 向上单击
选择要偏移的对象，或 [退出(E)/放弃(U)] <退出>: ↵

用同样的方法向下偏移复制另一条直线。

② 将偏移复制的直线改到粗实线层上。在"命令:"提示下，选择偏移复制的直线，出现夹点后，单击"图层"面板中的图层下拉列表框，单击"粗实线"，单击绘图区，按两次【Esc】键取消夹点编辑。

③ 将俯视图中的圆修剪成圆弧。参照图 T6.1，修剪俯视图中的圆和偏移复制的直线。

④ 偏移复制主视图和左视图底板上的表面投影线。采用偏移距离 25 复制主视图和左视图底板上的表面投影线，即向上偏移复制 *BC* 和 *DE*。

3）绘制主视图上底板圆柱的转向轮廓线投影和左视图上的投影

① 绘制主视图上转向轮廓线投影。

命令: **_line**
指定第一点: 单击 *P* 点
指定下一点或 [放弃(U)]: 向上绘制一垂直线
指定下一点或 [放弃(U)]: ↵

用同样的方法绘制其他 3 条垂直线。

② 绘制左视图上转向轮廓线投影。

命令: 按空格键↵
LINE
指定第一点: 单击 *Q* 点
指定下一点或 [放弃(U)]: 向右绘制一水平线，与 45° 辅助线相交于 *S* 点
指定下一点或 [放弃(U)]: ↵
命令: 按空格键
LINE
指定第一点: 单击 *S* 点
指定下一点或 [放弃(U)]: 向上绘制一垂直线
指定下一点或 [放弃(U)]: ↵

用同样的方法绘制左视图中右侧垂直线。结果如图 T6.4 所示。

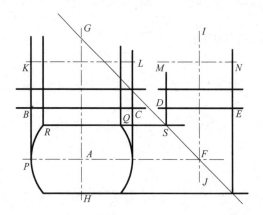

图 T6.4　转向轮廓线

4）剪去超出部分

绘制的转向轮廓线均非最终大小，需要调整。一般采用修剪或延长命令，此处采用倒圆角命令来调整。

```
命令：_fillet
当前设置：模式 = 修剪，半径 = 10.0000                   提示圆角模式
选择第一个对象或 [放弃(U)/多段线(P)/半径(R)/修剪(T)/多个
(M)]：r↵
指定圆角半径 <10.0000>：0↵                    设定成 0，即将两直线准确相交
选择第一个对象或 [放弃(U)/多段线(P)/半径(R)/修剪(T)/多个(M)]：单击 U 点
选择第二个对象，或按住【Shift】键选择要应用角点的对象：单击 V 点
```

重复同样的过程，并删除两条水平辅助线，结果如图 T6.5 所示。

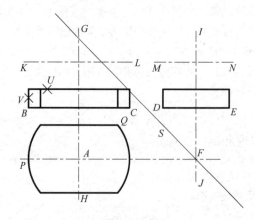

图 T6.5　调整转向轮廓线尺寸

5. 绘制圆柱及其内部垂直圆孔

应该先绘制俯视图上的投影——圆，再捕捉圆的象限点绘制主视图和左视图上的投影。如图 T6.6 所示为带孔圆柱投影。

1）偏移复制圆柱上表面投影线

```
命令：_offset
当前设置：删除源=否   图层=源   OFFSETGAPTYPE=0
```

指定偏移距离或 [通过(T)/删除(E)/图层(L)] <通过>: **97↵**

选择要偏移的对象，或 [退出(E)/放弃(U)] <退出>: **单击直线 BC**

指定要偏移的那一侧上的点，或 [退出(E)/多个(M)/放弃(U)] <退出>: **在 BC 上方任意位置单击**

选择要偏移的对象，或 [退出(E)/放弃(U)] <退出>: **↵**

2）绘制俯视图投影

命令：**_circle**

指定圆的圆心或 [三点(3P)/两点(2P)/切点、切点、半径(T)]: **单击 A 点**

指定圆的半径或 [直径(D)]: **24↵**

再以 A 点为圆心绘制一半径为 37 的圆，如图 T6.6（a）所示。

3）绘制主视图投影

命令：**_line**

指定第一点: **单击俯视图中水平中心线和圆的交点**

指定下一点或 [放弃(U)]: **向上绘制一垂直线**　　　**绘制的直线应超出圆柱上端水平投影**

指定下一点或 [放弃(U)]: **↵**

绘制其他 3 条转向轮廓线的投影，如图 T6.6（a）所示，然后按照图 T6.6（b）将超出部分修剪掉。

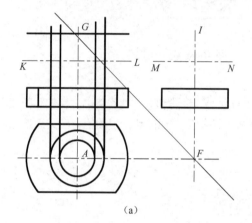
（a）

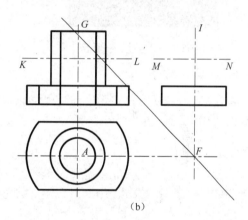
（b）

图 T6.6　带孔圆柱投影

4）将中间圆孔主视图上的投影改到虚线层上

单击"特性"面板中最右下角的箭头，弹出如图 T6.7 所示的"特性"选项板。单击主视图中间圆孔的投影线，出现夹点后"特性"选项板中同时显示其相关特性。单击"特性"选项板中"常规"中的"图层"，其后出现箭头，单击该箭头，弹出图层列表，选择"虚线"即可。按两次【Esc】键取消夹点。

5）复制左视图投影

由于带孔圆柱在左视图和主视图上的投影相同，直接复制即可。

命令：**_copy**

选择对象: **选择表示带孔圆柱投影的 5 条线**

指定对角点: 找到 5 个

选择对象: ↵

当前设置: 复制模式 = 多个

指定基点或 [位移(D)/模式(O)] <位移>:**单击 A 点**

指定第二个点或 [阵列(A)] <使用第一个点作为位移>:**单击 F 点**

指定第二个点或 [阵列(A)/退出(E)/放弃(U)] <退出>:**↵**

结果如图 T6.8 所示。

图 T6.7　"特性"选项板

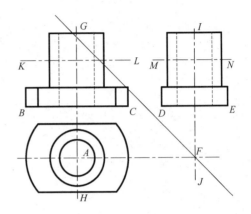

图 T6.8　绘制左视图投影

6. 绘制左侧方孔

左侧方孔在俯视图和左视图上的投影可以根据尺寸通过偏移轴线和基准线得到，再将偏移的线条改到正确的图层上，并修剪成正确的大小。主视图上的投影应根据左视图和俯视图的对应关系绘制。

1）主视图中偏移复制方孔上、下边界线

命令：**_offset**
当前设置：删除源=否　图层=源　OFFSETGAPTYPE=0
指定偏移距离或 [通过(T)/删除(E)/图层(L)] <通过>：**21↵**
选择要偏移的对象，或 [退出(E)/放弃(U)] <退出>：**单击 KL**
指定要偏移的那一侧上的点，或 [退出(E)/多个(M)/放弃(U)] <退出>：**单击 KL 上方任意一点**
选择要偏移的对象，或 [退出(E)/放弃(U)] <退出>：**单击 KL**
指定要偏移的那一侧上的点，或 [退出(E)/多个(M)/放弃(U)] <退出>：**单击 KL 下方任意一点**
选择要偏移的对象，或 [退出(E)/放弃(U)] <退出>：**↵**

以距离 21 偏移复制直线 *MN* 得到左视图上方孔的上、下表面投影线。

2）俯视图中偏移复制方孔前、后边界线

命令：**_offset**
当前设置：删除源=否　图层=源　OFFSETGAPTYPE=0
指定偏移距离或 [通过(T)/删除(E)/图层(L)] <通过>：**11↵**
选择要偏移的对象，或 [退出(E)/放弃(U)] <退出>：**单击 AF**
指定要偏移的那一侧上的点，或 [退出(E)/多个(M)/放弃(U)] <退出>：**单击 AF 上方任意一点**
选择要偏移的对象，或 [退出(E)/放弃(U)] <退出>：**单击 AF**
指定要偏移的那一侧上的点，或 [退出(E)/多个(M)/放弃(U)] <退出>：**单击 AF 下方任意一点**
选择要偏移的对象，或 [退出(E)/放弃(U)] <退出>：**↵**

同样在左视图中将 *IF* 偏移 11 复制两条线，结果如图 T6.9 所示。

3）绘制主视图中方孔和圆柱相交后的截交线

截交线的位置在俯视图上可以得到，必须从俯视图开始绘制。

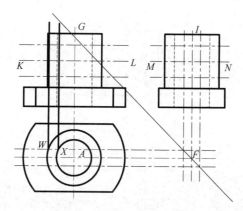

图 T6.9　绘制方孔投影线

命令：_line
指定第一点：单击 *W* 点
指定下一点或 [放弃(U)]：向上超过最上方水平线单击　　　　保证长对正
指定下一点或 [放弃(U)]：↵　　　　　　　　　　　　　向上绘制一垂直线

同样从 *X* 点向上绘制一垂直线，如图 T6.9 所示。

4）将超出部分修剪掉

如图 T6.10 所示，将超出部分通过修剪命令剪去。由于圆孔在俯视图上产生的投影和方孔产生的投影对称，同时绘制圆孔在俯视图上的投影。

5）打断主视图中偏移 21 复制的水平线

为了能将主视图中方孔的上、下水平界线改成正确的线型，必须将该水平线在 *Y* 点打断分成两根不同的直线，如图 T6.11 所示。

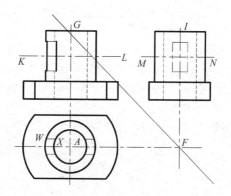

图 T6.10　修剪图线到正确尺寸

① 局部显示如图 T6.11 所示范围。

单击绘图区右侧导航面板中的"窗口缩放"　　　　　　下达显示窗口范围命令
命令：'_zoom
指定窗口角点，输入比例因子 (nX 或 nXP)，或
[全部(A)/中心点(C)/动态(D)/范围(E)/上一个(P)/
比例(S)/窗口(W)/对象(O)] <实时>：_w
指定第一个角点：单击主视图左上角一点　　　　　　　具体位置可以参照图 T6.11
指定对角点：单击主视图中部一点，使窗口包含方孔的投影

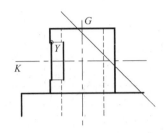

图 T6.11 打断水平直线 Y

② 打断方孔主视图中的水平投影线。

命令：_break
选择对象：单击方孔主视图中的上方水平投影线
指定第二个打断点 或 [第一点(F)]: f↵
指定第一个打断点：单击 Y 点
指定第二个打断点：单击 Y 点
命令：按空格键   重复打断命令
BREAK
选择对象：单击方孔主视图中的下方水平投影线
指定第二个打断点 或 [第一点(F)]: f↵
指定第一个打断点：单击 Y 点的对应点
指定第二个打断点：@↵   第二点等同第一点

③ 显示上一个画面。

单击"导航"面板中的"缩放上一个"
命令：'zoom
指定窗口角点，输入比例因子 (nX 或 nXP)，或
[全部(A)/中心点(C)/动态(D)/范围(E)/上一个(P)/比例(S)/窗口(W)
/对象(O)] <实时>: _p

6）修改图线到正确的图层

偏移复制的图线仍在原来的图层上，现在按照如图 T6.1 所示的最终结果将图线分别改到正确的图层上。可以采用 MATCHPROP 命令修改，或先选择图线，再通过"图层"面板中的图层列表改到正确的图层上，也可以通过 CHANGE 命令或 DDMODIFY 命令甚至"特性"伴随窗口来修改。下面示范采用 MATCHPROP 命令修改的过程。

单击功能区"默认→特性→特性匹配"
命令：'_matchprop
选择源对象：单击任意一条粗实线
当前活动设置：颜色 图层 线型 线型比例 线宽 透明度 厚度   提示当前特性匹配的有效范围
打印样式 标注 文字 图案填充
选择目标对象或 [设置(S)]：单击需要改变成粗实线的线条
选择目标对象或 [设置(S)]：单击需要改变成粗实线的线条
选择目标对象或 [设置(S)]：采用窗口方式选择被打断的水平线
指定对角点：
选择目标对象或 [设置(S)]：采用窗口方式选择被打断的水平线
指定对角点：
重复单击过程，直到全部修改完毕
选择目标对象或 [设置(S)]：↵

采用同样的方法，将其他图线改成最终的结果，如图 T6.12 所示。

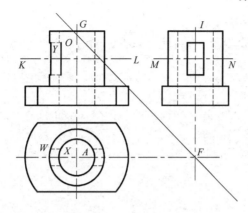

图 T6.12 修改图线特性

7. 绘制主视图中右侧横向圆孔

要绘制右侧横向圆孔，应首先绘制左视图上的投影——圆，再捕捉该圆的象限点绘制俯视图上的投影，然后根据俯视图和左视图上的投影绘制主视图上的投影。主视图上产生的相贯线通过圆弧来绘制。

1）绘制左视图上圆孔的投影——圆

命令：**_circle**
指定圆的圆心或 [三点(3P)/两点(2P)/切点、切点、半径(T)]：单击 *MN* 和 *IF* 的交点
指定圆的半径或 [直径(D)]：**11**↵

2）根据俯视图和左视图绘制主视图

圆孔在主视图上的投影必须和俯视图、左视图相对应。应通过捕捉俯视图和左视图上的关键点来保证长对正和高平齐。

命令：_line
指定第一点：如图 **T6.12** 所示，单击左视图中 *O* 点
指定下一点或 [放弃(U)]：向左绘制一水平线
指定下一点或 [放弃(U)]：↵

同样在下方绘制一条向左的水平线。

命令：_line
指定第一点：如图 **T6.13** 所示，单击 *Z* 点
指定下一点或 [放弃(U)]：向上绘制一条垂直线
指定下一点或 [放弃(U)]：↵

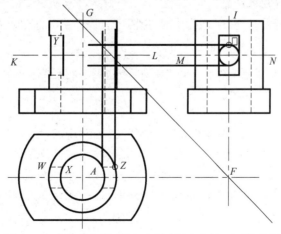

图 T6.13 根据俯视图和左视图绘制主视图上圆孔的投影

同样在内侧向上绘制一条垂直线。

如果在屏幕上看不清楚主视图上截交线部分的交点情况，可以采用显示缩放命令将该部分放大显示。

命令：**'_zoom**
指定窗口角点，输入比例因子 (nX 或 nXP)，或
[全部(A)/中心点(C)/动态(D)/范围(E)/上一个(P)/比例(S)/窗口(W) /对象(O)] <实时>：_w
指定第一个角点：**单击欲显示范围的一个角点**
指定对角点：**单击欲显示范围的另一个角点**

结果如图 T6.14 所示。

接着通过圆弧来绘制截交线。

命令：**_arc**
指定圆弧的起点或 [圆心(C)]：**如图 T6.14 所示，从上向下单击第一个点**
指定圆弧的第二点或 [圆心(C)/端点(E)]：**单击第二个点**
指定圆弧的端点：**单击第三个点**

用同样的方式绘制另一个圆弧，并采用 ZOOM 命令恢复显示。

3）修剪各条直线到正确的长度

按照图 T6.1 修剪各条直线到正确的长度。

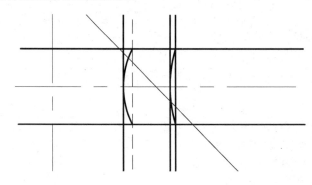

图 T6.14 放大显示要编辑的部分

4）删除辅助线

单击经过 Z 点和其外侧的两条垂直线和 45° 构造线，按【Delete】键，删除这几条辅助线。

5）修改各条线段到正确的图层

如图 T6.1 所示，将每条线段都修改到正确的图层上，完成图形的绘制过程。

8．保存文件

整个图形绘制完成后，设置文件名称为"练习 6-组合体三视图"并存盘。

思考及练习

（1）绘制三视图等相互有关联的图形要注意些什么？如何保证它们之间的相对位置关系？

（2）确定相距一定距离的两个对象一般通过什么命令来保证该距离？

（3）如何采用射线命令（RAY）绘制一条射线作为-45° 方向的辅助线？

（4）按照尺寸绘制如图 T6.15 和图 T6.16 所示的组合体三视图。

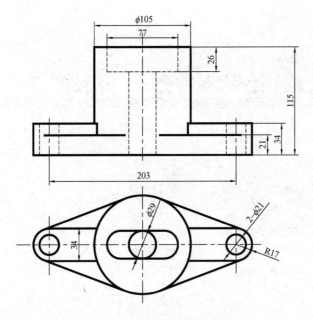

图 T6.15　组合体三视图练习图例 1

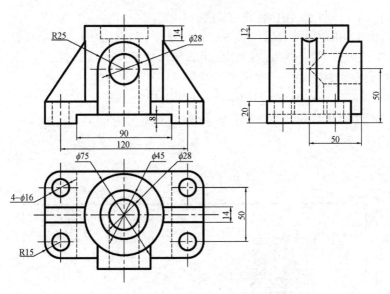

图 T6.16　组合体三视图练习图例 2

实验 7 绘制零件图——齿轮

目的和要求

（1）掌握绘制零件图的方法和技巧。
（2）掌握图案填充的应用。
（3）掌握文字样式的设置和注写。
（4）熟悉标题栏的绘制、应用。
（5）掌握块的定义和插入方法。
（6）掌握计算表达式的方法。

上机准备

（1）复习 LINE、CIRCLE、BHATCH 等绘图命令的用法。
（2）复习镜像（MIRROR）、偏移（OFFSET）、修改（CHANGE）、倒角（CHAMFER）、打断（BREAK）、修剪（TRIM）、拉伸（STRETCH）和延伸（EXTEND）等编辑命令的用法。
（3）复习 STYLE 和 DTEXT 命令的用法。
（4）复习 BLOCK、INSERT 和 ATTRIB 等命令的用法。
（5）复习 LAYER、LIMITS、ZOOM 和 CAL 等辅助绘图命令的用法。

上机操作

绘制如图 T7.1 所示的齿轮零件图，不标注尺寸。

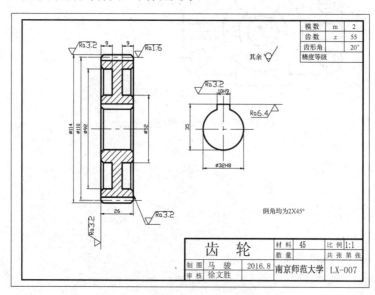

图 T7.1　齿轮零件图

分析

① 环境设置应包括图纸界限设置、文字样式设置、尺寸样式设置、图层设置。按照如图 T7.1 所示的图形大小，将图纸界限设置成 A4 横放比较合适，即 297×210。为了管理好图形，除图线相关的图层外，还应设置独立的图层，用于管理标题栏、文字、尺寸、图框等。如果要绘制较多的同类零件图，通常比较合理的做法是设置零件图的模板，以后绘制零件图时就无须再进行环境、字型、尺寸样式的设置及标题栏的绘制。本例将标题栏和图框等制作成块，可以供其他图形参照。

② 正确、快捷绘制该零件图的关键在于主视图和右侧局部视图相互配合进行绘制，绘制主视图键槽部分必须参考局部视图的键槽投影，从而保证对应关系。表面粗糙度符号可以制作成块，配合属性编辑快速实现。绘制剖面线时，为了减小尺寸的影响，可以先绘制剖面线再标注尺寸，也可以在绘制剖面线时将尺寸层关闭。

1. 设置绘图界限

按照图 T7.1 所标注的尺寸大小和图形布置情况，绘图界限应设置成 A4 大小、横放。

命令：limits↵
重新设置模型空间界限：
指定左下角点或 [开(ON)/关(OFF)] <0.0000,0.0000>：↵
指定右上角点 <420.0000,297.0000>：297,210↵

然后执行 ZOOM ALL 命令显示整幅图形。

2. 设置图层

如图 T7.2 所示，设置图层。

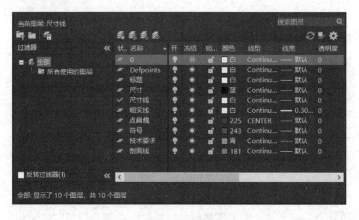

图 T7.2 设置图层

3. 设置对象捕捉模式

绘制该零件图主要采用的对象捕捉方式为交点模式。应通过"草图设置"对话框设置成交点捕捉模式。

右击状态栏的 对象捕捉 按钮，选择"设置"，弹出"草图设置"对话框，在其中的"对象捕捉"选项卡中选中"交点"。

4. 绘制标题栏

标题栏几乎是所有图纸都有的重要内容之一。本例采用 A4 大小绘制标题栏，并输出成"块"。不仅本例可以使用，也可供其他需要绘制在 A4（横放）图纸上的图形调用。

1）绘制标题栏

按照如图 T7.3 所示标题栏的尺寸和图线，采用直线和偏移、修剪等命令绘制该标题栏。其中的文字部分在后面填写标题栏时再补充。

① 采用绝对坐标方式，绘制与 A4 图纸大小相等的矩形。

② 采用偏移命令，将最左侧的垂直线向右偏移 20 复制一条。将其他 3 条直线，向内偏移 5 复制。

③ 采用修剪命令，去除偏移复制后超出标题栏图框的部分。

④ 将下方的图框直线连续向上以距离 8 偏移复制 4 次。将右侧的图框线，按照图示尺寸向左偏移复制。

⑤ 采用修剪命令将标题栏中的直线编辑成如图 T7.3 所示的尺寸。

⑥ 将图框和标题栏外框修改成粗实线。

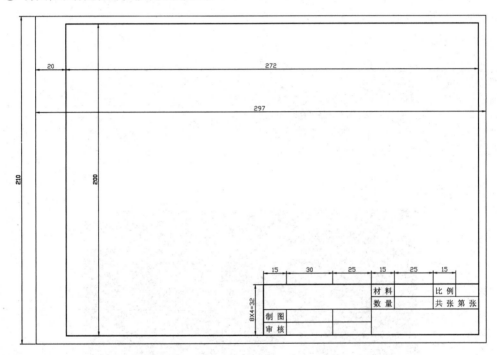

图 T7.3　标题栏

2）输出成块

如果有成套的图甚至多套大量的图形需要绘制，则没有必要为每幅图形绘制一个标题栏。可以对不同大小的图纸各绘制一个标题栏，然后在需要的地方直接调用，这样不仅可以减小绘制工作量，而且可以保证标题栏的统一。

① 单击功能区"默认→块→创建"，弹出"块定义"对话框，如图 T7.4 所示。

② 在"块定义"对话框的"名称"文本框中填入"标题栏-A4H"。

③ 单击选择对象按钮，返回绘图界面。

④ 选择所有图线。

⑤ 按【Enter】键结束对象选择，返回"块定义"对话框。

⑥ 在"块定义"对话框中单击拾取点按钮，返回绘图界面。

⑦ 单击标题栏左下角顶点，返回"块定义"对话框。

⑧ 在"对象"选项区选择"删除"单选按钮。

⑨ 单击"块定义"对话框中的确定按钮，结束定义。

5. 绘制表面粗糙度符号

标注表面粗糙度要使用表面粗糙度符号，一般情况下采用块及属性比较方便。

1）绘制表面粗糙度符号

首先需要在屏幕上绘制出表面粗糙度符号。采用相对坐标绘制 4 条直线，组成表面粗糙度符号。具体尺寸如图 T7.5 所示，其中文字"1.6"为属性标签。

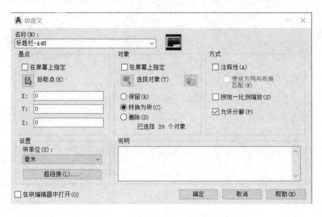
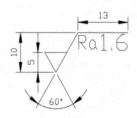

图 T7.4　"块定义"对话框　　　　图 T7.5　表面粗糙度符号

2）定义属性

对于不同的表面，其粗糙度不相同，此时可以采用定义属性的方法附加一标签在块上，插入时可以根据情况输入不同的属性值，产生不同的表面粗糙度数值。

① 单击功能区"默认→块→定义属性"，弹出如图 T7.6 所示的"属性定义"对话框，在对话框中按图示进行设定。

② 单击粗糙度按钮，回到绘图界面，单击表面粗糙度符号右侧水平线下 Ra 符号右下角的位置（1.6 的左下角），返回"属性定义"对话框。

③ 单击确定按钮，退出"属性定义"对话框，在屏幕上自动出现"1.6"的字样。

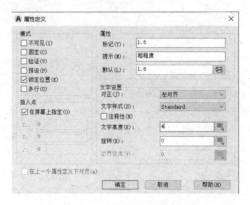

图 T7.6　"属性定义"对话框

3）定义块

定义块的步骤如下。

① 输入 BLOCK 命令，弹出如图 T7.7 所示的"块定义"对话框，在"名称"文本框中输入"ccd"。

② 单击 选择对象 按钮，选择表面粗糙度符号和定义的属性作为块内容。

③ 单击 拾取点 按钮，单击表面粗糙度符号的下方顶点作为插入基点。

图 T7.7 "块定义"对话框

6. 绘制局部视图

由于绘制主视图时其键槽尺寸要和局部视图相一致，所以应先绘制局部视图。

1）绘制基准线

局部视图的基准线是用点画线表示的中心线。

① 将当前图层设定为点画线层。

② 打开正交模式。

③ 通过直线命令绘制两条相交的点画线 *A* 和 *B*，如图 T7.8 所示。

2）绘制圆

```
命令：_circle
指定圆的圆心或 [三点(3P)/两点(2P)/切点、切点、半径(T)]：单击直线 A 和 B 的交点
指定圆的半径或 [直径(D)]：16↵
```

3）偏移复制轮廓线

偏移复制轮廓线的步骤如下。

① 计算键槽上部直线偏移距离。

```
命令：cal↵
正在初始化…>> 表达式：35.5-16↵
19.5
```

② 偏移复制轮廓线。

```
命令：_offset
当前设置：删除源=否  图层=源  OFFSETGAPTYPE=0
指定偏移距离或 [通过(T)/删除(E)/图层(L)] <通过>：5↵
选择要偏移的对象，或 [退出(E)/放弃(U)] <退出>：单击直线 A
指定要偏移的那一侧上的点，或 [退出(E)/多个(M)/放弃(U)] <退出>：单击直线 A 左     绘制直线 C
侧任意一点
选择要偏移的对象，或 [退出(E)/放弃(U)] <退出>：单击直线 A
指定要偏移的那一侧上的点，或 [退出(E)/多个(M)/放弃(U)] <退出>：单击直线 A 右     绘制直线 D
侧任意一点
选择要偏移的对象，或 [退出(E)/放弃(U)] <退出>：↵
命令：按空格键                                                         重复偏移命令
OFFSET
当前设置：删除源=否  图层=源  OFFSETGAPTYPE=0
```

指定偏移距离或 [通过(T)/删除(E)/图层(L)] <通过>：**19.5**↵
选择要偏移的对象，或 [退出(E)/放弃(U)] <退出>：**单击直线 B**
指定要偏移的那一侧上的点，或 [退出(E)/多个(M)/放弃(U)] <退出>：**单击直线 B 上**   绘制直线 EF
方任意一点
选择要偏移的对象，或 [退出(E)/放弃(U)] <退出>：**按【Esc】键** *取消*   结束偏移命令

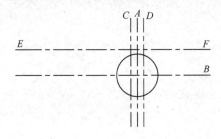

图 T7.8 绘制基准线和圆并偏移复制键槽轮廓线

4）修剪轮廓线

偏移复制的线条较长，需要修剪成正确的尺寸。

命令：**_trim**
当前设置：投影=UCS，边=延伸
选择剪切边…
选择对象或 <全部选择>：**依次单击偏移复制的 3 条直线**
选择对象：找到 1 个，共 1 个
选择对象：找到 1 个，共 2 个
选择对象：找到 1 个，共 3 个
选择对象：↵   结束剪切边选择
选择要修剪的对象，或按住 **Shift** 键选择要延伸的对象，或
[栏选(F)/窗交(C)/投影(P)/边(E)/删除(R)/放弃(U)]：**单击 C 端**
选择要修剪的对象，或按住 **Shift** 键选择要延伸的对象，或
[栏选(F)/窗交(C)/投影(P)/边(E)/删除(R)/放弃(U)]：**单击 D 端**
选择要修剪的对象，或按住 **Shift** 键选择要延伸的对象，或
[栏选(F)/窗交(C)/投影(P)/边(E)/删除(R)/放弃(U)]：**单击 E 端**
选择要修剪的对象，或按住 **Shift** 键选择要延伸的对象，或
[栏选(F)/窗交(C)/投影(P)/边(E)/删除(R)/放弃(U)]：**单击 F 端**
选择要修剪的对象，或按住 **Shift** 键选择要延伸的对象，或
[栏选(F)/窗交(C)/投影(P)/边(E)/删除(R)/放弃(U)]：↵

重复修剪命令，以如图 T7.8 所示的圆和直线 C、D 为界，修剪成如图 T7.9 所示的结果。

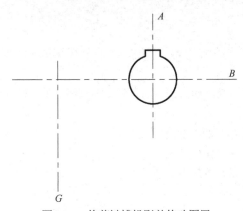

图 T7.9 修剪键槽投影并修改图层

5）修改线条特性

偏移复制的 3 条直线为点画线，需要改到粗实线层上。

```
命令：change↵                                              输入修改命令
选择对象：采用窗口方式选择偏移复制的 3 条直线
指定对角点：找到 3 个
选择对象：↵                                                结束对象选择
指定修改点或 [特性(P)]：p↵
输入要更改的特性 [颜色(C)/标高(E)/图层(LA)/线型(LT)/线型比例(S)/线宽(LW)/厚度(T)/透明度(TR)/材质
(M)/注释性(A)]：la↵
输入新图层名 <点画线>：粗实线↵                              改成粗实线层
输入要更改的特性 [颜色(C)/标高(E)/图层(LA)/线型(LT)/线型比例(S)/线宽(LW)/厚度(T)/透明度(TR)/材质
(M)/注释性(A)]：↵                                          结束特性修改
```

结果如图 T7.9 所示。

7. 绘制主视图轮廓线

绘制主视图轮廓线的步骤如下。

1）绘制基准线

主视图的基准线包括水平中心线和一条垂直线。水平中心线在绘制局部视图时已经绘制，只要绘制一条垂直线即可。该垂直线在手工绘图时可以选成某端面的投影线，在这里，因为该齿轮的主视图投影在左右方向上对称，在上下方向上基本对称，所以可以绘制一条垂直线作为左右方向上的对称线（辅助线）。

采用直线命令在点画线层绘制一条垂直线，如图 T7.9 所示的直线 *G*。

2）偏移复制 1/4 轮廓线

由于该齿轮在主视图上投影的对称性，所以先绘制 1/4，然后镜像复制其他部分即可。采用偏移命令，垂直方向偏移距离为 16、26、46、55、57，水平方向偏移距离为 4、13，偏移复制 1/4 轮廓线，结果如图 T7.10 所示。

3）修剪图线

采用修剪命令，将偏移复制的图线修剪成如图 T7.11 所示的结果。

4）计算齿根线位置尺寸

齿轮零件图中无齿根线位置尺寸，需要计算才能绘制。计算公式为：齿根线距分度线的距离等于齿顶线距分度线的距离乘 1.25。

```
命令：cal↵
正在初始化…>> 表达式：(114-110)/2*1.25↵
2.5
```

5）偏移复制齿根线

采用偏移命令，选择最下方的水平线，以距离 4.5 向上偏移复制，得到齿根线。

6）修改图线特性

按照如图 T7.11 所示结果，将除中心线、对称线及分度线之外的图线改到粗实线层。

7）倒角

主视图中在 1/4 的范围内存在四处倒角。可以采用倒角命令直接绘制。在倒角时不论设置成剪切模式或不剪切模式，都会存在线段需要延长或修剪的情况。此处采用剪切模式进行倒角，同时采用延伸命令配合倒角。根据需要可以设置成不剪切模式进行倒角，然后采用修剪命令去除超出线条，也可以用打断命令配合倒角。

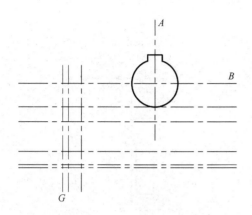

图 T7.10 偏移复制 1/4 轮廓线

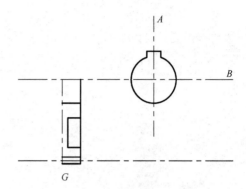

图 T7.11 修剪图线并修改特性的结果

① 放大显示主视图 1/4 部分。采用显示缩放命令将主视图右下角放大显示，如图 T7.12 所示。

② 倒角。

命令：_chamfer
("修剪"模式) 当前倒角距离 1 = 0.0000，距离 2 = 0.0000   提示当前修剪模式
选择第 1 条直线或 [放弃(U)/多段线(P)/距离(D)/角度(A)/修剪(T)/方式(E)/ 修改倒角距离
多个(M)]：d↵
指定第一个倒角距离 <10.0000>：2↵
指定第二个倒角距离 <2.0000>：↵
选择第一条直线或 [放弃(U)/多段线(P)/距离(D)/角度(A)/修剪(T)/方式(E)/
多个(M)]：单击 *N* 点
选择第二条直线，或按住【Shift】键选择要应用角点的直线：单击 *M* 点

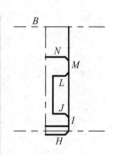

图 T7.12 倒角

用同样的方法依次单击 *M* 点和 *L* 点、*I* 点和 *J* 点、*H* 点和 *I* 点对其他 3 处倒角。其结果是垂直线 *IM* 只剩下最下面一段。

③ 延伸。需要将 *IM* 线段延伸到上方水平线上。

命令：_extend
当前设置：投影=UCS，边=延伸
选择边界的边…
选择对象或 <全部选择>：单击中心线 *B* 找到 1 个
选择对象：↵
选择要延伸的对象，或按住【Shift】键选择要修剪的对象，或
[栏选(F)/窗交(C)/投影(P)/边(E)/放弃(U)]：单击右侧剩余线段 *I* 点
选择要延伸的对象，或按住【Shift】键选择要修剪的对象，或
[栏选(F)/窗交(C)/投影(P)/边(E)/放弃(U)]：↵

结果如图 T7.12 所示。

④ 绘制倒角连线。倒角之后会产生交线投影，直接通过直线命令完成。

命令：_line
指定第一点：单击上方 *N* 点附近的倒角交点
指定下一点或 [放弃(U)]：按住【Shift】键并右击，弹出如图 T7.13 所示的"对象捕捉"快捷菜单，选择"垂足" _per 到 单击直线 *B*
指定下一点或 [放弃(U)]：↵

如图 T7.14 所示，再在 *L* 点和 *J* 点之间的倒角上绘制一条直线。

图 T7.13 "对象捕捉"快捷菜单

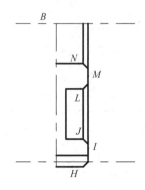

图 T7.14 绘制倒角连线

8）镜像轮廓线

绘制完 1/4 轮廓线后，进行镜像复制可以得到其他部分的投影。

① 左右镜像。

命令：_mirror
选择对象：**采用窗口方式选择欲复制的轮廓线**
指定对角点：找到 13 个，总计 13 个
选择对象：↵
指定镜像线的第一点：**单击 O 点**
指定镜像线的第二点：**单击 P 点**
要删除源对象吗？[是(Y)/否(N)] <N>：↵

结果如图 T7.15 所示。

② 上下镜像。首先将图形缩小显示以便观察到整个图形。

命令：'_zoom
指定窗口角点，输入比例因子 (nX 或 nXP)，或
[全部(A)/中心点(C)/动态(D)/范围(E)/上一个(P)/比例(S)/窗口(W) /对象(O)] <实时>：**在屏幕上按住鼠标左键向
下移动，以便观察到整个图形范围**
按【Esc】键或【Enter】键退出，或右击显示快捷菜单。按【Esc】键
命令：'_pan 将视图平移到屏幕中间位置
按【Esc】键或【Enter】键退出，或右击显示快捷菜单。按【Esc】键
命令：_mirror
选择对象：**采用窗口方式选择欲镜像的所有图线**
指定对角点：找到 27 个 总计 27 个
选择对象：↵
指定镜像线的第一点：**单击 O 点**
指定镜像线的第二点：**单击 S 点**
要删除源对象吗？[是(Y)/否(N)] <N>：↵

结果如图 T7.16 所示。

9）绘制键槽轮廓线

在主视图中，键槽的轮廓线和中心线以下圆孔的投影线不同，需要根据局部视图进行绘制。

① 绘制高平齐线条。如图 T7.17 所示，从局部视图上向左绘制两条水平线。

② 放大显示局部视图。将如图 T7.17 所示的图线密集部分放大显示。

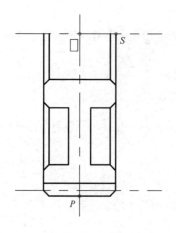

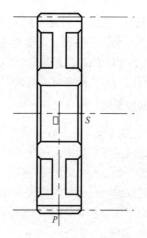

图 T7.15   左右镜像   图 T7.16   上下镜像

③ 拉伸和圆孔的交线。将主视图中水平中心线以下的圆孔投影线在上方的镜像部分拉伸成键槽的投影。

命令：_stretch
以交叉窗口或交叉多边形选择要拉伸的对象…
选择对象：单击 *V* 点   顺序不可颠倒
指定对角点：单击 *W* 点，找到 11 个
选择对象：↵
指定基点或 [位移(D)] <位移>：单击 *T* 点
指定第二个点或 <使用第一个点作为位移>：单击 *U* 点

④ 修剪图线到正确尺寸。采用修剪命令，将主视图键槽投影超出轮廓线的部分剪掉。同时采用删除命令将一条水平辅助线删除，并调整中心线到合适的尺寸。

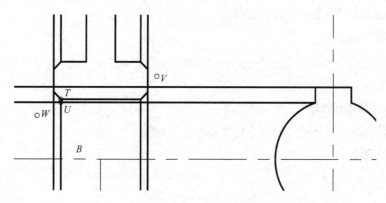

图 T7.17   绘制主视图中键槽的投影

8. 插入表面粗糙度符号

下面插入表面粗糙度符号。

命令：_insert
指定插入点或 [基点(B)/比例(S)/X/Y/Z/旋转(R)]：单击需要插入的地方
输入属性值
粗糙度 <1.6>：根据实际情况输入新值或直接采用默认值

① 对部分需要旋转的表面粗糙度符号，在提示插入点时输入 R，再输入旋转角度，然后指定插入点进行插入操作。如果数值和表面粗糙度符号不符合要求，可以通过"分解"命令将块和属性分解

后单独进行旋转。也可以针对不同的方向建立不同的块。

② 对"其余"后的表面粗糙度符号，可以插入一个表面粗糙度符号，然后通过分解命令分解，绘制一个圆（TTT 模式），并删除上面的水平线。

③ 采用比例缩放命令将"其余"后的符号放大 1.4 倍。

9. 绘制剖面线

绘制剖面线之前，应首先标注尺寸，由于本例目前不要求标注尺寸，所以直接绘制剖面符号。

① 设置当前图层为剖面线层。

② 单击"默认→绘图→图案填充"。

③ 在需要绘制剖面线的范围内任意位置单击。

④ 弹出"图案填充创建"选项卡，进行合适的设置，如图 T7.18 所示。

⑤ 选择"ANSI31"。

⑥ 在"比例"文本框中输入"1"。

⑦ 单击 关闭图案填充创建 按钮即可。

图 T7.18 "图案填充创建"选项卡

10. 插入标题栏

通过插入命令将前面绘制的"标题栏"插入，插入比例和旋转角度均采用默认值，并通过移动命令调整图形之间及图形和标题栏之间的距离。

11. 绘制齿轮参数表

如图 T7.1 所示，右上角有齿轮参数表，通过直线和文字命令即可完成。尺寸设置可参考标题栏的尺寸间隔和文本样式。

12. 注写技术要求和标题栏

首先设定好文字样式，然后采用文字注写命令进行注写。

1）文字样式设定

图 T7.19 "文字样式"对话框

由于技术要求中主要包含的文字为汉字，因此首先设定汉字字型。

① 单击功能区"注释→文字→文字样式"，弹出如图 T7.19 所示的"文字样式"对话框。

② 单击 新建 按钮，弹出"新建文字样式"对话框，输入"汉字"，并单击 确定 按钮退出。

③ 在"文字样式"对话框中，"字体名"选择"宋体"。

④ 其他全部采用默认值。单击 应用 按钮，单击 关闭 按钮，完成汉字样式的设定。同时"汉字"成为当前的文

字样式。

2）文字注写

采用单行文字或多行文字命令，按照如图 T7.1 所示的位置注写技术要求，并填写标题栏、齿轮参数表及"其余"字样等。

> 命令：**dtext**↵
> 当前文字样式：　汉字 1　当前文字高度：5.000
> 指定文字的起点或 [对正(J)/样式(S)]：**单击注写技术要求的左下角**
> 指定高度 <0.0000>：**7**↵
> 指定文字的旋转角度 <0>：↵
> 输入文字：**技术要求**↵
> 输入文字：**倒角为 2×45%%d**↵
> 输入文字：↵

3）将文字移动到合适的位置

注写时的文字位置不一定完全合适，所以要进行适当调整。

> 命令：**_move**
> 选择对象：**单击"倒角为 2×45°"文本 找到 1 个**
> 选择对象：↵
> 指定基点或 [位移(D)] <位移>：**单击任意点**
> 指定位移的第二点或 <第一点用做位移>：**适当向左移动单击一点**

用同样的方法注写其他文字。

13. 保存文件

绘制完毕的图形应注意保存，单击 保存 按钮，在"文件名"文本框中输入"练习 7-齿轮"并单击 保存 按钮。

思考及练习

（1）绘制主视图 1/4 轮廓线上倒角的方法有哪些？哪种方法方便？

（2）绘制如图 T7.20 所示的左轴承盖零件图。

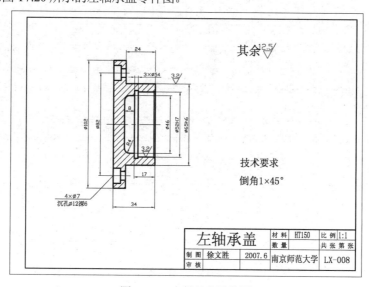

图 T7.20　左轴承盖零件图

实验 8 绘制建筑图

目的和要求

练习绘制建筑图中常用的命令，熟悉建筑图的绘制技巧和常见处理方法。

上机准备

（1）复习 MLINE 和 MLINEDIT 命令的用法。

（2）复习阵列（ARRAY）、复制（COPY）、镜像（MIRROR）、打断（BREAK）、删除（ERASE）和修剪（TRIM）等编辑命令的用法。

（3）复习 DTEXT、STYLE 等命令的用法。

（4）复习 ARC、LINE、BLOCK 和 CIRCLE 等绘图命令的用法。

（5）复习 INSERT、LEADER、LAYER 和对象捕捉等命令和功能的设置和使用方法。

上机操作

绘制如图 T8.1 所示的建筑图。

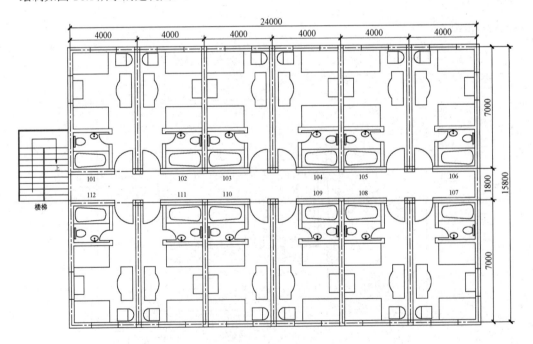

图 T8.1　建筑图

分析

① 建筑图和机械零件图有较大的区别，主要体现在其尺寸一般比机械零件图大，手工绘图时一般采用缩小的比例绘制平面图、立面图及剖面图。对于详图，可以采用稍大的比例绘制。而采用 AutoCAD 2022 中文版进行绘图时，完全可以按照 1 : 1 的比例进行绘制，甚至放大图也可以先绘制成 1 : 1 的，再利用 SCALE 命令放大成所需比例的图形。

② 建筑图中主要包含墙体、门、窗、楼梯及厨卫设备等，通常采用块的方式来处理这些附件。而对于相似的结构，则可以采用阵列或镜像复制的方式来绘制。

③ 由于其他房间和 101 房间结构一致，所以只绘制 101 房间的具体结构，其他房间通过镜像或复制 101 房间来快速绘制。

④ 楼梯宜采用矩形阵列的方法绘制。

101 房间的建筑结构如图 T8.2 所示。

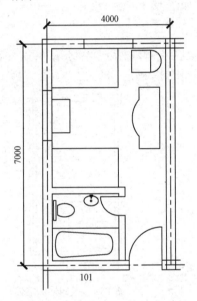

图 T8.2　101 房间的建筑结构

1. 图层设置

建筑图一般按照底层平面图、二层平面图、三层平面图、尺寸、设备、门窗等来设置图层。本例只绘制底层平面图，可以参照图 T8.3 设置图层。

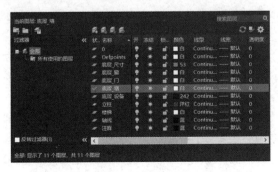

图 T8.3　图层设置

2. 设置捕捉模式

如图 T8.1 所示，预先设置捕捉模式为交点、端点、中点和圆心。

3. 绘制轴线

根据图 T8.1 进行轴线的定位。在轴线层上绘制轴线。采用 1 : 100 的比例绘制，即轴线间距离为 40。

4. 绘制墙体

由于所有的房间都基本相同，所以只绘制其中一个房间。采用多线命令沿轴线绘制 101 房间的墙体结构。外墙比例定为 3，内墙比例定为 2。

5. 编辑墙体

执行 MLEDIT 命令，在弹出的"多线编辑"对话框中，采用"T 形打开"和"全部剪切"工具，编辑如图 T8.4 所示的墙体，结果如图 T8.5 所示。

6. 绘制门

如图 T8.6 所示，采用圆、直线命令和修剪命令绘制门，并以右下角顶点为插入点，转换成块。绘制时注意其大小比例，插入时通过比例来确定门的大小。

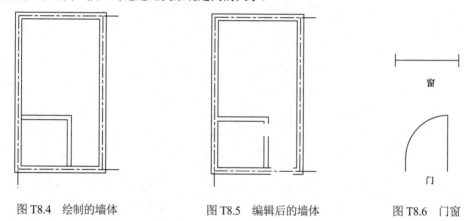

图 T8.4　绘制的墙体　　　　图 T8.5　编辑后的墙体　　　　图 T8.6　门窗

7. 绘制窗

如图 T8.6 所示，采用直线命令绘制窗，并以中间直线的中点为插入点转换成块。绘制时同样注意其大小比例。

8. 绘制其他设备

房间中还包含其他一些设备，如浴缸、洗脸池、马桶、沙发等。对于浴缸、马桶、洗脸池等定型设备，同样应该转换成块。

① 浴缸。浴缸可以按照图 T8.7 所示的格式绘制其示意图。

首先偏移复制矩形的 4 个边到合适的位置，如图 T8.7（a）所示。再利用圆弧命令绘制两段圆弧，然后将圆弧的端点用直线连起来，最后删除辅助直线并倒圆角。结果应如图 T8.7（b）所示，将其转换成块。

② 洗脸池。如图 T8.7（c）所示，洗脸池为椭圆形结构。绘制一个椭圆，然后在中间上方绘制两个矩形表示水阀，在椭圆的中心绘制一个小圆表示下水口，再转换成块。

③ 马桶。如图 T8.7（d）所示，绘制一个矩形和一个椭圆，然后将椭圆左侧剪去一部分，转换成块。

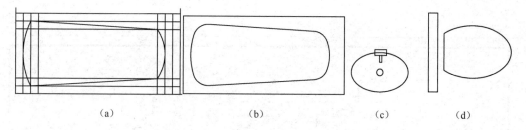

(a)　　　　　　　　　(b)　　　　　(c)　　　　(d)

图 T8.7 浴缸、洗脸池、马桶示意图

④ 插入设备图块。创建好设备图块后，如图 T8.1 所示，在对应位置插入浴缸、门、窗、洗脸池、马桶。插入时注意插入比例和方向。

9. 编辑复制其他房间

如图 T8.1 所示，在房间中绘制其他一些附件，完成 101 房间的绘制。对于其他房间，可以通过镜像命令来快速产生。镜像复制后，补画部分立柱投影线，并注意中间房间无侧面窗户。

10. 绘制楼梯

在左侧墙外绘制楼梯。扶手采用多线绘制，台阶采用矩形阵列复制的方式来绘制，然后通过指引线绘制一箭头指明上楼方向。尺寸按照近似比例确定，如图 T8.1 所示。

11. 注释

最后在图形上注写房间号。设置一种字型，并通过单行文字注写。

12. 保存

单击 保存 按钮，以"练习 8-建筑图"为名存盘。

思考及练习

（1）使用设计中心来管理块、层及其他信息，重新绘制图 T8.1。
（2）绘制如图 T8.8 所示建筑练习图例，尺寸按照近似的比例自定。
（3）按尺寸绘制图 T8.9 所示建筑练习图例。室内设施按比例自行绘制。

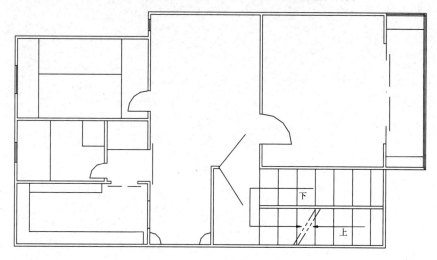

图 T8.8 建筑练习图例 1

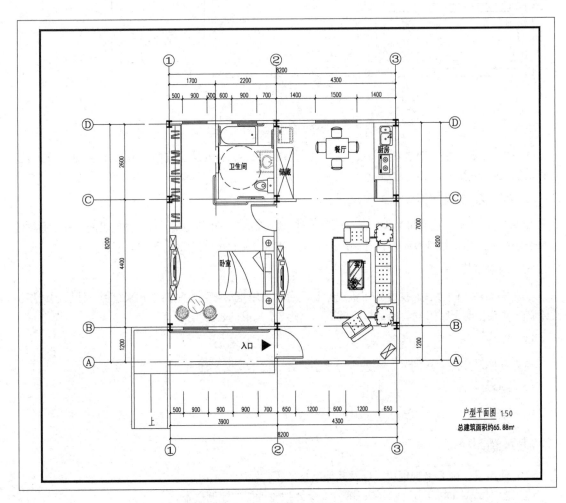

图 T8.9 建筑练习图例 2

实验 9 尺寸样式设定及标注

目的和要求

（1）掌握尺寸样式设定方法。

（2）掌握尺寸标注方法。

（3）掌握尺寸编辑方法。

上机准备

（1）复习尺寸标注有关章节内容。

（2）预先绘制好如图 T6.1 和图 T4.1 所示的图形。

上机操作

分析

① 尺寸标注的关键是设置好尺寸标注样式。对于机械图和建筑图，数字形式和尺寸终端不一样，其他基本一致。

② 建筑图的标高单位为 m，和其他方向的单位（mm）可能不一致，需要注意。

③ AutoCAD 2022 中文版尺寸样式设置的大部分选项可以使用默认值。需要调整的是文字大小、箭头大小、间距等。

④ 具体标注时一般根据标准值进行样式设置，随后进行标注，不合适时可以随时进行修改。

⑤ 可以设置好常用的标注样式并保存在样板文件中供以后调用，也可以通过设计中心引用某图形文件中的尺寸样式。

⑥ 标注时注意标注的规范，如大尺寸在外，小尺寸在内，同一结构尺寸尽可能集中，虚线上尽可能不标注尺寸，不得标注截交线或相贯线的大小，在 90°～120° 内避免直接标注尺寸等。同类尺寸最好连续标注完，以提高标注的速度。

1. 标注如图 T9.1 所示组合体三视图的尺寸

标注如图 T9.1 所示组合体三视图的尺寸的步骤如下。

1）打开文件、设置图层、设置对象捕捉模式

打开"练习 6-组合体三视图"。设置对象捕捉模式为端点模式，建立尺寸标注专用图层并将当前图层设置为尺寸标注层。

2）尺寸样式设定

单击"标注→标注样式"，弹出"尺寸样式管理器"对话框，单击修改按钮，按照如图 T9.2～图 T9.6 所示分别设置好"线""符号和箭头""文字""调整""主单位" 5 个选项卡中的相关内容。

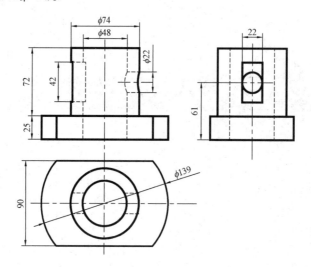

图 T9.1 组合体三视图的尺寸

图 T9.2 "线"选项卡

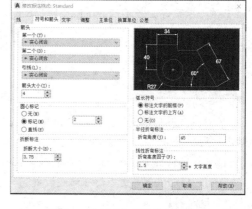

图 T9.3 "符号和箭头"选项卡

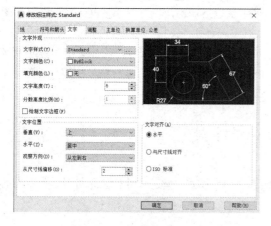

图 T9.4 "文字"选项卡

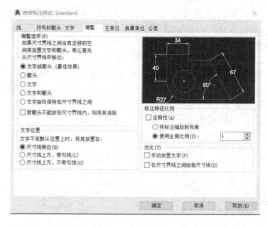

图 T9.5 "调整"选项卡

图 T9.6 "主单位"选项卡

3）尺寸标注

① 标注线性尺寸。

单击"默认→注释→线性"
命令: _dimlinear
指定第一条尺寸界线起点或 <选择对象>：单击尺寸为 **25** 的直线的一个端点
指定第 2 条尺寸界线起点: 单击尺寸为 **25** 的直线的另一个端点
指定尺寸线位置或[多行文字(M)/文字(T)/角度(A)/水平(H)/垂直(V)/旋转(R)]: 单击尺寸摆放位置
标注文字 =25

用同样的方法标注尺寸 72、42、61、90。

② 标注直径尺寸。直径尺寸有两种，一种是俯视图中标注在圆弧上的直径尺寸ϕ139，另一种是标注在主视图上的直径尺寸ϕ74、ϕ48、ϕ22。

主视图上的直径尺寸采用线性尺寸进行标注。

单击"默认→注释→线性"
命令: _dimlinear
指定第一条尺寸界线起点或 <选择对象>: ↵
选择标注对象: 单击尺寸为 **74** 的直线
指定尺寸线位置或[多行文字(M)/文字(T)/角度(A)/水平(H)
/垂直(V)/旋转(R)]: t↵   修改文字
输入标注文字 <74>: %%c<>↵   增加直径符号
指定尺寸线位置或[多行文字(M)/文字(T)/角度(A)/水平(H)/垂直
(V)/旋转(R)]: 单击尺寸摆放位置
标注文字 =74

俯视图中的直径尺寸直接采用直径标注方式进行标注。

单击"默认→注释→直径"
命令: _dimdiameter
选择圆弧或圆: 单击直径为 **139** 的圆
标注文字 =139
指定尺寸线位置或 [多行文字(M)/文字(T)/角度(A)]: 单击尺寸摆放位置

由于采用 1:1 的比例绘制图形，所以标注的尺寸无须手工输入，直接采用测量值。

2. 标注零件图尺寸

标注如图 T9.7 所示的齿轮零件图尺寸。

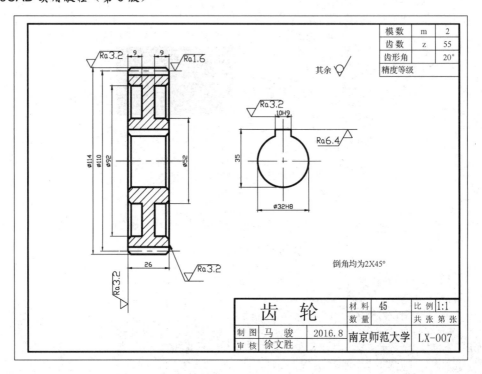

图 T9.7　齿轮零件图尺寸

1）尺寸样式设定

设定基线间距为 10，尺寸界线超出尺寸线 2，尺寸界线起点偏移量为 0，箭头大小为 5，圆心标记大小为 5。文字高度设定为 6，文字垂直方向位置在上方，水平方向位置置中，从尺寸线偏移量为 1，文字对齐方式为与尺寸线对齐。文字不在默认位置时将其置于尺寸线旁边。始终在尺寸界线之间绘制尺寸线。线性标注的单位格式为小数，角度标注的单位格式为十进制度数，精度为 0，其余采用默认值。

2）尺寸标注

零件图上尺寸包括线性尺寸和直径尺寸。

① 标注线性尺寸。线性尺寸包括 9、10、26、35。

> **单击"默认→注释→线性"**
> 命令：_dimlinear
> 指定第一条尺寸界线起点或 <选择对象>: 单击尺寸 **10** 的一个端点
> 指定第 2 条尺寸界线起点: 单击尺寸 **10** 的另一个端点
> 指定尺寸线位置或[多行文字(M)/文字(T)/角度(A)/水平(H)/垂直(V)/旋转(R)]: t↵
> 输入标注文字 <10>: ◇**H9** ↵
> 指定尺寸线位置或[多行文字(M)/文字(T)/角度(A)/水平(H)/垂直(V)/旋转(R)]: 单击尺寸摆放位置
> 标注文字 =10

用同样的方法标注其他线性尺寸。

② 标注直径尺寸。直径尺寸包括前面带有直径符号的尺寸。由于不是标注在圆或圆弧上，所以采用的标注命令为"线性"，然后修改其文字，增加直径符号。

> **单击"默认→注释→线性"**
> 命令：_dimlinear
> 指定第一条尺寸界线起点或 <选择对象>: 单击尺寸 **52** 的一个端点
> 指定第 2 条尺寸界线起点: 单击尺寸 **52** 的另一个端点

指定尺寸线位置或[多行文字(M)/文字(T)/角度(A)/水平(H)/垂直(V)/旋转(R)]: **t↵**
输入标注文字 <52>: **%%c<>↵**
指定尺寸线位置或[多行文字(M)/文字(T)/角度(A)/水平(H)/垂直(V)/旋转(R)]: 单击尺寸摆放位置
标注文字 =52

用同样的方法标注其他直径尺寸。

3. 标注如图 T9.8 所示垫片的尺寸

打开文件"练习4-垫片"。

① 尺寸样式设定。按照如图 T9.9～图 T9.11 所示设置尺寸样式。

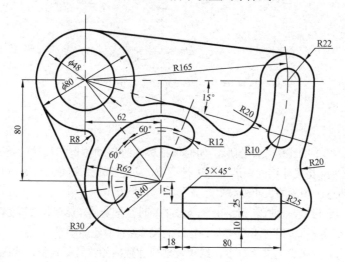

图 T9.8　垫片尺寸

② 尺寸标注。采用线性尺寸标注方式标注图中的线性尺寸，注意使用对象捕捉方式捕捉标注起点。尺寸文本定位时注意不要和图线重合。

采用半径标注方式标注所有半径尺寸，注意尺寸数值的摆放位置。

采用直径标注方式标注所有直径尺寸，注意摆放好尺寸数值。

采用角度标注方式标注所有角度，角度数值要避免和图线相交。

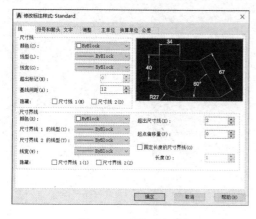

图 T9.9　"线"选项卡

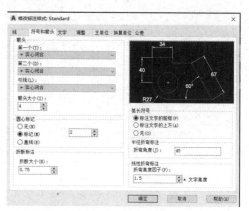

图 T9.10　"符号和箭头"选项卡

图 T9.11 "主单位"选项卡

思考及练习

（1）如果采用 10∶1 的比例绘制图形，如何保证标注时自动测量的尺寸为正确的大小？

（2）标注尺寸之后，将尺寸连同图形一起进行缩放，发现尺寸并未随之改变，可能的原因有哪些？如何才能使尺寸自动适应图形的大小变化？

（3）如果设定了尺寸线层且使该层上的所有元素的特性全部随层，结果却发现标注的尺寸线为红色、文字为蓝色、终端为青色，原因在哪里？如何使标注的尺寸特性真正随层？

（4）标注时不论采用多大的文字高度，结果发现尺寸数值始终是一定值，原因何在？如何修改成正确的结果？

实验 *10* 绘制零件图——套筒

目的和要求

（1）掌握绘制零件图的方法和技巧。
（2）掌握图案填充的应用。
（3）掌握文字的样式设置和注写。
（4）掌握标题栏的定制、应用。
（5）掌握块的定义和插入。
（6）掌握局部放大图的绘制技巧。
（7）掌握尺寸标注方法。

上机准备

（1）复习 LINE、CIRCLE、ARC、BHATCH、SKETCH 等绘图命令的用法。
（2）复习镜像（MIRROR）、偏移（OFFSET）、修改（CHANGE）、倒角（CHAMFER）、圆角（FILLET）、打断（BREAK）、比例（SCALE）、修剪（TRIM）、延伸（EXTEND）等编辑命令的用法。
（3）复习 STYLE 和 DTEXT 命令的用法。
（4）复习 BLOCK、INSERT、ATTRIB 命令的用法。
（5）复习 LAYER、LIMITS、LEADER、ZOOM 等命令的用法。

上机操作

绘制如图 T10.1 所示的套筒零件图，并标注尺寸。

分析

① 绘制零件图应先设置好图幅、图层、对象捕捉方式，再开始绘图。标注尺寸时需要设置尺寸样式，注写标题栏和技术要求时需要设置文字样式。为了管理方便，最好将用到的图线线型、颜色、线宽等由图层进行统一的管理。

② 绘制零件图中的图形和绘制组合体基本一致。首先要进行布局设计，保证图形在图纸上的布局合理，将基准线绘制好。最后输出之前也可以移动，使布局合理。具体方法和技巧及采用的绘图和编辑命令应根据图形的特点和用户的习惯来决定。

③ 要保证图形间的对应关系。将被其他图形依赖的部分先绘制出来，再采用辅助线绘制其余线条。本例中 *B-B* 剖面图必须首先绘制好，而主视图中图线的径向位置和尺寸主要从该视图通过水平辅助线来得到。要充分利用编辑命令降低绘图的强度和工作量。如主视图中的轴向图线定位，可以通过偏移命令 OFFSET 直接得到准确的位置。

④ 局部放大图可以直接将需要放大的部分复制过去，并用比例命令 SCALE 放大。

⑤ 剖面线和尺寸的绘制往往都是在图形快完成时进行的，为了避免相互干扰，影响端点的捕捉

或区域的选择，应该将另一个图层关闭。

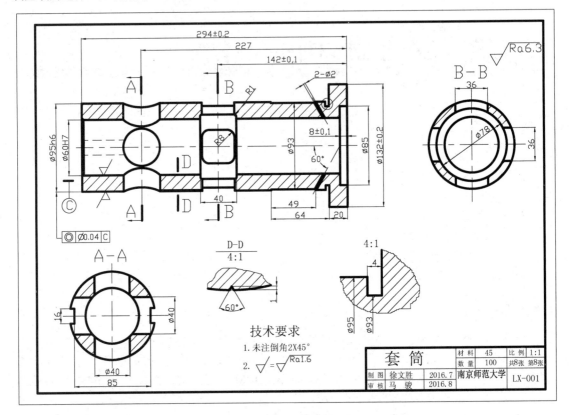

图 T10.1　套筒零件图

1. 设置绘图界限

按照图 T10.1 中标注的尺寸大小和图形布置情况，绘图界限应设置成 A2 大小、横放。

命令: **limits**↵
重新设置模型空间界限:
指定左下角点或 [开(ON)/关(OFF)] <0.0000,0.0000>: ↵
指定右上角点 <420.0000,297.0000>: 594,297↵

然后执行 ZOOM　ALL 命令显示整幅图形。

2. 设置图层

如图 T10.2 所示，设置图层。

3. 设置对象捕捉模式

预先绘制好中心线和基准线后，绘图中采用的对象捕捉模式主要为交点捕捉模式。通过"草图设置"对话框设置成交点捕捉模式。

4. 绘制标题栏

本例采用 A2（横放）大小绘制一个标题栏，并输出成块，可供其他需要绘制在 A2 图纸（横放）上的图形调用。

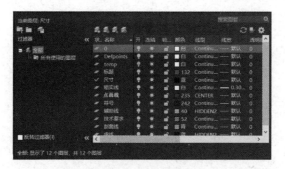

图 T10.2　设置图层

① 绘制标题栏。按照如图 T10.3 所示的尺寸和图线，采用直线和偏移、修剪命令绘制该标题栏。

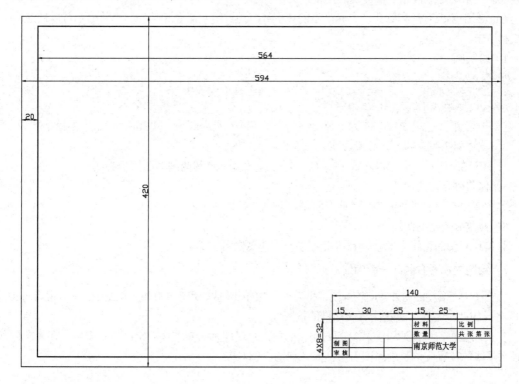

图 T10.3　标题栏

② 输出成块。没有必要为每幅图形都绘制一个标题栏。可以对不同大小的图纸各绘制一个标题栏并输出成块，然后在需要的地方直接调用即可，这样不仅可以减小绘制工作量，而且可以保证标题栏的统一。

5. 绘制中心线等基准线

如图 T10.1 所示，基准线主要有轴线、套筒右侧端面的投影线及各剖面图的中心线。由于在绘图时需要保证剖面图和主视图的对应关系，所以将图 T10.1 中的 *A-A* 剖面图先绘制在主视图的左侧，最后再移到主视图的下方。

如图 T10.4 所示，首先在适当的位置绘制一条主视图的水平轴线 *EF*，再在右侧和左侧各绘制一条垂直线 *EG*、*FH*，分别作为 *A-A* 和 *B-B* 剖面图的轴线，然后将直线 *FH* 向左偏移 90 复制一条垂直线 *IJ*，并将该复制的直线改到粗实线层上。

图 T10.4　基准线

6. 绘制剖面图

由于主视图中有很多投影线必须和剖面图相对应才能正确绘制，所以应先将剖面图绘制出来，再根据剖面图来确定主视图中截交线的位置。

剖面图中主要有圆和圆孔及方孔产生的投影线。通过绘圆命令和偏移、修剪命令可以快速将剖面图绘制出来。

1）绘制圆

命令：_circle
指定圆的圆心或 [三点(3P)/两点(2P)/切点、切点、半径(T)]：**单击 F 点**
指定圆的半径或 [直径(D)]：47.5↵

以 F 点为圆心，以 30 和 39 为半径绘制两个圆。以 E 点为圆心，以 30 和 47.5 为半径绘制两个圆。

2）偏移复制圆孔和方孔的投影线

如图 T10.1 所示，分别以距离 18、42、5、20、8 偏移复制两剖面图的中心线。

3）修剪到合适的尺寸

如图 T10.5 所示，采用 TRIM 命令将偏移复制的投影线超出部分剪去。

4）修改到正确的图层上

将偏移复制的直线全部修改到粗实线层上，结果如图 T10.5 所示。

7. 绘制主视图右侧部分轮廓线

主视图中有套筒的内外转向轮廓线、和圆孔产生的相贯线、和方孔产生的截交线，另外还有−120°和 120°方向的两个斜孔，最左侧有一键槽的投影线。

在轴向位置，可以通过偏移复制右端面的投影线（即轴向基准线）来产生垂直线；在径向位置，各条水平线的位置应该从剖面图引出，保证和剖面图对应。

图 T10.5　剖面图绘制

为防止图线过于密集，产生误操作，可以一部分一部分地完成。本例从右侧开始向左侧绘制。

① 偏移复制垂直线。如图 T10.6 所示，绘制套筒左侧结构，采用偏离距离 8、20、4、64、49 偏移复制左侧各条垂直线。

② 绘制水平线。从剖面图上各交点处引出直线，绘制水平线。对于右侧直径为 93 的孔和直径为

132、85 的圆柱面，可以偏移复制中心轴线获得其水平投影。采用显示缩放命令（ZOOM W）将该部分放大显示，绘制套筒右侧结构。可以考虑只绘制轴线一侧图形，镜像产生另一侧图形。

③ 修剪成正确的尺寸。在偏移复制垂直线并绘制水平线后，采用修剪命令即可编辑成如图 T10.7 所示的结果。

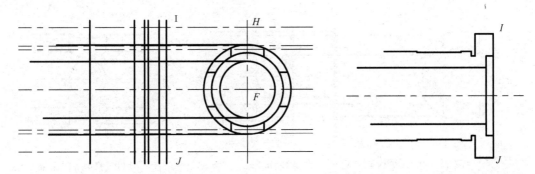

图 T10.6　绘制套筒左侧结构　　　图 T10.7　修剪并修改图层后的左侧结构

8. 绘制主视图中间方孔投影结构

中间方孔投影指 36×36 的方孔贯穿直径为 95 和 78 的两个圆柱面产生的投影。

① 偏移复制垂直线。首先以距离 142 偏移复制方孔中心线，再向左、向右偏移 18 和 20 产生 4 条垂直线，然后将孔的中心线改到点画线层上。结果如图 T10.8 所示。

② 绘制水平线。方孔产生的投影中的水平线，都应该从 *B-B* 剖面图上引伸出来，直接从右向左再绘制 6 条水平线。结果如图 T10.8 所示。

③ 修剪成正确的尺寸。按照如图 T10.1 所示的要求，修剪如图 T10.8 所示的图线成如图 T10.9 所示的结果。

9. 绘制左侧圆孔投影以及左端面投影

左侧圆孔投影包括直径为 40 的圆柱面和套筒产生的相贯线。可以通过偏移复制圆孔的中心线，通过圆命令绘制圆，根据如图 T10.1 所示左侧 *A-A* 剖面图绘制相贯线的投影。左端面投影包含两条垂直线。

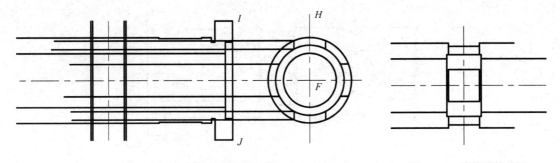

图 T10.8　绘制中间方孔投影线　　　图 T10.9　修剪后的结果

① 偏移复制中心线和垂直线。以距离 227 偏移复制圆孔中心线，再以距离 20 向左、向右偏移复制两条垂直线。以距离 294 和 2 偏移复制左端面的两条垂直线。将圆孔中心线修改到点画线层上，如图 T10.10 所示。

② 绘制圆。如图 T10.10 所示，绘制一个半径为 20 的圆。

③ 绘制相贯线。圆孔和套筒内外柱面产生的相贯线用圆弧来绘制。如图 T10.11 所示，绘制 4 段圆弧表示圆孔产生的相贯线。

④ 修剪图线到正确的长度。按照如图 T10.1 所示的最终结果，采用修剪命令将图形修剪成如图 T10.11 所示的结果，并将绘制相贯线所用的辅助线删除。

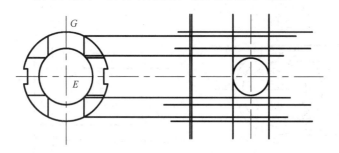

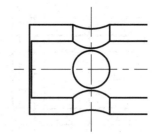

图 T10.10　绘制圆孔的相贯线和左端面投影　　　　图 T10.11　修剪后的结果

10. 绘制主视图上其他结构

1）绘制键槽投影

在主视图的左侧有用虚线表示的键槽投影。首先偏移复制套筒中心轴线，距离为 8，产生上下两条水平线，再通过修剪命令修剪成如图 T10.12 所示的结果，然后修改到虚线层上。此时在屏幕上显示的键槽投影虽然处于虚线层上，并且具有虚线的属性，但显示的结果并不像虚线，原因是线型比例设置不合适。修改其线型比例即可正确显示虚线。

```
命令: change↵
选择对象: 单击虚线之一，找到 1 个
选择对象: 单击另一条虚线，找到 1 个，总计 2 个
选择对象:
指定修改点或 [特性(P)]: p↵
输入要更改的特性 [颜色(C)/标高(E)/图层(LA)/线型(LT)/线型比例(S)/线宽(LW)/厚度(T)/透明度(TR)/材质(M)/注释性(A)]: s↵
指定新线型比例 <1.0000>: 40↵
输入要更改的特性 [颜色(C)/标高(E)/图层(LA)/线型(LT)/线型比例(S)/线宽(LW)/厚度(T)/材质(M)]: ↵
```

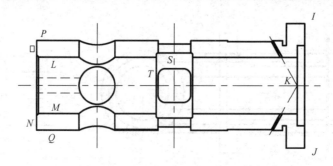

图 T10.12　零件上其他结构

2）绘制斜孔

```
命令: _line
指定第一点: 单击 K 点
指定下一点或 [放弃(U)]: @60<-120↵
指定下一点或 [放弃(U)]: ↵
```

单击"修改→偏移"

命令: _offset

当前设置: 删除源=否　图层=源　OFFSETGAPTYPE=0

指定偏移距离或 [通过(T)/删除(E)/图层(L)] <通过>: **1.0**↵

选择要偏移的对象, 或 [退出(E)/放弃(U)] <退出>: **单击刚绘制的−120° 斜线**

指定要偏移的那一侧上的点, 或 [退出(E)/多个(M)/放弃(U)] <退出>: **向上单击一点**

选择要偏移的对象, 或 [退出(E)/放弃(U)] <退出>: **重复单击−120° 斜线**

指定要偏移的那一侧上的点, 或 [退出(E)/多个(M)/放弃(U)] <退出>: **向下单击一点**

选择要偏移的对象, 或 [退出(E)/放弃(U)] <退出>: ↵

采用修剪命令剪去多余的部分, 镜像产生上面的斜孔投影。

命令: _mirror

选择对象: **采用窗口方式选择 60° 斜线部分投影**

指定对角点: 找到 7 个

选择对象:↵

指定镜像线的第一点: **单击 K 点**

指定镜像线的第二点: **水平移动光标在空白位置单击一点**

要删除源对象吗? [是(Y)/否(N)] <N>: ↵

3) 倒圆角及倒角

① 倒圆角。

命令: _fillet

当前设置: 模式 = 修剪, 半径 = 10.0000

选择第一个对象或 [放弃(U)/多段线(P)/半径(R)/修剪(T)/多个(M)]: **r**↵

指定圆角半径 <10.0000>: **2**↵

选择第一个对象或 [放弃(U)/多段线(P)/半径(R)/修剪(T)/多个(M)]: **单击 S 点**

选择第二个对象, 或按住【Shift】键选择要应用角点的对象: **单击 T 点**

结果如图 T10.13 所示。

重复上面的过程, 对其他 3 个角, 采用半径 8 对 36×36 的方孔倒圆角。

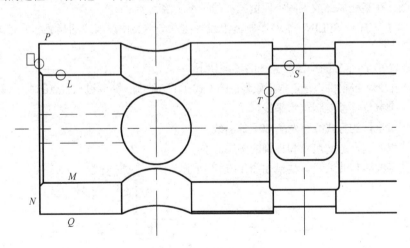

图 T10.13　倒圆角及倒角

② 倒角。

命令: _chamfer

("修剪"模式) 当前倒角距离 1 = 5.0000, 距离 2 = 5.0000

选择第一条直线或 [放弃(U)/多段线(P)/距离(D)/角度(A)/修剪(T)/方式(E)/多个(M)]: **d**↵

指定第一个倒角距离 <5.0000>: **2**↵

指定第二个倒角距离 <2.0000>: ↵

选择第一条直线或 [放弃(U)/多段线(P)/距离(D)/角度(A)/修剪(T)/方式(E)/多个(M)]: 单击 *L* 点
选择第二条直线，或按住【Shift】键选择要应用角点的直线: 单击 *O* 点

③ 延伸倒角后剪切掉的直线。

命令: _extend
当前设置:投影=UCS，边=延伸
选择边界的边…
选择要延伸的对象，或按住【Shift】键选择要修剪的对象，或[栏选(F)/窗交(C)/投影(P)/边(E)/放弃(U)]: 单击 *Q* 点 找到 **1** 个
选择对象: ↵
选择要延伸的对象，或按住【Shift】键选择要修剪的对象，或[栏选(F)/窗交(C)/投影(P)/边(E)/放弃(U)]: 单击 *O* 点
选择要延伸的对象，或按住【Shift】键选择要修剪的对象，或[栏选(F)/窗交(C)/投影(P)/边(E)/放弃(U)]: ↵

重复同样的操作，绘制另一个 2×45°的倒角。绘制后的结果应如图 T10.13 所示。

4）绘制 60°槽

60°槽产生的投影从主视图上看，可以直接通过偏移复制轮廓线得到，偏移距离为 1。

11. 绘制局部放大图

局部放大图用于放大绘制图形中的某一局部结构。绘制局部放大图的方法是复制需要放大的部分到一空闲位置，剪去或删去不需要表达的图线，采用比例缩放命令直接将剩下的部分放大到需要的比例。如果原图中不包含该局部放大图，则采用 1:1 的比例绘制（一般需要显示缩放命令配合），再缩放到需要的大小。

绘制如图 T10.1 所示的右侧局部放大图，比例为 4:1，步骤如下。

① 在主视图相应部位用细实线绘制一个圆，表示局部放大的部分。

② 将该圆中包含的图线连同圆一起复制到主视图的下方。

③ 以圆为界，删去或剪去圆以外的图线。

④ 删去圆（在某些局部放大图中保留圆，同时不用绘制徒手线）。

⑤ 采用 SKETCH 或 SPLINE 命令绘制波浪线，注意一定要使波浪线的端点和原有图线的端点准确相交。

绘制如图 T10.1 所示右侧局部放大图的过程如下。

① 绘制一直径为 95 的圆，通过捕捉象限点的方式在下方绘制一条通过象限点的水平线。

② 向上 1 个单位偏移复制该水平线。

③ 通过相对坐标的方式绘制两条 60°的斜线。

④ 将图线修改到合适的尺寸和正确的图层。

⑤ 采用徒手线绘制波浪线。结果如图 T10.14 所示。

图 T10.14　局部放大图

12. 注写技术要求

首先设定好文字样式，然后采用文字注写命令进行注写。

① 文字样式设定。由于技术要求中主要包含的文字为汉字，所以通过“格式→文字样式”，设定

字型为"汉字",采用的字体为"宋体",其他全部采用默认值。

　　② 文字注写。采用单行文字或多行文字命令,按照如图 T10.1 所示的位置注写技术要求。其中第 3 行的表面粗糙度符号处需要预先留出空间,随后插入表面粗糙度符号即可。

13. 标注表面粗糙度和形位公差

表面粗糙度符号可以直接通过设计中心插入实验 7 中绘制的块"ccd"。

1)共享其他图形中的块

可以通过设计中心来利用其他图形中已经设计好的块、文字样式、尺寸样式等。

　　① 执行 ADCENTER 命令。

　　② 查找实验 7 保存的文件"练习 7-齿轮",单击"块"。

　　③ 拖动块"ccd"到当前图形中,如图 T10.15 所示。

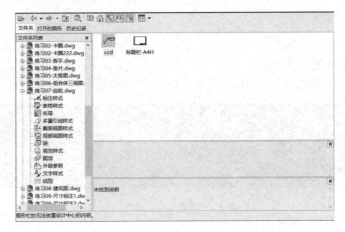

图 T10.15　利用设计中心共享其他图形中的块

2)插入表面粗糙度符号

将块拖到当前图形中后,相当于在当前图形中插入了该块。

单击"默认→块→插入",选择"ccd",如图 T10.16 所示。

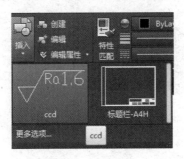

图 T10.16　插入块

命令: _insert
指定插入点或 [基点(B)/比例(S)/X/Y/Z/旋转(R)]: 单击需要插入的位置　　　应该使用最近点捕捉
　　　　　　　　　　　　　　　　　　　　　　　　　　　　　　　　　方式输入属性值
粗糙度 <1.6>: ↵ 或输入表面粗糙度值

对部分需要旋转的表面粗糙度符号,在提示插入点时输入 R,再输入旋转角度,然后指定插入点进行插入操作。

对图样中不用注写表面粗糙度值的表面粗糙度符号，可以通过分解命令将该块分解，然后删除属性值。

3）标注形位公差

单击"注释→标注→形位公差"，参照图 T10.17 设置好形位公差再进行标注。

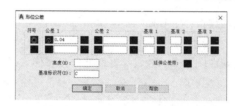

图 T10.17　设置形位公差

14. 绘制剖面线

单击"默认→绘图→面→图案填充"。

在需要绘制剖面线的地方单击。

在如图 T10.18 所示的选项卡中设定图案为"ANSI31"，比例为 1，角度为 0。

图 T10.18　"图案填充创建"选项卡

15. 标注尺寸

设置对象捕捉模式为端点捕捉模式，建立尺寸层并使之成为当前图层。

1）尺寸样式设定

按照图 T10.19～图 T10.23 设定尺寸样式。

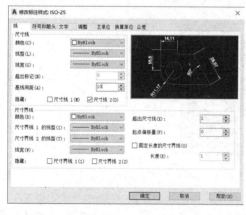

图 T10.19　"线"选项卡

图 T10.20　"符号和箭头"选项卡

2）尺寸标注

① 采用线性尺寸标注除带有公差的尺寸之外的线性尺寸，包括用线性尺寸标注的直径尺寸（局部放大图中的 $\phi 93$、$\phi 95$ 除外）。

单击"默认→注释→线性"
命令: _dimlinear
指定第一条尺寸界线原点或 <选择对象>: 单击尺寸 95 的一个端点
指定第 2 条尺寸界线原点: 单击尺寸 95 的另一个端点
指定尺寸线位置或[多行文字(M)/文字(T)/角度(A)/水平(H)/垂直(V)/旋转(R)]: t↵
输入标注文字 <95>:%%c<>h6↵
指定尺寸线位置或[多行文字(M)/文字(T)/角度(A)/水平(H)/垂直(V)/旋转(R)]: 单击尺寸摆放位置
标注文字 =95

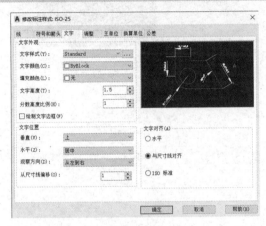

图 T10.21 "文字"选项卡   图 T10.22 "调整"选项卡

② 采用半径尺寸标注 R8。
③ 采用直径尺寸标注 φ78。
④ 设定一个替代尺寸样式，按照图 T10.24 设置公差值，标注尺寸 φ294、φ132。使用替代功能，将公差值改成 0.1，标注尺寸 8、142。

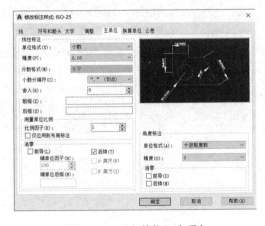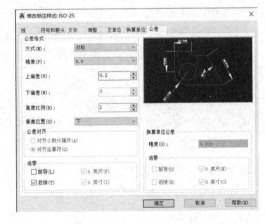

图 T10.23 "主单位"选项卡   图 T10.24 "公差"选项卡

⑤ 在"标注样式管理器"对话框中单击新建按钮来新建一尺寸样式。在弹出的"创建新标注样式"对话框中的"用于"下拉列表框中选择"角度标注"，如图 T10.25 所示，单击继续按钮。
如图 T10.26 所示，设置"文字对齐"为"水平"。采用该样式标注角度尺寸 60°。
⑥ 标注局部放大图中的尺寸 φ95 和 φ93。
这两个尺寸都只有一条尺寸线和一条尺寸界线，首先应进行样式设定。

在"线"选项卡的"尺寸线"选项区中，取消选中"尺寸线2"复选框。在"尺寸界线"选项区中，取消选中"尺寸界线2"复选框。

进行线性尺寸标注，其中第二个点可以在下方单击，将尺寸数值改成ϕ95和ϕ93。

图 T10.25　新建一用于角度的标注样式

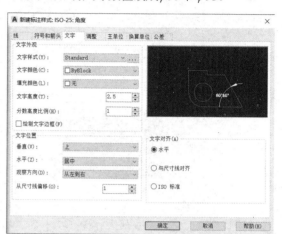

图 T10.26　设定文字方向

16. 绘制其他符号

图形中还包含一些其他符号，如剖切符号、基准代号等。采用直线命令绘制表示剖切位置的剖切面的投影线，改变其宽度为0.35。采用引线绘制表示投影方向的箭头。采用直线、圆、文字注写等命令绘制基准C的符号。采用单行文字注写*A-A*、*B-B*、*D-D*及其他表示比例大小的符号。

17. 插入标题栏

图形绘制完毕，插入标题栏并进行布局，设置好各图形的位置。虽然在图纸空间可以直接进行布局操作，但由于软件内置的标题栏不一定符合我国的要求，所以通常情况下，标题栏是自己绘制并添加上去的。在模型空间插入标题栏，并填写标题栏中的内容。

打断左侧*A-A*剖面图和主视图之间的中心线，使之变成两条，将*A-A*剖面图移到主视图的下方，使布局合理。

```
命令:_break
选择对象: 单击中心线上欲打断的一点
指定第二个打断点 或 [第一点(F)]: 单击欲打断的另一点
```

18. 保存文件

将绘制好的图形以文件名"练习10-套筒.dwg"保存。在下面的练习中直接利用已经设定的文字样式、尺寸样式、块、图层等。

思考及练习

（1）如果在绘图中要注写和其他已有文字属性相同的文字，如高度、字型等，又不知道或不想去查询某文字的字型和高度等，应该如何操作？

（2）如果本例设定绘图界限为A3、横放，应如何规划图纸布局？

（3）本例中绘制倒角时采用了倒角命令，同时采用了延伸命令来完成倒角的绘制，能否通过其他方法比较简单地完成倒角的绘制？

（4）如果不采用指引线标注形位公差，直接采用"绘图→公差"标注图中的形位公差，应如何操作？

（5）对套筒零件图而言，如果已经标注了图样中的所有尺寸，如何再增加公差及公差代号标注？如果采用公差更新来完成特殊尺寸的标注，是否更方便？

（6）能否标注上偏差为负而下偏差为正的错误尺寸公差？

（7）绘制如图 T10.27 所示的固定钳身零件图。

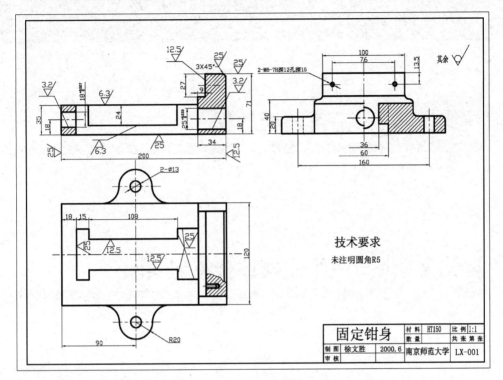

图 T10.27　固定钳身零件图

 提示

① 直接利用设计中心插入"练习 10-套筒.dwg"文件的标题、块，并引用该文件的图层、文字样式、尺寸样式等。

② 在点画线层上绘制中心线作为绘图基准线。

③ 在辅助线层绘制 45°斜线。

④ 采用偏移复制的方式定位其他间接基准。

⑤ 在粗实线层绘制其他轮廓线。

⑥ 采用相应的编辑命令完成轮廓线、虚线、细实线的绘制，注意放置在对应的图层上。

⑦ 标注尺寸，必要时修改样式，采用样式替代来标注单尺寸边界、单尺寸线及公差等。

⑧ 插入表面粗糙度符号，修改相应的属性使数值正确，必要时将该块分解，编辑其文字的方向。

⑨ 插入标题块。

⑩ 调整图形的位置，使其适应 A2 图纸，并保持合理的布局。

⑪ 绘制剖面线。

⑫ 填写标题栏。

⑬ 存盘。

第3部分　网络文档

网络文档 1　三维建模教程

网络文档 2　三维建模综合练习实验

网络文档 3　轴测图练习实验

网络文档 4　模拟测试题

本书所有网络文档，请登录电子工业出版社华信教育资源网免费下载浏览。